第**4**版

# 网页程序设计

# HTML5·JavaScript
# CSS·XHTML·Ajax

陈惠贞 编著

清华大学出版社

北 京

本书版权登记号：图字 01-2015-4259

本书为碁峰资讯股份有限公司授权出版发行的中文简体字版本。

## 内 容 简 介

本书以讲述 HTML 5 与 JavaScript 为主，其他网页技术为辅，通过丰富的范例由浅入深地讲解了网页程序设计的语法与应用。全书内容共分四篇。HTML5 篇：介绍 HTML 4.01 已有的元素和 HTML5 新增、修改或删除的元素；JavaScript 篇：介绍 JavaScript 的核心语法和 JavaScript 在浏览器端的应用；其他技术篇：介绍其他与网页设计相关的技术，包括 CSS、XHTML 与 Ajax；HTML 5 API 篇：范例讲解如何利用 JavaScript 访问 HTML 5 API 技术。

本书适合 HTML 页面设计初学者，可适用于高等院校相关专业和培训学校的教材和辅导用书。

图书在版编目（CIP）数据

网页程序设计 HTML5、JavaScript、CSS、XHTML、Ajax/陈惠贞著. —4 版. —北京：清华大学出版社，2016
（2017.7 重印）

ISBN 978-7-302-42236-5

Ⅰ.①网…　Ⅱ.①陈…　Ⅲ.①超文本标记语言－程序设计②JAVA 语言－程序设计③网页制作工具
④计算机网络－程序设计　Ⅳ.①TP312②TP393.09

中国版本图书馆 CIP 数据核字(2015) 第 280126 号

责任编辑：夏非彼
封面设计：王　翔
责任校对：闫秀华
责任印制：沈　露

出版发行：清华大学出版社
　　　　　网　　　址：http://www.tup.com.cn，http://www.wqbook.com
　　　　　地　　　址：北京清华大学学研大厦 A 座　　　　　邮　　　编：100084
　　　　　社 总 机：010-62770175　　　　　　　　　　　　邮　　　购：010-62786544
　　　　　投稿与读者服务：010-62776969，c-service@tup.tsinghua.edu.cn
　　　　　质 量 反 馈：010-62772015，zhiliang@tup.tsinghua.edu.cn
印 装 者：清华大学印刷厂
经　　销：全国新华书店
开　　本：190mm×260mm　　　印　　张：29　　　字　　数：742 千字
版　　次：2016 年 1 月第 1 版　　　　　　　　　　　印　　次：2017 年 7 月第 2 次印刷
印　　数：3501～5500
定　　价：69.00 元

产品编号：065393-01

# 关于本书

HTML、JavaScript 和 CSS 可以说是网页设计最核心也是最基础的技术，其中 HTML 用来定义网页的内容，JavaScript 用来定义网页的行为，而 CSS 用来定义网页的外观。本书主要是探讨最新版的 HTML 5 和 JavaScript，以及讲述如何利用 JavaScript 访问 HTML 5 API，而对于想学习 CSS 的读者，我们也准备了一章导读，让读者可以快速掌握 CSS 的语法。

全书内容如下：

第 1 篇——HTML 篇：HTML 5 涵盖了多种规格与 API，可以用来开发各种网页应用程序，功能媲美现行的桌面应用程序，例如在线文件处理系统、地图网站、动画游戏网站等，而不再局限于传统的静态网页。

HTML 5 不仅提供了现代浏览器所必须具备的新功能，例如赋予浏览器原生能力来播放视频和声音，不再需要依赖 Apple QuickTime、Adobe Flash、RealPlayer 等插件，还将网页设计人员沿用多年的一些功能加以标准化，例如普遍应用于 Ajax 技术的 XMLHttpRequest 对象。

在本篇中，除了介绍 HTML 4.01 现有的元素，同时还会介绍 HTML 5 增加、修改或删除的元素，例如<article>、<section>、<nav>、<header>、<footer>等结构元素，<video>、<audio>等影音多媒体元素，<canvas>绘图区元素，以及新增的窗体输入类型与窗体元素。

第 2 篇——JavaScript 篇：JavaScript 是一种应用广泛的浏览器端 Scripts，诸如 Opera、Chrome、Safari、FireFox、Internet Explorer 等 PC 版浏览器，以及安装于 Android、iOS 智能手机、平板电脑的移动版浏览器，都内置 JavaScript 解释器。

在本篇中，除了介绍 JavaScript 的核心语法，包括类型、变量、运算符、流程控制、函数、数组等，同时还会介绍 JavaScript 在浏览器端的应用，也就是如何利用 JavaScript 让静态的 HTML 文件具有动态效果，包括 window 对象、JavaScript 核心对象、环境对象、document 对象、element 对象、错误处理、事件处理、实用范例等。

第 3 篇——其他技术篇：在本篇中，将介绍其他与网页设计相关的技术，包括 CSS、XHTML、动态网页技术与 Ajax。

第 4 篇——HTML 5 API 篇：在本篇中，将示范如何利用 JavaScript 访问 HTML 5 所提供的 API，包括 Canvas API（绘图）、Video/Audio API（影音多媒体）、Drag and Drop API（拖放操作）、Geolocation API（地理定位）等。

第 5 篇——附录篇：包括附录－HTML 框架元素。

## 排版惯例

本书在列举程序代码、HTML 元素与 JavaScript 语法时，遵循下列排版惯例。

HTML 不会区分英文字母的大小写，本书将采用小写英文字母，至于 JavaScript 则会区分英文字母的大小写。

斜体字表示网页设计人员输入的属性值、程序语句或名称，例如 bgcolor="#rrggbb"的 rrggbb 表示网页设计人员输入的 RGB 颜色值。

中括号[]表示可以省略不写，例如 function function_name([parameterlist]）的[parameterlist] 表示函数的参数可以有，也可以没有。

垂直线 | 用来隔开替代选项，例如 return;|return value; 表示 return 关键字后面可以不加上返回值，也可以加上返回值。

## 版权声明

本书所引用的国内外商标、产品及例题，只为介绍相关技术所需，绝无任何侵权意图或行为，特此声明。此外，未经授权请勿将本书全部或局部内容以其他形式散布、转载、复制或改作。

本书范例的素材和代码下载地址为：

http://pan.baidu.com/s/1kTo5XDP

如果下载有问题，请电子邮件联系 booksaga@126.com，邮件主题为"网页程序设计 HTML5、JavaScript、CSS、XHTML、Ajax（第 4 版）代码"。

# 改编推荐

这是一本介绍如何使用JavaScript网页程序设计语言和其他网页设计技术（如CSS、XHTML与Ajax）来实现HTML5新特性的一本综合性教科书。

作者之所以要把这么多网页设计技术综合在一本书中，其目的是为网页设计的初学者阅读本书构建一个整体思路。我们用一个形象的比喻来说说HTM5，JavaScript，CSS，XHTML和Ajax之间的关系。如果网页是一部功能强大和外观时尚的智能手机，那么：

1. HTML5就好比这部手机的整体硬件系统（CPU，闪存，触摸屏和各种内置外设等等，它们按照设计规范各就各位再集成为一体）。

2. JavaScript就好比这部手机的软件系统（操作系统和各种应用软件，它们通过调用手机的硬件功能，真正发挥出手机硬件丰富而强大的功能）。

3. CSS就好比这部时尚手机的外观设计，有了CSS，手机的外观设计可以更酷、更时尚、更绚丽。

4. XHTML则是这部智能手机的前一代，设计中规中矩，但功能不如 HTML5 丰富多彩。

5. Ajax本来就是异步JavaScript + XML的意思，动态网页技术的目的就是加速，就好比这部手机软件系统中的加速程序，可以让手机运行得更快速、更流畅。

本书从第1章到第21章，甚至附录都提供了丰富的范例程序，读者可以结合范例程序跟随本书各个章节的讲解逐步学习。

最后加一点说明，由于HTML5标准相对比较新，并不是所有的浏览器或者它们的旧版本都能完整地支持本书的HTML5范例程序。要正确地运行这些范例程序，我们基本采用了两种浏览器，Internet Explorer 11和Opera 33.0。在改编本书的过程中，除了把所有的范例程序修改为简体中文版，还在Internet Explorer 11或者Opera 33.0浏览器上逐个测试和调试过了这些范例程序。因此，本书的所有范例程序至少可以在这两款浏览器之一上正确运行。

当然，支持 HTML5 的浏览器还包括 Firefox（火狐浏览器），Chrome（谷歌的浏览器），Safari等，以及国内的 QQ 浏览器、猎豹浏览器等。如果读者想在这些浏览器上运行 HTML5 的程序，请注意它们的版本说明中对 HTML5 支持程度的细节说明。

赵军

2015 年 9 月

# 目　　录

# 第1章

## 网页设计简介

# 1-1 网页设计的流程

网页设计的流程大致上可以分成如下图的四个阶段，见下图说明。

## 1-1-1 搜集资料与规划网站架构

搜集资料与规划网站架构是网页设计的首要步骤，除了要厘清网站所要传递的内容，最重要的是确立网站的主题与目标族群，然后将网站的内容规划成阶层式架构，也就是规划出组成网站的网页（里面可能包括文字、图片、视频与音频），并根据主题与目标族群决定网页的呈现方式，下列几个问题值得您深思：

- 网站的建立是为了销售产品或服务？为了塑造并宣传企业形象？还是方便业务联系？抑或个人兴趣分享？若网站本身具有商业目的，那么还需要进一步了解其行业背景，包括产品类型、企业文化、品牌理念、竞争对手等。
- 网站的建立与经营需要投入多少时间与资源？打算如何营销网站？有哪些渠道及相关的费用？
- 网站的获利模式是什么？例如销售产品或服务、广告收益、手续费或其他。
- 网站将提供哪些资源或服务给哪些对象？若是个人的话，那么其统计资料是什么？包括年龄层分布、男性与女性的比例、教育程度、职业、婚姻状况、居住地区、上网的频率与时数、使用哪些设备上网等；若是公司的话，那么其统计数据是什么？包括公司的规模、营业项目与预算。

  关于这些对象，它们有哪些共同的特征或需求？比方说，彩妆网站的用户可能锁定为时尚爱美的女性，所以其主页往往呈现出艳丽的视觉效果，以便紧紧抓住用户的目光，而入口网站或购物网站的用户比较广泛，所以其主页通常涵盖了琳琅满目的题材。

- 网络上是否已经有相同类型的网站？如何让自己的网站比这些网站更吸引目标族群？因为人们往往只记得第一名的网站，却分不清楚第二名之后的网站，所以定位清楚且内容专业将是网站胜出的关键，光是一味地模仿，只会让网站流于平庸化。

彩妆网站的主页往往呈现出艳丽的视觉效果

## 1-1-2　网页制作与测试

在这个阶段中，要着手制作"阶段一"所规划的网页，常见的网页编辑软件分成两种类型，其一，是纯文本编辑软件，例如记事本、Notepad++；其二，是所见即所得网页编辑软件，例如 Dreamweaver，而且必要时可能要搭配 Photoshop、Illustrator、CorelDraw 等图像处理软件来设计网页背景、标题图片、按钮、动画等。待网页制作完毕后，还要测试各个组件能否正常工作。

对于想学习 HTML 的人来说，纯文本编辑软件是较好的选择，因为它可以让用户专注于 HTML 语法，不像所见即所得网页编辑软件会产生多余的或特有的 HTML 元素，造成初学者的困扰；相反的，对于不想学习 HTML 而只想快速编辑网页的人来说，所见即所得网页编辑软件是较佳的选择，因为它隔绝了用户与 HTML 语法，即便不具备程序设计的基础，一样也能够设计出图文并茂的网页。

## 1-1-3　网站上传与推广

辛苦制作的网站当然要上传到 Internet 让大家欣赏，此时，您得先替网站在 Internet 找个家，也就是申请网页空间，常见的方式如下。

- 租用专线（或 ADSL、光纤宽带）：若预算充足，可以向电信公司，通信公司等 ISP 租用专线，将计算机架设成 Web 服务器，维持 24 小时运行不打烊。
- 租用网页空间或虚拟主机：ISP 通常会提供网页空间或虚拟主机出租业务，这种业务的价格较低，适合预算少的人，详细的出租价格、申请程序、上传方式、网页空间大小、传输速率等事项，可以到 ISP 的网站查询。
- 申请免费网页空间：事实上，就算您没有预算，还是可以申请免费网页空间，目前提供免费网页空间的网站不少，例如 Google Sites、TACONET（章鱼网）等，而多数 ISP

也会为其用户提供免费的网页空间。虽然免费的网页空间相当吸引人，但它可能有下列几项缺点，若您的网页非常重要，建议还是拿出预算去租用网页空间或虚拟主机。

➢ 有时可能会因为使用人数太多，导致传输速率迟缓。

➢ 网页空间大小会受到限制。

➢ 网页可能会被要求放上广告。

➢ 无法保证提供免费网页空间的网站不会宕机、关闭或撤销网站。

➢ 服务或功能较少，例如不支持 PHP、ASP、CGI 等动态网页技术。

➢ 网页空间通常只是一个文件夹，不能设置个人网站。

在将网页上传到 Internet 后，还要将它公诸于世，其中最快速的方式就是到百度、Google 等搜索引擎进行登录，同时还可以向"中国互联网信息中心（CNNIC）"（ttp://www.cnnic.cn/）申请.com.cn、.org.cn、.net.cn 等英语网站名称、.idv.cn 个人网站名称或.中国、.公司、.网络等属性型中文网站名称。

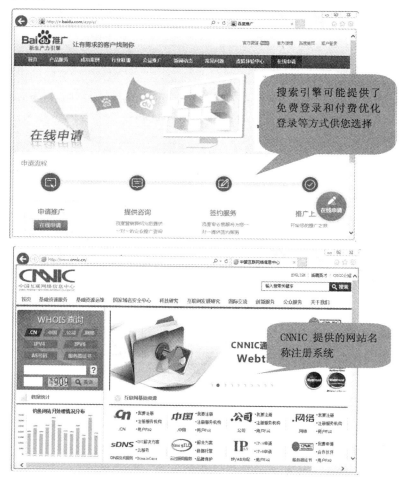

## 1-1-4　网站更新与维护

您的责任可不是将网站上传到 Internet 就结束了，既然设立了这个网站，就必须负起更新与维护的责任。可以利用本书所教授的技巧，定期更新网页，然后通过网页空间提供者所提供的接口或 FTP 软件（例如 WS_FTP、CuteFTP），将更新后的网页上传到 Internet 并检查网站的运转是否正常。

## 1-1-5　搜索引擎优化（SEO）

搜索引擎优化（SEO，Search Engine Optimization）的构想起源于多数网站的新浏览者大都来自搜索引擎，而且搜索引擎的用户往往只会留意搜索结果中排名靠前的几个网站，因此，网站的拥有者不仅要到各大搜索引擎进行登录，还要设法提高网站在搜索结果中的排名，因为排名越靠前，就越有机会被用户浏览到。

至于如何提高排名，除了购买关键词广告之外，另一种常见的方式就是利用搜寻引擎的搜索规则来调整网站架构，即所谓的搜索引擎优化，这种方式的效果取决于搜索引擎所采用的搜索算法，而搜索引擎为了提升搜索的准确度及避免人为操纵排名，有时会变更搜索算法，使得 SEO 成为一项越来越复杂的任务，也正因如此，有不少网络营销公司会推出网站 SEO 服务，代客户调整网站架构，增加网站被搜索引擎找到的机率，进而提升网站曝光度及流量。

除了委托网络营销公司进行 SEO，事实上，我们也可以在制作网页时留心下图的几个地方，亦有助于 SEO。

ⓐ令网页的关键词成为网址的一部分；ⓑ令网页的关键词显示在标题栏或索引标签；
ⓒ令网页的关键词出现在标题或超链接中；ⓓ令网页的关键词出现在内容中；
ⓔ适当的为图片或视频指定替代显示文字，以利于图片搜索。

# 1-2  网页设计相关的程序设计语言

网页设计相关的程序设计语言很多，比较常见的如下。

- HTML（HyperText Markup Language）：HTML 是由 W3C（World Wide Web Consortium）所提出，主要的用途是制作网页（包括内容与外观）。HTML 文件是由"标签"（ag）与"属性"（ttribute）所组成，统称为"元素"（element），浏览器只要看到 HTML 源代码，就能解析成网页。

- CSS（Cascading Style Sheets）：CSS 是由 W3C 所提出，主要的用途是控制网页的外观，也就是定义网页的编排、显示、格式化及特殊效果，有部分功能与 HTML 重叠。或许您会问，"既然 HTML 提供的标签与属性就能将网页格式化，那为何还要使用 CSS？"，没错，HTML 确实提供一些格式化的标签与属性，但其变化有限，而且为了进行格式化，往往会使得 HTML 源代码变得非常复杂，内容与外观的依赖性过高而不易修改。为此，W3C 鼓励网页设计人员使用 HTML 定义网页的内容，然后使用 CSS 定义网页的外观，将内容与外观分隔开来，便能通过 CSS 从外部控制网页的外观，同时 HTML 源代码也会变得精简。事实上，W3C 已经将某些 HTML 标签与属性列为 Deprecated（建议勿用），并鼓励改用 CSS 来取代它们。

- VRML（Virtual Reality Modeling Language）：VRML 是由 Web3D Consortium 所提出，主要的用途是描述物体的三维空间信息，让用户可以看到 3D 物体，换句话说，用户不仅能看到物体的正面，还能看到物体的其他角度，或将物体加以旋转、拉近、拉远等。

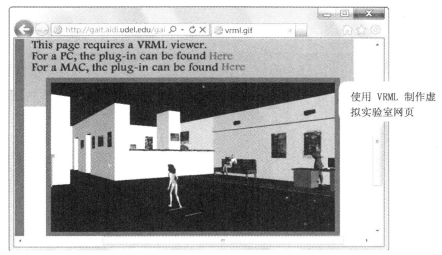

使用 VRML 制作虚拟实验室网页

- XML（eXtensible Markup Language）：XML 是由 W3C 所提出，主要的用途是传送、接收与处理数据，提供跨平台、跨程序的数据交换格式。XML 可以扩大 HTML 的应用及适用性，例如 HTML 虽然有着较好的网页显示功能，却不允许用户自定义标签与属性，而 XML 则允许用户这么做。

- XHTML（eXtensible HTML）：XHTML 是一种类似 HTML，但语法更严格的标记语言。W3C 按照 XML 的基础，将 HTML 4、HTML 5 重新制定为 XHTML 1.0/1.1 和 XHTML 5，HTML 的元素均能沿用，只要留意一些来自 XML 的语法规则即可，例如标签与属性必须是小写英文字母、非空元素必须有结束标签、属性值必须放在双引号中、不能省略属性的默认值等。

- DHTML（Dynamic HTML）：HTML 虽然是最普遍的网页设计语言，但在早期它有一个缺点，凡网页上有数据需要更新，浏览器就必须从服务器重新下载整个网页，造成网络的负荷过大，为此，Microsoft 公司提出了一个解决方案——DHTML，这项技术能够在网页下载完毕后插入、删除或取代网页的某些 HTML 源代码，而浏览器会自动根据更新过的 HTML 源代码显示新的内容，无需从服务器重新下载整个网页，如此便能减少浏览器访问服务器的次数。此外，DHTML 还允许网页设计人员加入更多动态效果，例如文字或图片的飞出、跳动、逐字空投等。

- Java Applets：这是使用 Java 编写的小程序，无法单独执行，必须嵌入网页，然后通过支持 Java 的浏览器协助其执行，可以用来制造水中涟漪、水中倒影、计数器、跑马灯、探照灯、变色按钮、火焰背景、彩虹文字、魔术方块、电子钟等动态效果。Java Applets 曾经被大量应用在网页设计中，但目前已经比较少见了，不过，还是有些网站会提供现成的 Java Applets 供用户下载。

- ActiveX Controls：这是 Microsoft 公司所推出的控件，目的是让网页营造出更丰富的效果，以和当时盛行的 Java Applets 竞争，例如 ActiveMovie 控件（媒体播放程序）、日历控件、Office 图表控件等。

- 浏览器端 Scripts：严格来说，使用 HTML、CSS、XML 或 XHTML 所编写的网页都是属于静态网页，无法显示动态效果，比方说，有人会希望网页显示实时更新的数据（例如股票指数、网络游戏、实时通讯），有人会希望当用户单击网页的组件时，组件的外观会改变。此类的需求可以通过浏览器端 Scripts 来完成，这是一段嵌入在 HTML 源代码的小程序，由浏览器负责执行，JavaScript 和 VBScript 均能用来编写浏览器端 Scripts，其中以 JavaScript 为主流。事实上，HTML、CSS 和 JavaScript 可以说是网页设计最核心也最基础的技术，其中 HTML 用来定义网页的内容，CSS 用来定义网页的外观，而 JavaScript 用来定义网页的行为。

- 服务器端 Scripts：虽然浏览器端 Scripts 已经能够完成许多工作，但有些工作还是得在服务器端执行 Scripts 才能完成，例如访问数据库。由于在服务器端执行 Scripts 必须拥有特殊权限，而且会增加服务器端的负担，因此，网页设计人员应尽量以浏览器端 Scripts 取代服务器端 Scripts。常见的服务器端 Scripts 有下列几种。

  - CGI（Common Gateway Interface）：CGI 是在服务器端程序之间传送信息的标准接口，而 CGI 程序则是符合 CGI 标准接口的 Scripts，通常是由 Perl、Python 或 C 语言所编写（扩展名为.cgi）。

  - JSP（Java Server Pages）：JSP 是 Sun 公司所提出的动态网页技术，可以在 HTML 源代码嵌入 Java 程序并由服务器负责执行（扩展名为.jsp）。

  - ASP（Active Server Pages）/ASP.NET：ASP 程序是在 Microsoft IIS Web 服务器执行的 Scripts，通常是由 VBScript 或 JavaScript 所编写（扩展名为.asp），而新一代的 ASP.NET 程序则改由功能较强大的 Visual Basic、Visual C#、JScript.NET 等.NET 兼容语言所编写（扩展名为.aspx）。

  - PHP（PHP:Hypertext Preprocessor）：PHP 程序是在 Apache、MicrosoftIIS 等 Web 服务器执行的 Scripts，由 PHP 语言所编写，属于开放源码(open source)，具有免费、稳定、快速、跨平台(UNIX、FreeBSD、Windows、Linux、Mac OS...)、易学易用、面向对象等优点。

# 1-3　移动版网页对比 PC 版网页

虽然移动设备的浏览器大多能够顺利读取并显示传统的 PC 版网页，但受限于较小的屏幕，用户往往得通过拉近、拉远、滚动来阅读网页的信息，相当不方便。为此，有越来越多的网站推出"移动版"，以根据用户上网的设备自动切换成 PC 版网页或移动版网页。举例来说，左下图是新浪 PC 版网站（http://news.sina.com.cn/），而右下图是新浪的移动版网站，加以浏览后，我们发现，对于新浪这类信息浏览类型的门户网站来说，其移动版除了着重执行效能，信息的分类与动线的设计更不能忽视，才能带给移动设备的用户直觉流畅的操作体验。

ⓐ PC 版网站;ⓑ 移动版网站

移动版网页和 PC 版网页最明显的差异就是屏幕的尺寸较小、分辨率较低，可以任意切换成水平显示或垂直显示，而且是以触控操作为主，不再是传统的鼠标或键盘；再者是移动设备的执行速度较慢、上网带宽较小，若网页包含容量过大的图片或视频，可能无法显示。此外，移动版浏览器并不支持 PC 版网页普遍使用的 Flash 动画，但是相对的，移动版浏览器对于 HTML 5 的支持程度则比 PC 版浏览器更好。至于如何根据上网的设备自动切换成 PC 版网页或移动版网页，则可以通过 JavaScript 来实现，第 14-4-9 节有详细的说明。

# 1-4　移动版网页的设计原则

虽然移动版网页和 PC 版网页所使用的技术差不多，不外乎是 HTML、CSS、JavaScript 或 PHP、ASP、JSP、CGI 等服务器端 Scripts，但由于移动设备具有屏幕较小、分辨率较低、执行速度较慢、上网带宽较小、触控操作、不支持 Flash 动画等特质，因此，在设计移动版网页时，请留意下列几个原则。

- 确认移动版网页的内容，例如这是要针对某个主题、品牌或产品打造全新的移动版网页吗？还是要取材自传统的 PC 版网页，然后增设一个移动版网页？这两种情况的设计方向不同，必须先考虑清楚。
- 确认主题、品牌或产品的形象，例如左下图的 MAZDA PC 版网站（http://www.mazda.com.tw/）所塑造的是一种都市雅痞的形象，而右下图的 MAZDA 移动版网站所塑造的也是同一种形象，只是移动版网站的内容比较简明扼要，方便使用移动设备的用户浏览。
- 移动版网页的分层架构不要太多层，举例来说，PC 版网页通常会包含主页、分类主页、各个分类的内容网页等三层式架构，而移动版网页则建议改成主页、各个内容网页等两层式架构，以免用户迷路。

ⓐ PC 版网站；ⓑ 移动版网站塑造出和 PC 版网站相同的品牌形象

- 把握简明扼要的原则，移动版网页要列出重点，文件越小越好，并尽量减少使用动画、视频、大图片或 JavaScript 程序代码，以免用户等得不耐烦，或 JavaScript 程序代码超过运行时间限制而被强制关闭，建议改用 CSS 3 来设置背景、渐层、透明度、框线、阴影、变形、颜色、文字尺寸等效果。
- iOS 操作系统从一开始就不支持 Flash 动画，而 Android 4.1 之后的操作系统也不支持 Flash 动画，因此，移动版网页最好不要使用 Flash 动画。
- 建议采用单栏设计，比较容易阅读，左下图是一个例子；此外，建议采用直列式的折叠目录来呈现多个主题，右下图是一个例子，主题的内容一开始是隐藏起来的，待用户触碰该主题时，才会将内容显示出来。

ⓐ 单栏设计；ⓑ 直列式的折叠目录

- 移动版网页上的按钮要醒目容易触碰，最好还要有视觉反馈，在用户一触碰按钮时就

产生颜色变化，以便让用户知道已经成功点击按钮，而且在加载网页时可以加上说明
或图案，让用户知道网页正在加载，才不会重复触碰按钮。

- 移动版网页上的文字尺寸要比 PC 版网页大，建议在 14 级字号以上，以提高可读性，
而且不同的操作系统或机型可能有不同的显示结果，必须实际在移动设备上做测试。

# 1-5 响应式网页设计（RWD）

移动版网页的设计流程和 PC 版网页类似，差别在于要把移动设备的特质纳入考虑，前一
节有讨论过这些特质，而本节所要介绍的是响应式网页设计（RWD，Responsive Web Design），
这指的是一种网页设计方式，目标是根据用户的浏览器环境（例如屏幕的宽度、长度、分辨
率、长宽比或移动设备的方向等），自动调整网页的版面配置，以提供最佳的显示效果。换
句话说，网页设计人员只要开发一个网页，就可以同时适用于 PC、平板电脑或智能手机等不
同的设备，而且用户无需通过频繁的拉近、拉远、滚动屏幕，就可以轻松阅读网页的信息。

响应式网页设计通常是通过 CSS 来实现，主要的技巧如下。

- 媒体查询（Media Query）：CSS 3 新增的媒体查询功能可以让网页设计人员针对不同
的媒体类型量身订做不同的样式表单，以下面的语句为例，第 01~03 行是指定当媒体
类型为 screen（屏幕）时，就将标题 1 显示为绿色，而第 05~07 行是指定当媒体类型
为 print（打印机）时，就将标题 1 打印为红色。

```
01:@media screen {
02:   h1 {color:green}
03:}
04:
05:@media print {
06: h1 {color:red}
07:}
```

- 按比例缩放的元素：在指定图片或对象等元素的大小时，请按照其父元素的大小比例
进行缩放，而不要指定绝对大小，例如下面的程序语句是通过 width="100%"指定图
片的宽度为区块的 100%，当屏幕的大小改变时，元素的大小也会自动按比例缩放，
以同时适用于 PC 和移动设备。

```
<div data-role="content">
        <img src="piece1.jpg" width="100%">
        <p>"乔巴"一梦想成为能治百病的神医。</p>
</div>
```

ⓐ 当屏幕较大时，图片会按比例放大（此为 PC 的浏览结果）

ⓑ 当屏幕较小时，图片会按比例缩小（此为移动设备的浏览结果）

- 非固定的版面配置（Liguid Layout）：根据浏览器的大小弹性配置网页的版面，以下面的程序语句为例，第 01~03 行是指定当浏览器的宽度小于等于 480 像素时（例如手机），就令版面包含一个字段，第 05~07 行是指定当浏览器的宽度介于 481~768 像素时（例如平板电脑），就令版面包含两个列，而第 09~11 行是指定当浏览器的宽度大于等于 769 像素时（例如台式计算机或笔记本电脑），就令版面包含三列。

```
01:@media screen and（max-width:480px){
02:  div {columns:1}
03:}
04:
05:@media screen and（min-width:481px）and（max-width:768px){
06:  div {columns:2}
07:}
08:
09:@media screen and（min-width:769px）{
10:  div {columns:3}
11:}
```

# 1-6　HTML 的演进

HTML 的起源可以追溯至 1990 年，当时一位物理学家 Tim Berners-Lee 为了让世界各地的物理学家方便进行合作研究，于是提出了用 HTML 来建立超文件系统（hypertext system）。

不过，这个最初的版本只有纯文本格式，直到 1993 年，Marc Andreessen 在他所开发的 Mosaic 浏览器加入<img>元素，HTML 文件才终于可以包含图形图像，而 IETF（Internet

Engineering Task Force）最先于 1993 年将 HTML 发布为工作草案（Working Draft）。

之后 HTML 陆续有一些发展与修正，如下所示，而且从 3.2 版开始，IETF 就不再负责 HTML 的标准化，而是改交由 W3C 负责。

- HTML 2.0：1995 年 11 月发布。
- HTML 3.2：1997 年 1 月发布为 W3C 推荐标准（W3C Recommendation）。
- HTML 4.0：1997 年 12 月发布为 W3C 推荐标准。
- HTML 4.01（小幅修正）：1999 年 12 月发布为 W3C 推荐标准。

HTML 在非常短的时间内即成为网页制作的标准语言，然而随着网页内容与上网设备的多元化，浏览器厂商任意自定义元素的情况日趋严重，不仅违背了 HTML 简单实用的本意，也导致文件在跨平台交换时发生不兼容的情况。

正因如此，W3C 于 1997 年发布 HTML 4.0 后，就决定不再继续发展 HTML，并撤销了 HTML 工作小组，然后于 1998 年发布 XML 1.0，他们认为未来应该以 XML 为主。往后的 10 年间，HTML 便停留在由 4.0 版进行了小幅修正的 4.01 版，同时 W3C 也按照 XML 的基础，将 HTML 4 重新制定为 XHTML，而且 XHTML 1.0/1.1 分别于 2000 年、2001 年成为 W3C 推荐标准。

W3C 制定 XHTML1.0/1.1 是为了鼓励网页设计人员编写结构健全、格式良好、没有错误的网页，但残酷的事实是现有的网页几乎都存在着或多或少的错误，只是浏览器通常会忽略这些错误，网页设计人员也就不会去修正了。

之后 W3C 继续发展语法规则更严格的 XHTML 2，甚至计划打破向下兼容当前浏览器的惯例，然而此举却不被网页设计人员及浏览器厂商所接受，终于在 2009 年宣布停止发展 XHTML 2[①]。

就在 W3C 致力发展 XHTML 的期间，Apple、Mozilla、Opera 等厂商在 2004 年组成了另一个团队叫做 WHATWG（Web Hypertext Application Technology Working Group），他们针对现行的 HTML 进行扩充，维持向下兼容当前浏览器的惯例，并陆续提出 Web Forms 2.0、Web Application 1.0 等规格。

由于 XHTML 2 一直无法获得主流浏览器进行实践，而 WHATWG 则已经获得多家厂商支持，因此，W3C 的创办者 Tim Berners-Lee 于 2006 年宣布 W3C 将与 WHATWG 一起发展新版的 HTML，并于 2007 年重新设立 HTML 工作小组。

HTML 工作小组以 WHATWG Web Forms 2.0、Web Application 1.0 等规格为基础，于 2008 年发布 HTML 5 的第一份公开工作草案（First Public Working Draft），于 2011 年通过最终审查请求（Last Call），于 2012 年成为候选推荐（Candidate Recommendation），并于 2014 年

---

① XHTML 2 虽然于 2009 年停止发展，但随着 HTML 5 即将成为 W3C 推荐标准，W3C 也会按照 XML 的基础，将 HTML 5 重新制定为 XHTML 5。

10 月成为 W3C 推荐标（W3C Recommendation）[①]。

由于多数的 PC 版浏览器和移动版浏览器对 HTML 5 有着相当程度的支持，因此，我们可以在网页上使用 HTML 5 的新功能与 API[②]，然后利用这些浏览器来进行测试，早一步为升级至 HTML 5 做准备。

是一组函数，网页设计人员可以调用这些函数完成许多工作，例如编写脱机网页应用程序、存取客户端文件、地理定位、绘图等，而无需考虑其底层的源代码或理解其内部的运行机制。

# 1-7　HTML 5 的新功能

与其说 HTML 5 是一种标记语言，倒不如说它是一个结合 HTML、CSS 和 JavaScript 等技术的"网页应用程序开发平台"，因为 HTML 5 涵盖了多种规格与 API，可以用来开发各种网页应用程序，功能媲美现行的桌面应用程序，例如在线文件系统、地图网站、游戏网站等，而不再局限于传统的静态网页。

HTML 5 不仅提供了现代浏览器所必须具备的新功能，同时将网页设计人员沿用多年的一些功能加以标准化，例如<embed>元素可以用来嵌入 Adobe Flash 等插件，却始终没有被 HTML 正式认可，而 HTML 5 终于将它标准化。另外还有一个例子是普遍应用于 Ajax 技术的 XMLHttpRequest 对象，这个对象其实是 Microsoft 公司所开发出来的，然后逆向集成到其他浏览器，同样的，它也始终没有被 HTML 正式认可，直到 HTML 5，才终于将其标准化。

和 HTML 4/4.01 比起来，HTML 5 增加、修改或删除了一些元素，同时提供了强大的 API，下面就带您快速浏览一遍。

❖ **HTML 5 增加、修改或删除的元素**

- 简化的文件类型定义：从前网页设计人员在进行文件类型定义（DTD, Document Type Definition）时，必须编写一长串的网址和版本，例如：

```
<!doctype html public "-//W3C//DTD HTML 4.01//EN" "http://www.w3.org/TR/html4/strict.dtd">
```

而到了 HTML 5 只要编写下列程序语句即可。

```
<!doctype html>
```

- 简化的字符集指定方式：从前网页设计人员在指定字符集时，必须编写一长串的属性，例如：

---

[①] 您可以到 W3C HTML 5 官方网站 http://www.w3.org/TR/html5/查看 W3C HTML 5 的规格与发展现状，至于 WHATWG HTML 的规格与发展现状则可以到 http://whatwg.org/html5 查看。
[②] HTML 5 提供的 API（Application Programming Interface，应用程序编程接口）

```
<meta http-equiv= "content-type" content="text/html; charset=utf-8">
```

而到了 HTML 5 只要编写下列程序语句指定字符集为 UTF-8 即可。

```
<meta charset="utf-8">
```

- 新增的元素：HTML 5 增加了一些新的元素，如下表所示。

| 与文件结构相关的元素 | 说明 |
| --- | --- |
| <section> | 标记通用的区段 |
| <article> | 标记独立的内容 |
| <aside> | 标记侧边栏 |
| <nav> | 标记导航栏 |
| <header> | 标记区段的页首 |
| <footer> | 标记区段的页尾 |
| <hgroup> | 标记多个标题的组合 |

注：HTML 5 希望通过这些语意明确的元素，更加清楚地标记出文件的大纲结构。

| 用来嵌入外部内容的元素 | 说明 |
| --- | --- |
| <video> | 播放视频 |
| <audio> | 播放音频 |
| <source> | 指定视频或音频资源的链接与类型 |
| <embed> | 嵌入插件 |
| <figure> | 标注图片、表格、程序代码等能够从主要内容抽离的区块 |
| <figcaption> | 针对<figure>元素的内容指定标题 |
| <canvas> | 在网页上建立一个绘图区，供绘制图形、绘制文字、填入颜色、渐层或设计动画 |

注：<video>和<audio>赋予浏览器原生能力来播放视频与音频，这样浏览器将不再需要依赖 Apple QuickTime、Adobe Flash、RealPlayer 等插件，也不必担心用户可能没有安装插件导致看不到或听不到网页上的视频与音频。

| 与窗体相关的元素 | 说明 |
| --- | --- |
| <progress> | 进度表 |
| <keygen> | 产生公钥 |
| <output> | 产生输出用的窗体元素 |
| <meter> | 计量或分数值，例如得票率、使用率等 |
| <time> | 标记日期时间 |
| <menu> | 菜单 |
| <command> | 菜单中的指令 |

（续表）

| 与窗体相关的元素 | 说明 |
|---|---|
| &lt;datalist&gt; | 数据清单 |
| &lt;details&gt; | 详细信息 |
| &lt;summary&gt; | 摘要 |
| &lt;ruby&gt;、&lt;rt&gt;、&lt;rp&gt; | 注音或拼音 |
| &lt;mark&gt; | 荧光标记 |

- 修改的元素：HTML 5 修改了一些现有的元素，例如&lt;em&gt;、&lt;i&gt;、&lt;strong&gt;、&lt;b&gt;、&lt;address&gt;、&lt;ol&gt;等。
- 删除的元素：HTML 删除了一些现有的元素，如下表。不过，由于浏览器具有向下兼容性，因此，即便是遇到包含这些元素的网页，也会跳过继续显示，只有在进行 HTML 5 文件的验证时，才会发出警告或错误。

| 删除的元素 | 说明 |
|---|---|
| &lt;frame&gt;、&lt;frameset&gt;、&lt;noframes&gt; | 改用&lt;iframe&gt;与 CSS |
| &lt;font&gt;、&lt;basefont&gt;、&lt;big&gt;、&lt;blink&gt;、&lt;center&gt;、&lt;strike&gt;、&lt;tt&gt;、&lt;nobr&gt;、&lt;spacer&gt;、&lt;marquee&gt; | 改用 CSS |
| &lt;bgsound&gt; | 改用&lt;audio&gt; |
| &lt;noembed&gt; | 改用&lt;object&gt; |
| &lt;acronym&gt; | 改用&lt;abbr&gt; |
| &lt;applet&gt; | 改用&lt;embed&gt;或&lt;object&gt; |
| &lt;dir&gt; | 改用&lt;ul&gt; |
| &lt;plaintext&gt; | 改用&lt;pre&gt; |
| &lt;listing&gt;、&lt;xmp&gt; | 改用&lt;pre&gt;与&lt;code&gt; |
| &lt;rb&gt; | 改用&lt;ruby&gt; |

- 新增的全局属性：HTML 5 增加了一些新的全局属性，可以套用到多数的 HTML 元素，如下表。

| 新增的全局属性 | 说明 |
|---|---|
| contenteditable | 指定元素的内容能否被编辑 |
| contextmenu | 指定元素的快捷菜单 |
| draggable | 指定元素能否进行拖放操作（drag and drop） |
| dropzone | 将元素指定为拖放操作的放置目标 |
| hidden | 指定元素的内容是否被隐藏起来 |
| spellcheck | 指定是否检查元素的拼写与文法 |

（续表）

| 新增的全局属性 | 说明 |
|---|---|
| role、aria-* | 这些属性和 HTML 5 导入 WAI-ARIA 规格有关，目的是提升网页的无障碍性 |
| data-* | 通过自定义属性将信息传送给 Script |

- 新增的窗体验证功能：在过去，若要验证用户所输入的窗体数据是否有效，网页设计人员必须自行编写 JavaScript 程序代码，而现在，HTML 5 的窗体提供了验证功能，通过<input>元素新增的属性值 type="email"、type="url"、type="date"、type="time"、type="datetime"、type="datetime-local"、type="month"、type="week"、type="number"、type="range"、type="search"、type="tel"、type="color"等，就可以确保用户输入的是有效的电子邮件地址、网址、日期、时间、UTC 世界标准时间、本地日期时间、月份、一年的第几周、数字、指定范围内的数字、搜索字段、电话号码、颜色等。

❖ HTML 5 提供的 API

HTML 5 提供了功能强大的 API，例如：

- Video/Audio API（影音多媒体）
- Canvas API（绘图）
- Drag and Drop API（拖放操作）
- Editing API（RichText 编辑）
- Offline Web Applications（脱机网页应用程序）
- Web Storage API（网页存储）
- Web SQL Database（网页 SQL 数据库）
- Indexed Database API（索引数据库）
- Geolocation API（地理定位）
- File API（客户端文件存取）
- Communication API（跨文件通讯）
- Web Workers API（后台执行）
- Web Sockets API（客户端与服务器端的双向通讯）
- XMLHttpRequest Level 2（Ajax 技术）
- Server-Sent Events（服务器端的数据推播）
- Microdata（微数据，用来自定义元素）

以上所列出来的 API 并没有全部纳入 W3C HTML 5 的核心文件，有些是单独发布的说明文件，例如 Canvas API、Editing API、Web Storage API、Geolocation API、Web Workers API、Web Sockets API 等。

**备注**　MathML 与 SVG

HTML 5 内置了 MathML（Mathematical Markup Language，数学标记语言）与 SVG（Scalable Vector Graphics，可缩放向量图形），MathML 是一种基于 XML 的标准，用来在 Internet 上表示数学符号及公式的标记语言，而 SVG 是一种基于 XML 的标准，用来描述二维向量图形的标记语言。

# 1-8　HTML 5 文件的编写方式

在本节中，我们将介绍一些编写 HTML 5 文件的准备工作，包括编辑工具和 HTML 5 文件的基本语法。

## 1-8-1　HTML 5 文件的编辑工具

HTML 5 文件其实是一个纯文本文件，只是扩展名为.html 或.htm，而不是我们平常惯用的.txt。原则上，任何能够用来输入纯文本的编辑工具，都可以用来编写 HTML 文件，下表是一些常见的编辑工具。

| 编辑工具名称 | 网址 | 是否免费 |
| --- | --- | --- |
| 记事本、WordPad | http://www.microsoft.com/ | 是 |
| NotePad++ | http://notepad-plus-plus.org/ | 是 |
| HTML-Kit | http://htmlkit.com/ | 否 |
| UltraEdit | http://www.ultraedit.com/ | 否 |
| Dreamweaver、GoLive | http://www.adobe.com/ | 否 |
| TextPad | http://www.textpad.com/ | 否 |

在过去，有不少人使用 Windows 内置的记事本来编辑 HTML 文件，因为记事本随手可得且完全免费，但使用记事本会遇到一个问题，就是当我们采用 UTF-8 编码方式进行存盘时，记事本会自动在文件的前端插入 BOM（Byte-Order Mark），用来识别文件的编码方式，例如 UTF-8 的 BOM 为 EF BB BF（十六进制）、UTF-16（BE）的 BOM 为 FE FF、UTF-16（LE）的 BOM 为 FF FE 等。

程序的文件头被自动插入 BOM 通常不会影响执行，但少数程序可能会导致错误，例如调用 header()函数输出标头信息的 PHP 程序。为了避免类似的困扰，本书的范例程序将采用 UTF-8 编码方式，并使用免费软件 NotePad++来编辑，因为 NotePad++支持以 UTF-8 无 BOM 编码方式进行存盘。

您可以到 NotePad++的官方网站 http://notepad-plus-plus.org/下载安装程序，下面就为您说明如何使用 NotePad++编辑并保存 HTML 文件。

在第一次使用 NotePad++编辑 HTML 文件之前，我们要做一些基本设置。

**步骤 01** 从菜单栏选取[设置]\[首选项]（英文版为[Setting] \ [Preferences]），然后在[常用]标签页中选择 NotePad++的语言为[中文简体]。

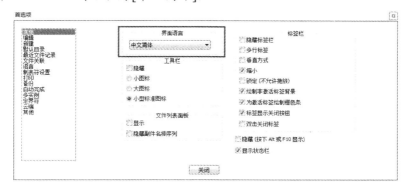

**步骤 02** 在[新建]标签页中设置编码为[UTF-8 无 BOM]，默认程序设计语言为[HTML]，然后单击[关闭]。

由于默认程序设计语言设置为 HTML，因此，当我们编辑 HTML 文件时，NotePad++就会根据 HTML 的语法，以不同颜色标记 HTML 标签与属性，如下图所示。

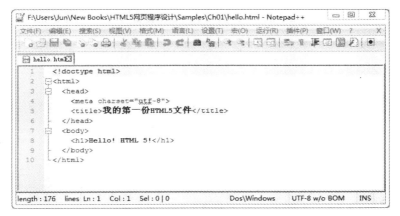

此外，当我们把文件存盘时，NotePad++也会采用[UTF-8 无 BOM]编码方式，且保存文件的类型默认为 HTML（扩展名为.html 或.htm），若要存为其他类型，例如 PHP，可以在保存类型栏选择 PHP，此时扩展名将变更为.php。

## 1-8-2 HTML 5 文件的基本语法

HTML 5 文件通常包含下列几个部分（按照由先到后的顺序）。

1. BOM（选择性字符，建议不要在文件头插入 BOM）
2. 任何数目的注释与空格符
3. DOCTYPE
4. 任何数目的注释与空格符
5. 根元素
6. 任何数目的注释与空格符

❖ **DOCTYPE**

HTML 5 文件的第一行必须是如下的文件类型定义（Document Type Definition），前面不能有空行，也不能省略不写，否则浏览器可能不会启用标准模式，而是改用其他演绎模式（rendering mode），导致 HTML 5 的新功能无法正常运行。

```
<!doctype html>
```

❖ **根元素**

HTML 5 文件可以包含一个或多个元素，呈树状结构，有些元素属于兄弟节点，有些元素属于父子节点，至于根元素则为<html>元素。

### ❖ MIME 类型

HTML 5 文件的 MIME 类型和前几版的 HTML 文件一样都是 text/html，存盘后的扩展名也都是.html 或.htm。

### ❖ 不会区分英文字母的大小写

HTML 5 的标签与属性和前几版的 HTML 一样不会区分英文字母的大小写（case-insensitive），但考虑到和 XHTML 的兼容性，本书将采用小写英文字母。

### ❖ 相关名词

以下是一些与 HTML 相关的名词解释与注意事项。

- 元素（element）：HTML 文件可以包含一个或多个元素，而 HTML 元素又是由"标签"与"属性"所组成。HTML 元素可以分成两种类型，其一是用来标记网页上的组件或描述组件的样式，例如<head>（标头）、<body>（主体）、<p>（段落）、<ol>（编号清单）等；其二是用来指向其他资源，例如<img>（嵌入图片）、<video>（嵌入视频）、<audio>（嵌入音频）、<a>（标记超链接或网页上的位置）等。

- 标签（tag）：一直以来"标签"和"元素"两个名词经常被混用，但严格来说，两者的意义并不完全相同，"元素"一词包含了"起始标签"、"结束标签"和这两者之间的内容，例如下面的程序语句是将"圣诞快乐"标记为段落，其中<p>是起始标签，而</p>是结束标签，换句话说，起始标签的前后要以<、>两个符号括起来，而结束标签又比起始标签多了一个斜线（/）：

> <p> 圣诞快乐 </p>
>
> 起始　内容　结束
> 标签　　　　标签

不过，也不是所有元素都会包含结束标签，诸如<br>（换行）、<hr>（水平线）、<img>（嵌入图片）等元素就没有结束标签。举例来说，假设要在"圣诞快乐"几个字的后面做换行，那么可以先输入这几个字，然后加上<br>元素，如下：

> 圣诞快乐 <br>

- 属性（attribute）：除了 HTML 元素本身所能描述的特性之外，大部分元素还会包含属性，以提供更多信息，而且一个元素里面可以加上几个属性，只要注意标签与属性及属性与属性之间以空格符隔开即可。

举例来说，假设要将"圣诞快乐"几个字标记为标题 1，而且文字为红色、居中对齐，那么除了要在这几个字的前后分别加上起始标签<h1>和结束标签</h1>，还要加上红色及居中对齐属性，如下：

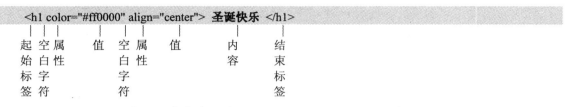

- 值（value）：属性通常会有一个值，而且这个值必须从预先定义好的范围内选取，不能自行定义，例如<hr>（水平线）元素的 align（对齐方式）属性的值有 left、right、center 三种，用户不能自行指定其他值。

由于考虑到和 XHTML 的兼容性，我们习惯在值的前后加上双引号（"），但事实上，若值是由英文字母、阿拉伯数字（0~9）、减号（-）或小数点（.）所组成，那么值的前后可以不必加上双引号（"）。

- 嵌套标签（nesting tag）：有时我们需要使用一个以上的元素来标记数据，举例来说，假设要将一串标题 1 文字（例如 Happy Birthday）中的某个字（例如 Birthday）标记为斜体，那么就要使用<h1>和<i>两个元素。

请注意嵌套标签的顺序，原则上，第一个结束标签必须对应最后一个起始标签，第二个结束标签必须对应倒数第二个起始标签，依此类推。

- 空格符：浏览器会忽略 HTML 元素之间多余的空格符或[Enter]键，因此，我们可以利用这个特点在 HTML 源代码加上空格符和[Enter]键，将 HTML 源代码排列整齐，好方便阅读。

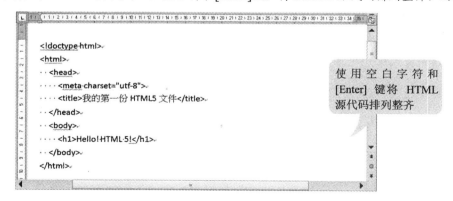

不过，也正因为浏览器会忽略元素之间多余的空格符或[Enter]键，所以不能使用空格符或[Enter]键将网页的内容格式化，举例来说，假设要在一段文字的后面换行，那么必须在这段文字的后面加上<br>元素，光是在 HTML 源代码中按[Enter]键是无效的。

- 特殊字符：HTML 文件有一些特殊字符，例如小于（<）、大于（>）、双引号（"）、&、空格符等，若要在网页上显示这些字符，那么不能直接使用键盘输入，而是要输入 &lt;、&gt;、&quot;、&amp;、 ，后面两页有特殊字符表供您参考。

| 错误写法 | 浏览结果 |
|---|---|
| 使用<br>实现换行 | 使用<br>实现换行 |
| 正确写法 | 浏览结果 |
| 使用&lt;br&gt; 实现换行 | 使用<br>实现换行 |

| 符　号 | 表示法（1） | 表示法（2） | 符　号 | 表示法（1） | 表示法（2） |
|---|---|---|---|---|---|
| （空格符） |   |   | Ã | &Atilde; | &#195; |
| ! | &iexcl; | &#161; | Ä | &Auml; | &#196; |
| ¢ | &cent; | &#162; | Å | &Aring; | &#197; |
| £ | &pound; | &#163; | Æ | &AElig; | &#198; |
| ¤ | &curren; | &#164; | Ç | &Ccedil; | &#199; |
| ¥ | &yen; | &#165; | È | &Egrave; | &#200; |
| ¦ | &brvbar; | &#166; | É | &Eacute; | &#201; |
| § | &sect; | &#167; | Ê | &Ecirc; | &#202; |
| ¨ | &uml; | &#168; | Ë | &Euml; | &#203; |
| © | &copy; | &#169; | Ì | &Igrave; | &#204; |
| ª | &ordf; | &#170; | Í | &Iacute; | &#205; |
| « | &laquo; | &#171; | Î | &Icirc; | &#206; |
| ¬ | &not; | &#172; | Ï | &Iuml; | &#207; |
| - | &shy; | &#173; | Ð | &ETH; | &#208; |
| ® | &reg; | &#174; | Ñ | &Ntilde; | &#209; |
| ¯ | &macr; | &#175; | Ò | &Ograve; | &#210; |
| ° | &deg; | &#176; | Ó | &Oacute; | &#211; |
| ± | &plusmn; | &#177; | Ô | &Ocirc; | &#212; |
| ² | &sup2; | &#178; | Õ | &Otilde; | &#213; |
| ³ | &sup3; | &#179; | Ö | &Ouml; | &#214; |
| ´ | &acute; | &#180; | × | &times; | &#215; |
| µ | &micro; | &#181; | Ø | &Oslash; | &#216; |

（续表）

| 符　号 | 表示法（1） | 表示法（2） | 符　号 | 表示法（1） | 表示法（2） |
|---|---|---|---|---|---|
| | &para; | &#182; | Ù | &Ugrave; | &#217; |
| • | &middot; | &#183; | Ú | &Uacute; | &#218; |
| , | &cedil; | &#184; | Û | &Ucirc; | &#219; |
| ¹ | &sup1; | &#185; | Ü | &Uuml; | &#220; |
| ¼ | &frac14; | &#186; | Ý | &Yacute; | &#221; |
| º | &ordm; | &#187; | Þ | &THORN; | &#222; |
| » | &raquo; | &#188; | ß | &szlig; | &#223; |
| ½ | &frac12; | &#189; | à | &agrave; | &#224; |
| ¾ | &frac34; | &#190; | á | &aacute; | &#225; |
| ¿ | &iquest; | &#191; | â | &acirc; | &#226; |
| À | &Agrave; | &#192; | ã | &atilde; | &#227; |
| Á | &Aacute; | &#193; | ä | &auml; | &#228; |
| Â | &Acirc; | &#194; | å | &aring; | &#229; |
| æ | &aelig; | &#230; | ó | &oacute; | &#243; |
| ç | &ccedil; | &#231; | ô | &ocirc; | &#244; |
| è | &egrave; | &#232; | õ | &otilde; | &#245; |
| é | &eacute; | &#233; | ö | &ouml; | &#246; |
| ê | &ecirc; | &#234; | ÷ | &divide; | &#247; |
| ë | &euml; | &#235; | ø | &oslash; | &#248; |
| ì | &igrave; | &#236; | ù | &ugrave; | &#249; |
| í | &iacute; | &#237; | ú | &uacute; | &#250; |
| î | &icirc; | &#238; | û | &ucirc; | &#251; |
| ï | &iuml; | &#239; | ü | &uuml; | &#252; |
| ð | &eth; | &#240; | ý | &yacute; | &#253; |
| ñ | &ntilde; | &#241; | þ | &thorn; | &#254; |
| Ò | &ograve; | &#242; | ÿ | &yuml; | &#255; |

## 1-8-3　编写您的第一份 HTML 5 文件

HTML 5 文件包含 DOCTYPE、标头（header）与主体（body）等三个部分，下面是一个例子，请按照如下步骤操作。

**步骤 01** 开启 Notepad++，然后编写如下的 HTML 5 文件，最左边的行号和冒号是为了方便解说之用，不要输入至程序代码。

```
01:<!doctype html> — DOCTYPE
02:<html>
03:  <head>
04:      <meta charset="utf-8">
05:      <title> 我的第一份 HTML5 文件</title>     ] ─ HTML 文件的标头
06:  </head>
07:   <body>
08:      <h1>Hello! HTML 5!</h1>     ] ─ HTML 文件的主体
09:   </body>
10:</html>
```

<\Ch01\hello.html>

- 01：DOCTYPE 必须放在第一行，用来声明文件类型定义（DTD）。
- 02、10：<html>...</html>标签为根元素。
- 03~06：HTML 文件的标头，其中第 04 行是指定文件的编码方式为 UTF-8，除非有特殊的理由，否则请指定 UTF-8 编码方式，避免输出中文到浏览器时变成乱码，至于第 05 行则是指定浏览器的标题栏文字或索引标签文字。
- 07~09：HTML 文件的主体，网页内容就放在这里，此例是以标题 1 显示"Hello! HTML 5! "字符串。

请注意，由于 HTML 5 不是一种 XML 语言，因此，本书使用的是 HTML 语法，而不是 XHTML 语法。若习惯使用规则较为严谨的 XHTML 语法，可以参考 W3C 提供的文件：http://www.w3.org/TR/html5/the-xhtml-syntax.html#the-xhtml-syntax。

步骤02 从菜单栏选取[文件]\[保存]或[文件]\[另存为]，将文件保存为 hello.html。

步骤03 利用 Windows 资源管理器找到 hello.html 的文件图标并双击，就会开启默认的浏览器加载文件，得到如下图的浏览结果。

上图使用的浏览器为 Internet Explorer，我们也可以使用其他浏览器来浏览，例如 Opera 10.5+、Chrome 3.0+、Safari 4.0+、FireFox 3.0+等，要注意的是不同的浏览器所实现的功能可能不太一样，下图是使用 Opera 浏览这个例子的结果。

## 学习评估

### 选择题

（ ）1. 下列程序语句哪一个是错误的？
  A. HTML 5 没有提供绘图功能
  B. HTML 5 新增了窗体验证功能
  C. HTML 5 提供了功能强大的 API 可以用来开发网页应用程序
  D. HTML 5 的<video>和<audio>元素赋予浏览器原生能力来播放视频与音频

（ ）2. 下列哪一个可以用来控制网页的外观，弥补 HTML 的不足？
  A. VRML　　　　B. CSS　　　　C. XHTML　　　　D. XML

（ ）3. 下列哪一个可以用来描述物体的三维空间信息？
  A. VBScript　　　B. VRML　　　C. XHTML　　　　D. PHP

（ ）4. 下列哪一个不属于服务器端 Scripts？
  A. CGI　　　　　B. PHP　　　　C. ASP　　　　　D. JavaScript

（ ）5. 下列哪个元素是 HTML 5 文件的根元素？
  A. <!doctype>　　B. <html>　　C. <head>　　　D. <body>

（ ）6. 下列哪个元素可以用来标记 HTML 文件的主体？
  A. <!doctype>　　B. <html>　　C. <head>　　　D. <body>

（ ）7. 下列哪个元素可以用来指定HTML文件的编码方式？
  A. <title>　　　　B. <body>　　C. <meta>　　　D. <p>

（ ）8. 下列关于 HTML 的程序语句哪一个是错误的？
  A. 我们可以在 HTML 文件中按[Enter]键实现换行
  B. HTML 的标签与属性不会区分英文字母的大小写
  C. 若要在网页上显示空格符，可以在 HTML 文件中输入 
  D. HTML 元素的起始标签是以<、>两个符号括起来

# 第 2 章

## 文件结构

## 2-1  HTML 文件的 DOCTYPE——<!doctype>元素

HTML 文件的结构包含下列三个部分。

- DOCTYPE
- 标头（header）
- 主体（body）

其中 DOCTYPE 指的是使用<!doctype>元素声明文件类型定义（DTD，Document Type Definition），DTD 是一组定义了能在特定 HTML 版本中执行的规则，浏览器会根据此组规则解析 HTML 文件。

HTML 5 文件的第一行必须是如下的 DOCTYPE，前面不能有空行，也不能省略不写，否则浏览器可能不会启用标准模式，而是改用其他演绎模式（rendering mode），导致 HTML 5 的新功能无法正常运行。

```
<!doctype html>
```

至于 HTML 4.01 文件的第一行则通常是一长串的网址和版本声明，以下面的程序语句为例，这个 DTD 包含非 Deprecated（建议勿用）或没有出现在框架的元素，其中 EN 表示 DTD 的语言为 English，http://www.w3.org/TR/html4/strict.dtd 表示可以从此网址下载 HTML 4.01 Strict DTD。

```
<!doctype html public "-//W3C//DTD HTML 4.01//EN" "http://www.w3.org/TR/html4/strict.dtd">
```

下表是一些合法但过时的 DOCTYPE 字符串。

| Public identifier | System identifier |
| --- | --- |
| -//W3C//DTD HTML 4.0//EN | http://www.w3.org/TR/REC-html40/strict.dtd |
| -//W3C//DTD HTML 4.01//EN | http://www.w3.org/TR/html4/strict.dtd |
| -//W3C//DTD XHTML 1.0 Strict//EN | http://www.w3.org/TR/xhtml1/DTD/xhtml1-strict.dtd |
| -//W3C//DTD XHTML 1.1//EN | http://www.w3.org/TR/xhtml11/DTD/xhtml11.dtd |

## 2-2  HTML 文件的根元素——<html>元素

HTML 5 文件可以包含一个或多个元素，呈树状结构，有些元素属于兄弟节点，有些元素属于父子节点，至于根元素则为<html>元素，其起始标签<html>要放在<!doctype>元素的后面，接着的是 HTML 文件的标头与主体，最后还要有结束标签</html>，如下。

```
<!doctype html> <html>
```

...HTML **文件的标头与主体** ...
</html>

<html>元素的属性如下，标记星号（※）的为 HTML 5 新增的属性。

- manifest="..."（※）：指定脱机网页应用程序的快取列表，例如下面的程序语句是将快取列表指定为"clock.manifest"。

<html manifest="clock.manifest">

- title、id、class、style、dir、lang、accesskey、tabindex、translate、contenteditable（※）、contextmenu（※）、draggable（※）、hidden（※）、spellcheck（※）、role（※）、aria-*（※）、data-*（※）等全局属性。

## 2-2-1　全局属性

全局属性（global attributes）可以套用到多数的 HTML 元素，相关的说明如下，标记星号（※）的为 HTML 5 新增的属性：

- title="..."：指定元素的标题，浏览器可以用它做为提示文字。
- id="..."：指定元素的标识符（限英文且唯一）。
- class="..."：指定元素的类。
- style="..."：指定套用到元素的 CSS 样式表单。
- dir="{ltr,rtl}"：指定文字的方向，ltr（left to right）表示由左向右，rtl（right to left）表示由右向左。
- lang="*language-code*"：指定元素的语言，例如 en 为英文。
- accesskey="..."：指定将焦点移到元素的按键组合。
- tabindex="*n*"：指定元素的[Tab]键顺序，也就是按[Tab]键时，焦点在元素之间跳跃的顺序，$n$ 为正整数，数字愈小，顺序就愈高。
- translate="{yes, no}"：指定元素是否启用翻译模式。
- contenteditable="{true,false,inherit}"（※）：指定元素的内容能否被编辑。
- contextmenu="..."（※）：指定元素的快捷菜单。
- draggable="{true,false}"（※）：指定元素能否进行拖放操作（drag and drop）。
- dropzone="..."（※）：将元素指定为拖放操作的放置目标。
- hidden="{true,false}"（※）：指定元素的内容是否被隐藏起来。
- spellcheck="{true,flase}"（※）：指定是否检查元素的拼写与文法。
- role="..."、aria-*="..."（※）：提升网页的无障碍性。
- data-*="..."（※）：通过自定义属性将信息传送给 Script。

## 2-2-2    事件属性

事件属性（event handler content attributes）也是属于全局属性，可以套用到多数的 HTML 元素，用来针对 HTML 元素的某个事件指定处理程序，例如 onabort、onblur、oncanplay、oncanplaythrough、onchange、onclick、oncontextmenu、oncuechange、ondblclick、ondrag、ondragend、ondragenter、ondragleave、ondragover、ondragstart、ondrop、ondurationchange、onemptied、onended、onerror、onfocus、oninput、oninvalid、onkeydown、onkeypress、onkeyup、onload、onloadeddata、onloadedmetadata、onloadstart、onmousedown、onmousemove、onmouseout、onmouseover、onmouseup、onmousewheel、onpause、onplay、onplaying、onprogress、onratechange、onreset、onscroll、onseeked、onseeking、onselect、onshow、onstalled、onsubmit、onsuspend、ontimeupdate、onvolumechange、onwaiting 等，比较重要的如下所列。

- onload="...": 指定当浏览器加载网页或所有框架时所要执行的 Script。
- onunload="...": 指定当浏览器删除窗口或框架内网页时所要执行的 Script。
- onclick="...": 指定在组件上单击鼠标时所要执行的 Script。
- ondblclick="...": 指定在组件上双击鼠标时所要执行的 Script。
- onmousedown="...": 指定在组件上按下鼠标按键时所要执行的 Script。
- onmouseup="...": 指定在组件上放开鼠标按键时所要执行的 Script。
- onmouseover="...": 指定当鼠标移过组件时所要执行的 Script
- onmousemove="...": 指定当鼠标在组件上移动时所要执行的 Script
- onmouseout="...": 指定当鼠标从组件上移开时所要执行的 Script
- onfocus="...": 指定当用户将焦点移到组件上时所要执行的 Script。
- onblur="...": 指定当用户将焦点从组件上移开时所要执行的 Script。
- onkeypress="...": 指定在组件上按下再放开按键时所要执行的 Script
- onkeydown="...": 指定在组件上按下按键时所要执行的 Script。
- onkeyup="...": 指定在组件上放开按键时所要执行的 Script。
- onsubmit="...": 指定当用户传送窗体时所要执行的 Script。
- onreset="...": 指定当用户清除窗体时所要执行的 Script。
- onselect="...": 指定当用户在文字字段选取文字时所要执行的 Script
- onchange="...": 指定当用户修改窗体字段时所要执行的 Script。

# 2-3    HTML 文件的标头——&lt;head&gt;元素

我们可以使用&lt;head&gt;元素标记 HTML 文件的标头，里面可能进一步使用&lt;title&gt;、&lt;meta&gt;、&lt;link&gt;、&lt;base&gt;、&lt;script&gt;、&lt;style&gt;等元素来指定文件标题、文件相关信息、文件之间的关联、相对 URI 的路径、JavaScript 程序代码、CSS 样式表单等信息。

<head>元素要放在<html>元素里面，而且有结束标签</head>，如下，至于<head>元素的属性，则在第 2-2-1 节介绍的全局属性有有涉及。

```
<!doctype html> <html>
<head>
...HTML 文件的标头 ...
</head>
</html>
```

在接下来的小节中，我们会介绍<title>和<meta>两个元素，而<base>、<link>、<script>、<style>等元素可以参阅第 4-3、4-4、7-7、7-8 节。

## 2-3-1　<title>元素（文件标题）

<title>元素用来指定 HTML 文件的标题，此标题会显示在浏览器的标题栏或索引标签中，有助于搜索引擎优化（SEO），提高网页被搜索引擎找到的机率。<title>元素要放在<head>元素里面，而且有结束标签</title>，如下，至于<title>元素的属性，则有第 2-2-1 节所介绍的全局属性。

```
<!doctype html> <html>
<head>
<title> 新网页 1</title>
... 其他标头信息 ...
</head>
</html>
```

## 2-3-2　<meta>元素（文件相关信息）

<meta>元素用来指定 HTML 文件的相关信息，称为 metadata，例如字符集（编码方式）、内容类型、作者、搜索引擎关键词、版权声明等。<meta>元素要放在<head>元素里面，<title>元素的前面，而且没有结束标签。

<meta>元素的属性如下，标记星号（※）的为 HTML 5 新增的属性：

- charset="..."（※）：指定 HTML 文件的字符集（编码方式），例如下面的程序语句是指定 HTML 文件的字符集为 UTF-8：

```
<meta charset="utf-8">
```

- name="{application-name,author,generator,keywords,description}"：指定 metadata 的名称，这些值分别表示网页应用程序的名称、作者的名称、编辑程序、关联的关键词和描述文字（可供搜索引擎使用，有助于搜索引擎优化）。

- content="...": 指定 metadata 的内容，例如下面的程序语句是指定 metadata 的名称为 "author"，内容为"Jean"，即 HTML 文件的作者为 Jean。

```
<meta name="author" content="Jean">
```

又例如下面的程序语句是指定 metadata 的名称为"generator"，内容"Notepad++"，即 HTML 文件的编辑程序为 Notepad++。

```
<meta name="generator" content="Notepad++">
```

- http-equiv="...": 这个属性可以用来取代name 属性，因为 HTTP 服务器是使用 http-equiv 属性搜集 HTTP 标头，例如下面的程序语句是指定 HTML 文件的内容类型为 text/html:

```
<meta http-equiv="content-type" content="text/html">
```

- 第 2-2-1 节所介绍的全局属性。

# 2-4　HTML 文件的主体——<body>元素

我们可以使用<body>元素标记 HTML 文件的主体，里面可能包括文字、图片、视频、音频等内容。<body>元素要放在<html>元素里面，<head>元素的后面，而且有结束标签</body>，如下所示。

```
<!doctype html> <html>
<head>
...HTML 文件的标头 ...
</head>
<body>
...HTML 文件的主体 ...
</body>
</html>
```

<body>元素的属性如下：

- background="*uri*"（Deprecated）: 指定网页的背景图片相对或绝对地址，其中 *uri* 为网址。
- bgcolor="*color*|#*rrggbb*"（Deprecated）: 指定网页的背景颜色，其中 *color* 为颜色名称，#*rrggbb* 为红绿蓝三原色的=值，例如 bgcolor="red"或 bgcolor="#ff0000"表示背景颜色为红色，后几页有颜色对照表供您参考。
- text="color|#rrggbb"（Deprecated）: 指定网页的文字颜色。
- link="color|#rrggbb"（Deprecated）: 指定尚未浏览的超链接文字的颜色。
- alink="color|#rrggbb"（Deprecated）: 指定被选取的超链接文字颜色。

- vlink="color|#rrggbb"（Deprecated）：指定已经浏览的超链接文字颜色。
- 第 2-2-1 节所介绍的全局属性。
- onafterprint、onbeforeprint、onbeforeunload、onblur、onerror、onfocus、onhashchange、
  onload、onmessage、onoffline、ononline、onpagehide、onpageshow、onpopstate、onresize、
  onscroll、onstorage、onunload 等事件属性，我们会在使用到这些事件属性的章节中进
  行说明。

下面举一个例子，它会将网页的背景颜色与文字颜色分别指定为天蓝色（azure）、黑色
（black）。

```
<!doctype html> <html>
<head>
<meta charset="utf-8"> <title> 示范背景颜色 </title>
</head>
<body bgcolor="azure" text="black">
这个网页的背景颜色为天蓝色，文字颜色为黑色。
</body>
</html>
<\Ch02\bg.html>
```

这个例子的浏览结果如下图所示。

请注意，HTML 4.01 将<body>元素的 background、bgcolor、text、link、alink、vlink 等涉
及网页外观的属性标记为 Deprecated（建议勿用），而 HTML 5 则不再列出这些属性，原因
在于 W3C 鼓励网页设计人员改用 CSS 定义网页的外观，以便将网页的内容与外观分隔开来。
以下面的程序代码为例，这是传统的写法，也就是使用 HTML 定义网页的背景颜色、文字颜
色及超链接文字颜色等外观。

```
<!doctype html> <html>
<head>
```

```
<meta charset="utf-8"> <title> 新网页 1</title>
</head>
<body bgcolor="white" text="black" link="red" vlink="green" alink="blue">
...HTML 文件的主体 ...
</body>
</html>
```

| 颜色 | 颜色名称 | 颜色值 | 颜色 | 颜色名称 | 颜色值 |
|---|---|---|---|---|---|
| | aliceblue | #F0F8FF | | darkgreen | #006400 |
| | antiquewhite | #FAEBD7 | | darkgrey | #A9A9A9 |
| | aqua | #00FFFF | | darkkhaki | #BDB76B |
| | aquamarine | #7FFFD4 | | darkmagenta | #8B008B |
| | azure | #F0FFFF | | darkolivegreen | #556B2F |
| | beige | #F5F5DC | | darkorange | #FF8C00 |
| | bisque | #FFE4C4 | | darkorchid | #9932CC |
| | black | #000000 | | darkred | #8B0000 |
| | blanchedalmond | #FFEBCD | | darksalmon | #E9967A |
| | blue | #0000FF | | darkseagreen | #8FBC8F |
| | blueviolet | #8A2BE2 | | darkslateblue | #483D8B |
| | brown | #A52A2A | | darkslategray | #2F4F4F |
| | burlywood | #DEB887 | | darkslategrey | #2F4F4F |
| | cadetblue | #5F9EA0 | | darkturquoise | #00CED1 |
| | chartreuse | #7FFF00 | | darkviolet | #9400D3 |
| | chocolate | #D2691E | | deeppink | #FF1493 |
| | coral | #FF7F50 | | deepskyblue | #00BFFF |
| | cornflowerblue | #6495ED | | dimgray | #696969 |
| | cornsilk | #FFF8DC | | dimgrey | #696969 |
| | crimson | #DC143C | | dodgerblue | #1E90FF |
| | cyan | #00FFFF | | firebrick | #B22222 |
| | darkblue | #00008B | | floralwhite | #FFFAF0 |
| | darkcyan | #008B8B | | forestgreen | #228B22 |
| | darkgoldenrod | #B8860B | | fuchsia | #FF00FF |
| | darkgray | #A9A9A9 | | lightpink | #FFB6C1 |

（续表）

| 颜色 | 颜色名称 | 颜色值 | 颜色 | 颜色名称 | 颜色值 |
|---|---|---|---|---|---|
|  | gainsboro | #DCDCDC |  | lightsalmon | #FFA07A |
|  | ghostwhite | #F8F8FF |  | lightseagreen | #20B2AA |
|  | gold | #FFD700 |  | lightskyblue | #87CEFA |
|  | goldenrod | #DAA520 |  | lightslategray | #778899 |
|  | gray | #808080 |  | lightsteelblue | #B0C4DE |
|  | green | #008000 |  | lightyellow | #FFFFE0 |
|  | greenyellow | #ADFF2F |  | lime | #00FF00 |
|  | grey | #808080 |  | limegreen | #32CD32 |
|  | honeydew | #F0FFF0 |  | linen | #FAF0E6 |
|  | hotpink | #FF69B4 |  | magenta | #FF00FF |
|  | indianred | #CD5C5C |  | maroon | #800000 |
|  | indigo | #4B0082 |  | mediumaquamarine | #66CDAA |
|  | ivory | #FFFFF0 |  | mediumblue | #0000CD |
|  | khaki | #F0E68C |  | mediumorchid | #BA55D3 |
|  | lavender | #E6E6FA |  | mediumpurple | #9370DB |
|  | lavenderblush | #FFF0F5 |  | mediumseagreen | #3CB371 |
|  | lawngreen | #7CFC00 |  | mediumslateblue | #7B68EE |
|  | lightblue | #ADD8E6 |  | mediumspringgreen | #00FA9A |
|  | lightcoral | #F08080 |  | mediumturquoise | #48D1CC |
|  | lightcyan | #E0FFFF |  | mediumvioletred | #C71585 |
|  | lightgoldenrodyellow | #FAFAD2 |  | midnightblue | #191970 |
|  | lightgray | #D3D3D3 |  | mintcream | #F5FFFA |
|  | lightgreen | #90EE90 |  | mistyrose | #FFE4E1 |
|  | lightgrey | #D3D3D3 |  | moccasin | #FFE4B5 |

（续表）

| 颜色 | 颜色名称 | 颜色值 | 颜色 | 颜色名称 | 颜色值 |
|---|---|---|---|---|---|
|  | springgreen | #00FF7F |  | palevioletred | #DB7093 |
|  | steelblue | #4682B4 |  | papayawhip | #FFEFD5 |
|  | tan | #D2B48C |  | peachpuff | #FFDAB9 |
|  | teal | #008080 |  | peru | #CD853F |
|  | thistle | #D8BFD8 |  | pink | #FFC0CB |
|  | tomato | #FF6347 |  | plum | #DDA0DD |
|  | turquoise | #40E0D0 |  | powderblue | #B0E0E6 |
|  | violet | #EE82EE |  | purple | #800080 |
|  | wheat | #F5DEB3 |  | red | #FF0000 |
|  | white | #FFFFFF |  | rosybrown | #BC8F8F |
|  | whitesmoke | #F5F5F5 |  | royalblue | #4169E1 |
|  | yellow | #FFFF00 |  | saddlebrown | #8B4513 |
|  | yellowgreen | #9ACD32 |  | salmon | #FA8072 |
|  | navajowhite | #FFDEAD |  | sandybrown | #F4A460 |
|  | navy | #000080 |  | seagreen | #2E8B57 |
|  | oldlace | #FDF5E6 |  | seashell | #FFF5EE |
|  | olive | #808000 |  | sienna | #A0522D |
|  | olivedrab | #6B8E23 |  | silver | #C0C0C0 |
|  | orange | #FFA500 |  | skyblue | #87CEEB |
|  | orangered | #FF4500 |  | slateblue | #6A5ACD |
|  | orchid | #DA70D6 |  | slategray | #708090 |
|  | palegoldenrod | #EEE8AA |  | snow | #FFFAFA |
|  | palegreen | #98FB98 |  |  |  |
|  | paleturquoise | #AFEEEE |  |  |  |

若改用 CSS 定义网页的外观，可以写成如下所示。

```
<!doctype html> <html>
<head>
<meta charset="utf-8"> <title> 新网页 1</title> <style type="text/css">
body {background:white; color:black} a:link {color:red}
a:visited {color:green} a:active {color:blue}
</style>
</head>
<body>
...HTML 文件的主体 ...
```

```
</body>
</html>
```

## 2-4-1　<h1>~<h6>元素（标题 1~6）

HTML 提供了<h1>、<h2>、<h3>、<h4>、<h5>、<h6>等六种层次的标题格式，<h1>元素（标题 1）的字体最大，<h6>元素（标题 6）的字体最小。<h1>~<h6>元素的属性如所列。

- align="{left,center,right}"（Deprecated）：指定标题向左对齐、居中或向右对齐。
- 第 2-2-1、2-2-2 节所介绍的全局属性和事件属性。

```
<!doctype html> <html>
<head>
<meta charset="utf-8"> <title> 示范标题格式 </title>
</head>
<body>
<h1 align="left"> 这是向左对齐的标题 1</h1> <h2 align="center"> 这是居中的标题 2</h2> <h3
align="right"> 这是向右对齐的标题 3</h3> <h4> 这是标题 4</h4>
<h5> 这是标题 5</h5> <h6> 这是标题 6</h6>
</body>
</html>
```

<\Ch02\heading.html>

除了标题之外，包括段落、图片、表格等区块也有 align 属性，由于这涉及网页的外观，因此，HTML 4.01 将 align 属性标记为 Deprecated（建议勿用），而 HTML 5 则不再列出这个属性，并鼓励网页设计人员改用 CSS 来取代前者。以下面的程序代码为例，这是传统的写法，也就是使用 HTML 定义网页的标题对齐方式。

```
<!doctype html> <html>
```

```
<head>
<meta charset="utf-8"> <title> 示范标题格式 </title>
</head>
<body>
<h1 align="left"> 这是向左对齐的标题 1</h1> <h2 align="center"> 这是居中的标题 2</h2>
</body>
</html>
```

若改用 CSS 定义网页的标题对齐方式，可以写成如下：

```
<!doctype html> <html>
<head>
<meta charset="utf-8"> <title> 示范标题格式 </title> <style type="text/css">
h1 {text-align:left}
h2 {text-align:center} </style>
</head>
<body>
<h1> 这是向左对齐的标题 1</h1> <h2> 这是居中的标题 2</h2>
</body>
</html>
```

## 2-4-2　<p>元素（段落）

网页的内容通常会包含数个段落，不过，浏览器会忽略 HTML 文件中多余的空格符或 [Enter]键，因此，即便是按[Enter]键试图分段，浏览器一样会忽略它，而将文字显示成同一段落，下面举一个例子。

```
<!doctype html> <html>
<head>
<meta charset="utf-8"> <title> 示范段落格式 </title>
</head>
<body>
天命之谓性，率性之谓道，修道之谓教。
道也者，不可须臾离也；可离，非道也。
故，君子戒慎乎其所不赌，恐惧乎其所不闻。
莫见乎隐，莫显乎微，故君子慎其独也。
</body>
</html>
```

<\Ch02\para1.html>

❶在每行文字后面按[Enter]键试图分段；❷浏览结果还是显示成同一段落

若想如我们所愿地将这篇文章显示成四个段落，那么必须使用<p>元素，也就是在每个段落的前后加上开始标签<p>和结束标签</p>，如下所示。

```
<!doctype html> <html>
<head>
<meta charset="utf-8"> <title> 示范段落格式 </title>
</head>
<body>
<p> 天命之谓性，率性之谓道，修道之谓教。</p>
<p> 道也者，不可须臾离也；可离，非道也。</p>
<p> 是故，君子戒慎乎其所不睹，恐惧乎其所不闻。
<p> 莫见乎隐，莫显乎微，故君子慎其独也。</p>
</body>
</html>
```

❶

<\Ch02\para2.html>

❶在每个段落的前后加上<p>和</p>；❷浏览结果显示成四个段落

<p>元素的属性如下，同样的，HTML 4.01 将涉及网页外观的 align 属性标记为 Deprecated

（建议勿用），而 HTML 5 则不再列出以下属性。

- align="{left,center,right}"（Deprecated）：指定段落向左对齐、置中或向右对齐。
- 第 2-2-1、2-2-2 节所介绍的全局属性和事件属性。

## 2-5　HTML 5 新增的结构元素

在过去，网页设计人员通常是使用<div>元素来标记网页上的某个区段，但<div>元素并不具有任何语意，只能泛指通用的区段。为了进一步标记区段的用途，网页设计人员可能会利用 id 属性指派名称给该区段，例如通过类似<div id="navigate">、<div id="navigation">的程序语句来标记做为导航栏的区段，然而诸如此类的程序语句并无法帮助浏览器辨识导航栏的存在，更别说是提供快捷键让用户快速切换到网页上的导航栏了。

为了帮助浏览器辨识网页上不同的区段，以提供更聪明贴心的服务，HTML 5 新增了数个具有语意的结构元素（如下表），并鼓励网页设计人员使用这些元素取代惯用的<div>元素，将网页结构转换成语意更明确的 HTML 5 文件。

| 结构元素 | 说明 |
| --- | --- |
| <article> | 标记网页的文本或独立的内容，例如博客的一篇文章、新闻网站的一则新闻报导 |
| <section> | 标记通用的区段，例如将网页的文本分割为不同的主题区段 |
| <hgroup> | 将区段内的主标题、副标题或其他标语统一整理成一个群组标题，而且只有层级最高的标题会被列入文件的大纲 |
| <nav> | 标记导航栏 |
| <header> | 标记网页或区段的页首 |
| <footer> | 标记网页或区段的页尾 |
| <aside> | 标记侧边栏，里面通常包含摘要、广告等可以从区段内容抽离的其他内容 |

注：这些结构元素的属性为第 2-2-1、2-2-2 节所介绍的全局属性和事件属性。

除了上表的结构元素，我们还可以利用下列两个元素提供区段的附加信息。

- <address>：这虽然不是 HTML 5 新增的元素，但在定义上做了一些修改，用来标记网页或文章的作者联络信息。
- <time>：这是 HTML 5 新增的元素，用来标记日期时间，而且可以指定是要采用机器可读取的格式或人们看得懂的形式。

# 2-6　区段结构

## 2-6-1　<article>与<section>元素（文章/通用的区段）

在本节中，我们将通过下面的例子介绍两个最基本的区段结构元素。

- <article>：<article>元素可以用来标记网页的文本或独立的内容，例如博客的一篇文章、新闻网站的一则新闻报导。

- <section>：<section>元素可以用来标记通用的区段，例如将网页的文本分割为不同的主题区段，或将一篇文章分割为不同的章节或段落。

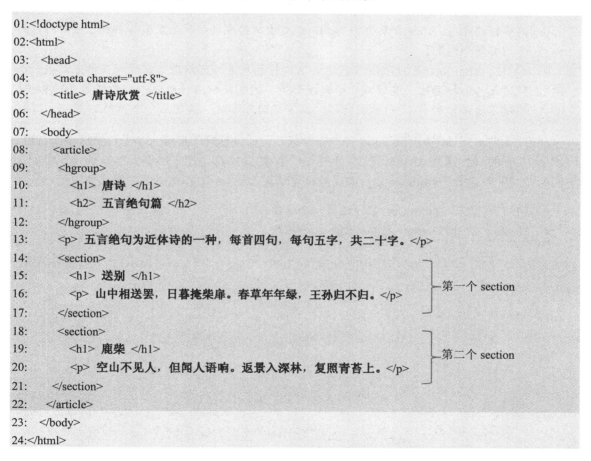

```
01:<!doctype html>
02:<html>
03: <head>
04:   <meta charset="utf-8">
05:   <title> 唐诗欣赏 </title>
06: </head>
07: <body>
08:   <article>
09:    <hgroup>
10:     <h1> 唐诗 </h1>
11:     <h2> 五言绝句篇 </h2>
12:    </hgroup>
13:    <p> 五言绝句为近体诗的一种，每首四句，每句五字，共二十字。</p>
14:    <section>
15:     <h1> 送别 </h1>
16:     <p> 山中相送罢，日暮掩柴扉。春草年年绿，王孙归不归。</p>            第一个 section
17:    </section>
18:    <section>
19:     <h1> 鹿柴 </h1>
20:     <p> 空山不见人，但闻人语响。返景入深林，复照青苔上。</p>            第二个 section
21:    </section>
22:   </article>
23: </body>
24:</html>
```

<\Ch02\doc0.html>

这个例子的浏览结果如下图，由于不同的浏览器有不同的实现方式，所以浏览结果可能会有细微差异。

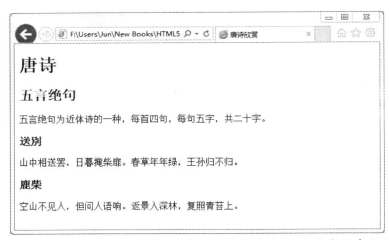

- 08、22: 网页的主体是由<article>元素所构成的文本，里面除了有标题和五言绝句的简单描述之外，还包含两个由<section>元素所构成的区段，里面各自放了一首五言绝句的标题和内容。
- 09~12: <hgroup>是 HTML 5 新增的区段标题元素，可以用来将区段内的主标题、副标题或其他标语统一整理成一个群组标题，此例是使用<hgroup>元素将第 10 行的主标题"唐诗"和第 11 行的副标题"五言绝句篇"统一整理成一个群组标题。

此外，HTML 5 允许不同的区段各自指定标题，而且标题的层级大小是以该区段为基准，例如第 15 行的<h1>送别</h1>和第 19 行的<h1>鹿柴</h1>都是指定层级大小为<h1>，但因为它们所在的区段包含于<article>元素中，故浏览结果会比<article>元素的群组标题来得小。

- 14~17: 使用<section>元素标记第一个区段。
- 18~21: 使用<section>元素标记第二个区段。

事实上，这个例子正是利用<article>与<section>元素，令网页呈现出如下图的逻辑结构。

❖ <article>与<section>元素的使用时机

W3C 对于<article>与<section>元素的使用时机并没有硬性规定，这个取决于要如何组织网页的结构，下列原则以供参考：

- 若是要构成元素的内容或独立的内容，那么应该使用<article>元素；相反的，若是要收纳多个连续片段，而且这些片段无法单独发布或重新运用，那么应该使用<section>元素。
- 虽然<section>元素泛指通用的区段，但若是元素的内容无需明确列入大纲，或是和元素的内容无关，纯粹是为了指定 CSS 样式表单或编写 Script，那么应该使用<div>元素，而不是使用<section>元素。

❖ **嵌套结构**

　　<article>元素又可以包含其他<article>子元素，形成嵌套结构，此时内层的<article>子元素所代表的是和外层的<article>父元素相关的文章，例如博客内针对某篇文章的回应帖子。

　　以前面的<\Ch02\doc0.html>为例，我们也可以将<article>元素里面的两个<section>元素更换成<article>子元素，因为这两个区段的内容是独立的，所以更换成<article>子元素并不会造成语意上的混淆，也不会影响到浏览结果。

　　将<\Ch02\doc0.html>的两个<section>元素更换成<article>子元素，然后另存文件为<\Ch02\doc0a.html>，浏览结果和原来的相同。

```
01:    <article>
02:      <hgroup>
03:        <h1> 唐诗 </h1>
04:        <h2> 五言绝句篇 </h2>
05:      </hgroup>
06:      <p> 五言绝句为近体诗的一种，每首四句，每句五字，共二十字。</p>
07:      <article>
08:        <h1> 送别 </h1>
09:        <p> 山中相送罢，日暮掩柴扉。春草年年绿，王孙归不归。</p>
10:      </article>
11:      <article>
12:        <h1> 鹿柴 </h1>
13:        <p> 空山不见人，但闻人语响。返景入深林，复照青苔上。</p>
14:      </article>
15:    </article>
```

　　此时，网页的逻辑结构变成如下图。

不只是<article>元素可以包含<section>元素，<section>元素也可以包含<article>元素，两者并没有规定谁一定要放在外层，而是取决于网页的结构。下面举一个例子，网页的文本被分割为两个区段，分别用来介绍唐诗和宋词，为了展现这些诗词是各自独立的内容，于是在区段内使用<article>元素来做标记。

```html
<!doctype html>
<html>
  <head>
    <meta charset="utf-8">
    <title> 唐诗宋词 </title>
  </head>
  <body>
    <article>
      <h1> 中国文学欣赏 </h1>
      <section>
        <h1> 唐诗 </h1>
          <article>
            <h1> 送别 </h1>
            <p> 山中相送罢，日暮掩柴扉。春草年年绿，王孙归不归。</p>
          </article>
          <article>
            <h1> 鹿柴 </h1>
            <p> 空山不见人，但闻人语响。返景入深林，复照青苔上。</p>
          </article>
      </section>
      <section>
        <h1> 宋词 </h1>
          <article>
            <h1> 浣溪纱 </h1>
            <p> 楼上晴天碧四垂，楼前芳草接天涯，劝君莫上最高梯。<br>
                新笋已成堂下竹，落花都上燕巢泥，忍听林表杜鹃啼。</p>
          </article>
          <article>
            <h1> 醉花阴 </h1>
```

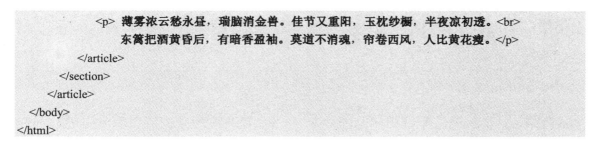

<\Ch02\doc1.html>

这个例子的浏览结果如下图，里面的标题虽然全都指定为<h1>，但因为包含于不同区段，故实际大小是以各自的区段做基准，越外层的区段，实际大小就越大。

此时，网页的逻辑结构变成如下图。

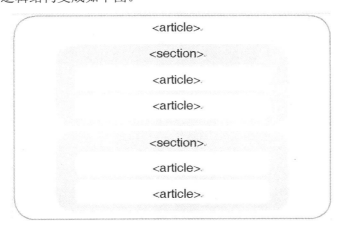

## 2-6-2　<nav>元素（导航栏）

仔细观察多数的网页，就不难发现其组成往往有一定的脉络可循。以下图的网页为例，除了网页中间的文本，还包含了下列几个设计。

- 导航栏：通常包含一组链接至网站内其他网页的超链接，用户只要通过导航栏，就可以穿梭往返于网站的各个网页。
- 页首：通常包含标题、标志图案、区段目录、搜索窗体等。
- 页尾：通常包含拥有者信息、建议浏览器分辨率、浏览人数、版权声明，以及链接至隐私权政策、网站安全政策、服务条款等内容的超链接。
- 侧边栏：通常包含摘要、广告、赞助厂商超链接、日期日历等可以从区段内容抽离的其他内容。

ⓐ页首；ⓑ导航栏；ⓒ内容；ⓓ页尾

由于导航栏是网页上相当常见的设计，因此，HTML 5 新增了<nav>元素，用来标记导航栏，而且网页上的导航栏可以有多个，视实际的需要而定。

W3C 并没有规定<nav>元素的内容应该如何编写，比较常见的做法是以项目列表的形式呈现一组超链接，当然，若不想加上项目符号，只想单纯保留一组超链接，那也无妨，甚至还可以针对这些超链接设计专属的图案。

另外要提醒一下，不是任何一组超链接都要使用<nav>元素，而是要做为导航栏功能的超链接，诸如搜索结果清单或赞助厂商超链接就不应该使用<nav>元素。

下面举一个例子，它使用<nav>元素设计了一个导航栏，供用户点选"唐诗"、"宋词"、"元曲"等超链接，进而链接到 poem1.html、poem2.html、poem3.html 等网页。

```
<!doctype html>
<html>
  <head>
    <meta charset="utf-8">
    <title> 中国文学欣赏 </title>
  </head>
  <body>
    <nav>
      <ul>
        <li><a href="poem1.html"> 唐诗 </a></li>
        <li><a href="poem2.html"> 宋词 </a></li>
        <li><a href="poem3.html"> 元曲 </a></li>
      </ul>
    </nav>
  </body>
</html>
```

<\Ch02\doc2.html>

## 2-6-3　<header>与<footer>元素（页首/页尾）

除了导航栏之外，多数的网页也会设计页首和页尾。为了标记页首和页尾，HTML 5 新增了下列两个元素，不过，这两个元素不像<article>、<section>、<nav>、<aside>等元素是区段内容（sectioning content），所以不会产生新的区段（section）：

- <header>：<header>元素可以用来标记网页或区段的页首，里面可能包含标题、标志图案、区段目录、搜索窗体等。

- <footer>：<footer>元素可以用来标记网页或区段的页尾，里面可能包含网站的拥有者信息、建议浏览器分辨率、浏览人数、版权声明，以及链接至隐私权政策、网站安全政策、服务条款等内容的超链接。

根据 HTML 5 规格书的定义，<footer>元素代表的是距离它最近之父区段内容元素或区段根元素的页尾，所谓的"父区段内容元素"（ancestor sectioning content element）包括<article>、<section>、<nav>、<aside>等元素，而所谓的"区段根元素"（section root element）包括<body>、

<blockquote>、<fieldset>、<figure>、<td>、<details>等元素。

下面举一个例子，它不仅示范了如何使用<header>、<nav>、<article>、<footer>等元素标记网页的页首、导航栏、内容和页尾，还示范了如何在这些元素套用 CSS 样式表单，建议仔细阅读。

```
01:<html>
02:  <head>
03:    <meta charset="utf-8">
04:    <title> 中国文学欣赏 </title>
05:    <style>
06:      header, footer {display:block; clear:both; padding:5px; text-align:center}
07:      nav {display:block; float:left; width:20%; height:50%; background:yellow; padding:5px}
08:      article {display:block; float:right; width:80%; height:50%; background:silver; padding:5px}
09:    </style>
10:    <script>
11:      document.createElement("header");
12:      document.createElement("nav");
13:      document.createElement("article");
14:      document.createElement("footer");
15:    </script>
16:  </head>
17:  <body>
18:    <header>
19:        <h1> 中国文学欣赏 </h1>
20:    </header>
21:    <nav>
22:      <ul>
23:        <li><a href="poem1.html"> 唐诗 </a></li>
24:        <li><a href="poem2.html"> 宋词 </a></li>
25:        <li><a href="poem3.html"> 元曲 </a></li>
26:      </ul>
27:    </nav>
28:    <article>
29:        <p> 中国文化博大精深，尤以唐诗、宋词、元曲最为精妙，其中唐诗的结构工整，要求押韵、
              平仄等格律，又分为四句的绝句和八句的律诗，而且唐诗的题材亦相当多元化，从抒发
              一己之情感，到反映社会现实，皆有杰出的作品。</p>
30:    </article>
31:    <footer>
32:        <p><small> 快乐工作室版权所有 ©Copyright 2015</small></p>
33:    </footer>
34:  </body>
35:</html>
```

&lt;\Ch02\doc3.html&gt;（接上页 2/2）

- 05~09：针对&lt;header&gt;、&lt;footer&gt;、&lt;nav&gt;、&lt;article&gt;等元素指定 CSS 样式表，包括其宽度、高度、相对位置、背景颜色等。
- 10~15：这段 JavaScript 程序代码算是小秘诀，目的是让 Internet Explorer 顺利在这些新增的元素套用 CSS 样式表单，其他浏览器是不需要的，不过，这段 JavaScript 程序代码本身没什么妨害，所以对其他浏览器来说，留着也无所谓。
- 17、34：网页的主体包含&lt;header&gt;、&lt;nav&gt;、&lt;article&gt;、&lt;footer&gt;等元素，而且距离&lt;footer&gt;元素最近的区段根元素就是&lt;body&gt;元素，因此，&lt;footer&gt;元素所代表的就是这个网页的页尾。
- 18~20：标记网页的页首，此例只是很简单地放置了一个标题做示范，可以视实际的需要放置标志图案、区段目录、搜索窗体等，甚至是导航栏也可以放进页首。
- 21~27：标记网页的导航栏。
- 28~30：标记网页的内容。
- 31~33：标记网页的页尾，此例只是很简单地放置版权声明做示范，可以视实际的需要放置拥有者信息、建议浏览器分辨率、浏览人数、隐私权政策、网站安全政策、服务条款等，甚至是导航栏也可以放进页尾。

这个例子的浏览结果如下图，不妨试着变更 CSS 样式表单，令它展现不同的配置方式或颜色、字体等设置。

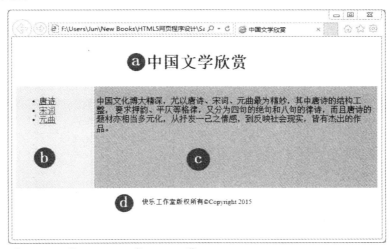

ⓐ页首；ⓑ导航栏；ⓒ内容；ⓓ页尾

## 2-6-4　&lt;aside&gt;元素（侧边栏）

HTML 5 新增了&lt;aside&gt;元素用来标记侧边栏，里面通常包含摘要、广告、赞助商超链接、日期日历等可以从区段内容抽离的其他内容，这些内容跟区段内容并没有太大的关联。至于区段内容的补充说明因为是文件的一部分，所以就不适合使用<aside>元素。

下面举一个例子<\Ch02\doc4.html>，它除了使用<aside>元素标记侧边栏，同时也在侧边栏内使用<section>元素和<nav>元素，浏览结果如下图。

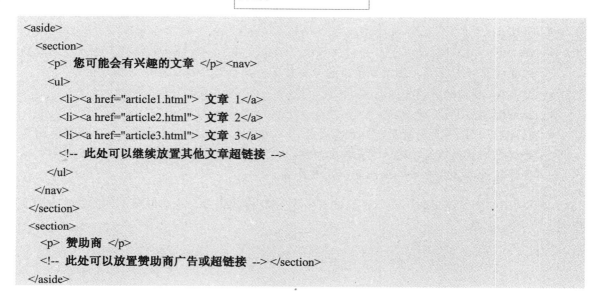

```
<aside>
  <section>
    <p> 您可能会有兴趣的文章 </p> <nav>
    <ul>
    <li><a href="article1.html"> 文章 1</a>
    <li><a href="article2.html"> 文章 2</a>
    <li><a href="article3.html"> 文章 3</a>
    <!-- 此处可以继续放置其他文章超链接 -->
    </ul>
  </nav>
  </section>
  <section>
    <p> 赞助商 </p>
    <!-- 此处可以放置赞助商广告或超链接 --> </section>
</aside>
```

## 2-7　区段的附加信息

### 2-7-1　<address>元素（联络信息）

虽然<address>元素不是 HTML 5 新增的元素，但在定义上做了一些修改，用来标记距离它最近之父<article>元素或<body>元素的作者联络信息，若是<body>元素的话，就表示为整份文件的作者联络信息。

下面举一个例子<\Ch02\doc5.html>，它是使用<address>元素标记文章的作者联络信息，浏览结果如下图。当单击"写信给我们"超链接时，会启动默认的电子邮件程序，同时收件者字段会自动填写上指定的电子邮件地址，而当单击"碁峰信息"超链接时，会启动默认的浏览器程序，链接到碁峰信息网站。

写信给我们© 碁峰资讯

<article>

```
<!-- 此处放置文章内容 -->
<address>
    <a href="mailto:jean@hotmail.com"> 写信给我们 </a> ◎
    <a href="http://www.gotop.com.tw"> 碁峰资讯 </a>
</address>
</article>
```

请注意，<address>元素是专门用来标记网页或文章的作者联络信息，不是用来标记随便一个地址的，也不是用来标记其他非作者联络信息，例如下面的用途就不适合，不应该使用<address>元素标记日期时间。

```
<address> 本文章发布尔日期：2015-1-25</address>
```

此外，同一个网页可以包含多个<article>元素，而每个<article>元素可以包含各自的<address>元素，以标记该文章的作者联络信息，有时<address>元素也会跟<footer>元素的其他信息放在一起。

## 2-7-2　<time>元素（日期时间）

<time>元素是 HTML 5 新增的元素，用来标记日期时间，而且可以指定要采用机器可读取的格式或人们看得懂的形式，若要给机器读取，可以通过<time>元素的 datetime 属性来指定，若要给人们看，可以写在<time>元素包住的内容。

以下面的程序语句为例，datetime 属性的值代表要给机器读取的日期为 2015-1-25，用户代理程序（user agent）可以直接读取并进行解析，而<time>元素包住的内容 "2015 年 1 月 25 日" 则是要给人们看的日期。

```
<time datetime="2015-1-25">2015 年 1 月 25 日 </time>
```

若要把机器可读取的格式直接给人们看，就不必指定 datetime 属性，例如：

```
<time>2015-1-25</time>
```

机器可读取的日期必须按照 YYYY-MM-DD 的格式，若要加上时间，那么要先加上 T 进行分隔，然后按照 HH:MM[:SS]的格式指定时间，秒数可以省略不写，下面是几个例子，若要指定更小的秒数单位，可以先加上小数点进行分隔，再指定更小的秒数。

```
<time>2015-1-25T14:30</time>
<time>2015-1-25T14:30:35</time>
<time>2015-1-25T14:30:35.922</time>
```

HTML 5 规格书还有更多关于机器可读取的日期时间格式，包括加上时区或时间位移等，有兴趣的读者请自行参阅。

之所以在本节中介绍<time>元素，主要是因为可以利用它在<body>元素或<article>元素内标记网页或文章的发布日期，不过，有时网页或文章内出现的日期却不一定就是指其发布日期，为了便于区分，可以在<time>元素加上 pubdate 属性，例如：

<p> 本文章发布尔日期：<time datetime="2015-1-25" pubdate>2015 年 1 月 25 日 </time></p>

## 一、选择题

（　）1. 下列哪一个为 HTML 文件的根元素？
  A. <!doctype>　　　　B. <html>　　　　C. <head>　　　　D. <body>
（　）2. 下列哪个全局属性可用来指定元素的标题，浏览器可能用它做为提示文字？
  A. class　　　　　　B. id　　　　　　C. style　　　　　D. title
（　）3. 下列哪个事件属性可以用来指定当浏览器加载网页时所要执行的 Script？
  A. onload　　　　　B. onclick　　　　C. onfocus　　　　D. onblur
（　）4. 下列哪个元素可以放在<head>元素里面？
  A. <p>　　　　　　B. <h1>　　　　　C. <body>　　　　D. <title>
（　）5. 下列哪个元素可以用来指定 HTML 文件的内容类型（content type）？
  A. <html>　　　　　B. <p>　　　　　C. <meta>　　　　D. <link>
（　）6. <body>元素的哪个属性可以用来指定已经浏览的超链接文字颜色？
  A. text　　　　　　B. link　　　　　C. alink　　　　　D. vlink
（　）7. 下列哪个 HTML 5 新增的元素最适合用来标记独立的内容，例如博客的一篇文章？
  A. <article>　　　　B. <section>　　　C. <aside>　　　　D. <nav>
（　）8. 下列哪个 HTML 5 新增的元素最适合用来放置网页的拥有者信息、建议浏览器分辨率、版权声明、隐私权政策等内容？
  A. <header>　　　　B. <footer>　　　C. <hgroup>　　　D. <address>
（　）9. 下列哪个元素默认的字体最大？
  A. <h1>　　　　　　B. <h2>　　　　　C. <p>　　　　　　D. <pre>
（　）10. 下列哪个属性可以用来指定元素的对齐方式？
  A. bgcolor　　　　　B. link　　　　　C. draggable　　　D. align

## 二、匹配题

（　）1. 标记HTML文件的标头　　　　　　　　　　　　　　　A. <nav>
（　）2. 声明HTML文件的DOCTYPE　　　　　　　　　　　　B. <p>
（　）3. 标记导航栏　　　　　　　　　　　　　　　　　　　C. <head>

（　　）4. 指定浏览器的标题栏文字　　　　　　　　　　　　D. &lt;header&gt;

（　　）5. 标记HTML文件的主体　　　　　　　　　　　　　 E. &lt;h1&gt;

（　　）6. 标记网页或区段的页首　　　　　　　　　　　　 F. &lt;!doctype&gt;

（　　）7. 标记段落　　　　　　　　　　　　　　　　　　 G. &lt;body&gt;

（　　）8. 将区段内的主、副标题统一整理成一个群组标题　 H. &lt;title&gt;

（　　）9. 标记网页或区段的页尾　　　　　　　　　　　　 I. &lt;hgroup&gt;

（　　）10. 标记标题1　　　　　　　　　　　　　　　　　 J. &lt;footer&gt;

## 三、实践题

1. 写出一条程序语句声明 HTML 5 文件的 DOCTYPE。

2. 简单说明什么是全局属性与事件属性？各举出两个例子。

3. 写出一条程序语句将 HTML 文件的字符集指定为 UTF-8。

4. 写出一条程序语句将网页的背景颜色与文字颜色分别指定为黑色（black）、白色（white）。

5. 写出一条程序语句将网页的发布尔日期标记为 2015 年 10 月 25 日。

# 第3章

## 数据编辑与格式化

# 3-1　区块格式

在本节中，我们要介绍一些用来标记区块的元素，例如<h1>~<h6>（标题 1~6）、<p>（段落）、<pre>（预先格式化的区块）、<blockquote>（左右缩排的区块）、<hr>（水平线）、<div>（群组成一个区块）、<marquee>（跑马灯）等，其中<h1>~<h6>和<p>元素在第 2-4 节介绍过，所以不再重复讲解，而<marquee>元素虽然不是 HTML 提供的元素，但不少浏览器都能解析它，所以本书会做简单介绍，最后还会介绍 HTML 的注释符号<!-- -->。

诚如我们在第 2 章中多次提到的，HTML 5 通常不再列出被 HTML 4.01 标记为 Deprecated（建议勿用）的属性，网页设计人员应尽量改用 CSS 来定义网页的外观。

## 3-1-1　<pre>元素（预先格式化的区块）

由于浏览器会忽略 HTML 元素之间多余的空格符和[Enter]键，导致在输入某些内容时相当不便，例如程序代码，此时，我们可以使用<pre>元素预先将内容格式化，其属性如下所列。

- width="*n*"（Deprecated）：指定区块的宽度，*n* 为像素数。
- 第 2-2-1、2-2-2 节所介绍的全局属性和事件属性。

下面举一个例子。

```
<body>
  <pre>
    void main()
    {
      printf("Hello World!\n");
    }
  </pre>
</body>
```

<\Ch03\pre.html>

## 3-1-2　\<blockquote\>元素（左右缩排的区块）

\<blockquote\>元素用来标记左右缩排的区块，其属性为第 2-2-1、2-2-2 节所介绍的全局属性和事件属性，下面举一个例子。

```
<body>
    <blockquote> 天命之谓性，率性之谓道，修道之谓教。</blockquote>
    <blockquote> 道也者，不可须臾离也；可离，非道也。</blockquote>
    <p> 是故，君子戒慎乎其所不睹，恐惧乎其所不闻。</p>
    <p> 莫见乎隐，莫显乎微，故君子慎其独也。</p>
</body>
```

\<\Ch03\quote.html\>

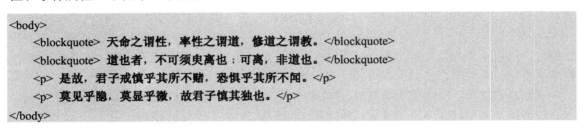

ⓐ 前两行换段并左右缩排；　ⓑ 后两行为一般段落

## 3-1-3　\<hr\>元素（水平线）

\<hr\>元素用来标记水平线，其属性如下所列。

- align="{left,center,right}"（Deprecated）：指定水平线的对齐方式（向左对齐、居中、向右对齐）。
- color="*color*|#*rrggbb*"（Deprecated）：指定水平线的颜色。
- noshade（Deprecated）：指定没有阴影的水平线。
- size="*n*"（Deprecated）：指定水平线的高度（*n* 为像素数）。
- width="*n*"（Deprecated）：指定水平线的宽度（*n* 为像素数或窗口宽度比例）。
- 第 2-2-1、2-2-2 节所介绍的全局属性和事件属性。

下面举一个例子，它会在 HTML 文件中标记三个水平线，而且其颜色、宽度、高度及对齐方式均不相同。

```
<body>
    <hr color="#cc0066" align="left" width="50%" size="5">
    <hr color="#ff99ff" width="50%" size="5">
```

```
<hr color="#0099ff" align="right" width="300" size="10">
</body>
```

&lt;\Ch03\hr.html&gt;

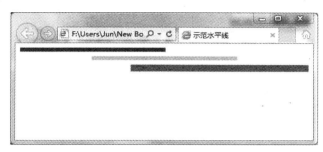

## 3-1-4　&lt;div&gt;元素（群组成一个区块）

&lt;div&gt;元素用来将 HTML 文件中某个范围的内容和元素群组成一个区块，令文件的结构更清晰，其属性如下所列。

- align="{left,center,right,justify}"：指定区块内容的对齐方式。
- 第 2-2-1、2-2-2 节所介绍的全局属性和事件属性。

所谓区块层级（block level）指的是元素的内容在浏览器中会另起一行，例如&lt;div&gt;、&lt;p&gt;、&lt;pre&gt;、&lt;h1&gt;等均属于区块层级的元素。虽然&lt;div&gt;元素的浏览结果纯粹是将内容另起一行，没有什么特别，但我们通常会搭配 class、id、style 等属性，将 CSS 样式表单套用到&lt;div&gt;元素所群组的区块范围。下面是一个例子，它会使用&lt;div&gt;元素将网站的标题和站内超链接群组成一个页首区块。

```
<body>
  <div>
    <h1> 快乐出版社 </h1>
    <ul>
      <li><a href="products.html"> 产品部 </a></li>
      <li><a href="sales.html"> 业务部 </a></li>
    </ul>
  </div>
</body>
```

&lt;\Ch03\div.html&gt;

## 3-1-5 &lt;marquee&gt;元素（跑马灯）

&lt;marquee&gt;元素用来标记跑马灯，其属性如下（提醒：这不是 HTML 提供的元素）。

- behavior="{slide,scroll,alternate}"：指定跑马灯的表现方式（滑动、滚动、交替），省略不写的话，表示为默认值 scroll。
- bgcolor="*color*|#*rrggbb*"：指定跑马灯的背景颜色。
- direction="{left,right,up,down}"：指定跑马灯文字的移动方向（左、右、上、下），省略不写的话，表示为默认值 left。
- height="*n*"：指定跑马灯的高度（*n* 为像素数）。
- hspace="*n*"：指定跑马灯左右边界的大小（*n* 为像素数）。
- loop="*n*"：指定跑马灯文字的重复次数（*n* 为重复次数）。
- scrollamount="*n*"：指定跑马灯文字的移动距离（*n* 为像素数）。
- scrolldelay="*n*"：指定跑马灯文字的延迟时间（*n* 为秒数）。
- vspace="*n*"：指定跑马灯的上下边界的大小（*n* 为像素数）。
- width="*n*"：指定跑马灯的宽度（*n* 为像素数）。

下面举一个例子，它会在 HTML 文件中标记两个跑马灯，虽然&lt;marquee&gt;元素不是 HTML 提供的，但不少浏览器都能解析并执行。

```
<body>
    <p><marquee bgcolor="yellow" width="500" height="20"> 鹿港灯会热闹登场</marquee>
    </p> <p><marquee bgcolor="pink" width="80%" height="2%" behavior="alternate" scrollamount="5"
        scrolldelay="100"> 欢迎你我斗阵来参加 ~~~</marquee></p>
</body>
```

&lt;\Ch03\marquee.html&gt;

## 3-1-6　<!-- -->（注释）

<!-- -->符号用来标记注释，而且注释不会显示在浏览器画面上，下面举一个例子。

```
<body>
    <!-- 以下为大学经一章大学之道 -->  ❶
    <p> 大学之道在明明德，在亲民，在止于至善。
        知止而后有定，定而后能静，静而后能安，
        安而后能虑，虑而后能得，物有本末，
        事有终始，知所先后，则近道也。</p>
</body>
```

<\Ch03\comment.html>

❶使用 <!-- --> 标记注释　❷浏览结果不会看到注释

## 3-2　文字格式

适当的文字格式不仅能发挥画龙点睛之效，还能增添网页的效果。常见的文字格式有粗体、斜体、加下划线、大字体、上标、下标等，下面就来进行介绍。

## 3-2-1 &lt;b&gt;、&lt;i&gt;、&lt;u&gt;、&lt;sub&gt;、&lt;sup&gt;、&lt;small&gt;、&lt;em&gt;、&lt;strong&gt;、&lt;dfn&gt;、&lt;code&gt;、&lt;samp&gt;、&lt;kbd&gt;、&lt;var&gt;、&lt;cite&gt;、&lt;abbr&gt;、&lt;s&gt;、&lt;q&gt;、&lt;mark&gt;元素

HTML 5 提供了如下表的元素用来指定文字格式，其中&lt;mark&gt;元素是 HTML 5 新增的元素，这些元素的属性为第 2-2-1、2-2-2 节所介绍的全局属性和事件属性。

| 范例 | 浏览结果 | 说明 |
| --- | --- | --- |
| 默认的格式 Format | 默认的格式 Format | 默认的格式 |
| &lt;b&gt;粗体 Bold&lt;/b&gt; | **粗体 Bold** | 粗体 |
| &lt;i&gt;斜体 Italic&lt;/i&gt; | *斜体 Italic* | 斜体 |
| &lt;u&gt;加下划线 Underlined&lt;/u&gt; | <u>加底线 Underlined</u> | 加下划线 |
| H&lt;sub&gt;2&lt;/sub&gt;O | $H_2O$ | 下标 |
| X&lt;sup&gt;3&lt;/sup&gt; | $X^3$ | 上标 |
| &lt;small&gt;SMALL&lt;/small&gt; FONT | SMALL FONT | 小字体 |
| &lt;em&gt;强调斜体 Emphasized&lt;/em&gt; | *强调斜体 Emphasized* | 强调斜体 |
| &lt;strong&gt;强调粗体 Strong&lt;/strong&gt; | **强调粗体 Strong** | 强调粗体 |
| &lt;dfn&gt;定义 Definition&lt;/dfn&gt; | *定义 Definition* | 定义文字 |
| &lt;code&gt;程序代码 Code&lt;/code&gt; | 程序代码 Code | 程序代码文字 |
| &lt;samp&gt;范例 SAMPLE&lt;/samp&gt; | 范例SAMPLE | 范例文字 |
| &lt;kbd&gt;键盘 Keyboard&lt;/kbd&gt; | 键盘 Keyboard | 键盘文字 |
| &lt;var&gt;变数 Variable&lt;/var&gt; | *变量 Variable* | 变量文字 |
| &lt;cite&gt;引用 Citation&lt;/cite&gt; | *引用 Citation* | 引用文字 |
| &lt;abbr&gt;缩写，如 HTTP&lt;/abbr&gt; | 缩写，如HTTP | 缩写文字 |
| &lt;s&gt;删除字 Strike&lt;/s&gt; | ~~删除字~~ | 删除字 |
| &lt;q&gt;Gone with the Wind&lt;/q&gt; | Gone with the Wind | 引用语 |
| &lt;mark&gt; 荧光标记 &lt;/mark&gt; | 荧光标记 | 荧光标记文字 |

下面几个事项需要注意。

- 虽然本节所介绍的文字格式元素并非全为 Deprecated（建议勿用），但 W3C 还是鼓励网页设计人员改用 CSS 来取代它们。

- HTML 5 删除了&lt;font&gt;、&lt;basefont&gt;、&lt;big&gt;、&lt;blink&gt;、&lt;center&gt;、&lt;strike&gt;、&lt;tt&gt;、&lt;nobr&gt;、&lt;spacer&gt;等现有的元素，因为这些元素涉及网页的外观，建议改用 CSS 来取代它们，同时 HTML 5 也删除了&lt;acronym&gt;元素，建议改用&lt;abbr&gt;元素来取代。至于&lt;small&gt;元素虽然没有被删除，但在定义上做了一些修改，用来标记版权声明、法律限制等附属细则。

- 虽然<em>元素不是 HTML 5 新增的元素，但在定义上做了一些修改，用来标记强调功能。<em>元素的摆放位置会改变句子的意思或语气，以下面的程序语句为例，它要表达的是强调"狗"是友善的动物。

```
<p><em>Dogs</em> are friendly animals.</p>
```

若将<em>元素的位置改成如下，就变成是强调狗是"友善"的动物。

```
<p>Dogs are <em>friendly</em> animals.</p>
```

至于<i>元素的定义则是以斜体标记与一般文章稍有差异的字句，或一段改变声调、情绪的字句，例如：

```
<p>The term <i>OOP</i> is defined above.</p>
```

这几个程序语句的浏览结果如下图。

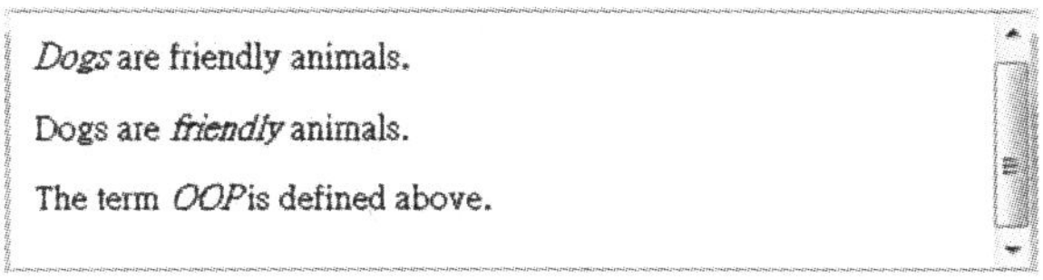

- HTML 5 也对<strong>元素的定义做了一些修改，用来标记内容的重要性，但没有改变句子的意思或语气的元素，例如：

```
<p><strong> 警告！ </strong> 危险区域请勿戏水！ </p>
```

至于<b>元素的定义则是以粗体标记与一般文章稍有差异的字句，好比是关键词、产品名称等，例如：

```
<p> 好消息！ <b> 薯条三兄弟 </b> 隆重上市！ </p>
```

这两个程序语句的浏览结果如下图。

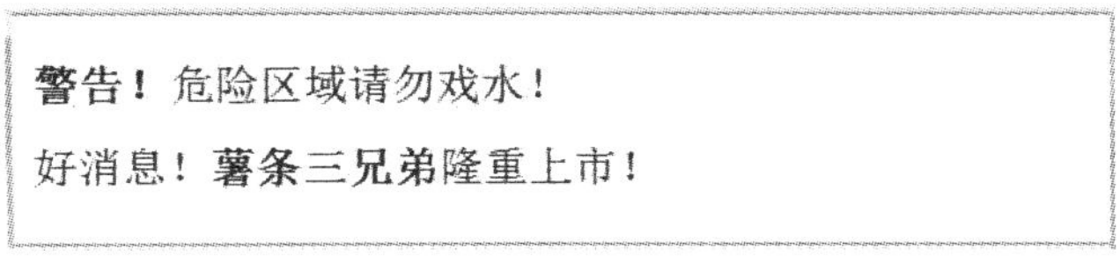

- <mark>元素是用来显示荧光标记，但它的意义和用来标记强调重点的<em>或<strong>元素并不相同，举例来说，假设用户要在网页上搜索某个关键词，一旦搜索到该关键词，就将该关键词以荧光标记出来，在这种情况下，<mark>元素是比较适合的，而<em>或<strong>元素则不是那么适合，因为该关键词对本文来说，不见得是要强调的重点。

### 3-2-2 <ruby>、<rt>、<rp>元素（注音或拼音）

<ruby>、<rt>与<rp>元素是 HTML 5 新增的元素，用来显示注音或拼音，这些元素的属性为第 2-2-1、2-2-2 节所介绍的全局属性和事件属性。

- <ruby>：<ruby>元素用来包住字符串及其注音或拼音。
- <rt>：rt 是 ruby text 的缩写，<rt>元素是<ruby>元素的子元素，用来包住注音或拼音的部分。
- <rp>：rp 是 ruby parenthese 的缩写，<rp>元素是<ruby>元素的子元素，用来指定当浏览器不支持<ruby>元素时，就显示<rp>元素里的括号，相反的，当浏览器支持<ruby>元素时，就不显示<rp>元素里的括号。

下面举一个例子<\Ch03\new3.html>，当浏览器支持<ruby>元素时，浏览结果如下图，请注意，最后两行的注音或拼音均不会显示<rp>元素里的括号。

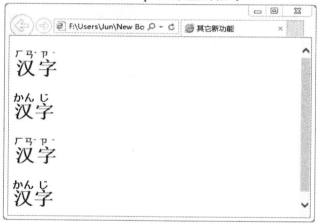

```
<h1><ruby> 汉 <rt> ㄏㄢˋ </rt> 字 <rt> ㄗˋ </rt></ruby></h1>
<h1><ruby> 汉 <rt> かん </rt> 字 <rt> じ </rt></ruby></h1>
<h1><ruby> 汉<rp>(</rp><rt> ㄏㄢˋ </rt><rp>)</rp> 字<rp>(</rp><rt> ㄗˋ </rt><rp>)</rp></ruby></h1>
<h1><ruby> 汉<rp>(</rp><rt> かん </rt><rp>)</rp> 字<rp>(</rp><rt> じ </rt><rp>)</rp></ruby></h1>
```

相反的，当浏览器不支持<ruby>元素时，浏览结果如下图，请注意，最后两行的注音或拼音均会显示<rp>元素里的括号。

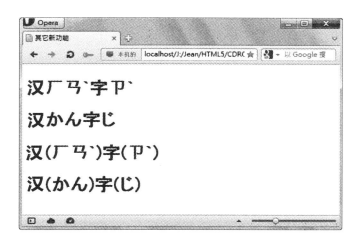

## 3-2-3　&lt;font&gt;、&lt;basefont&gt;元素（字体）

虽然 HTML 5 删除了&lt;font&gt;元素，但仍有不少网页使用该元素指定文字的大小、颜色及字体，所以浏览器还是能够解析&lt;font&gt;元素的，其属性如下所列。

- size="{1, 2, 3, 4, 5, 6, 7}"（Deprecated）：指定文字的大小，有 1~7 级，默认设为 3 级，级数越大，文字就越大。除了 1~7 的级数，也可指定诸如+1 或-3 等级数，表示比默认的文字大一级或小三级。
- color="*color* | *#rrggbb*"（Deprecated）：指定文字的颜色，默认为黑色。
- face="..."（Deprecated）：指定文字的字体，默认为细明体。客户端计算机必须安装有指定的字体，用户才能在浏览器画面上看到该字体，否则用户看到的还是默认的字体。
- 第 2-2-1 节所介绍的全局属性。

下面举一个例子。

```
<p> 听风在唱 </p>
<p><font size="1" color="green"      face=" 微软正黑体 "> 听风在唱 </font></p>
<p><font size="2" color="purple"     face=" 微软正黑体 "> 听风在唱 </font></p>
<p><font size="3" color="red"        face=" 标楷体 "> 听风在唱 </font></p>
<p><font size="4" color="navy"       face=" 标楷体 "> 听风在唱 </font></p>
<p><font size="5" color="teal"       face=" 新细明体 "> 听风在唱 </font></p>
<p><font size="6" color="blue"       face=" 新细明体 "> 听风在唱 </font></p>
<p><font size="7" color="olive"      face=" 华康粗圆体 "> 听风在唱 </font></p>
```

&lt;\Ch03\setfont.html&gt;

默认的文字格式为
3 级大小、黑色、
细明体

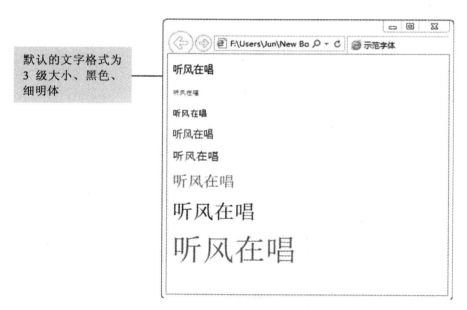

浏览器默认的文字格式通常为 3 级大小、黑色、细明体，若要加以变更，可以在 HTML
文件的<head>元素里面加上<basefont>元素，该元素的属性和<font>元素相同，但没有结束标
签，例如下面的程序语句会将默认的文字格式指定为 5 级大小、褐色、标楷体，同样的，
<basefont>元素也已经被 HTML 5 删除。

```
<basefont size="5" color="maroon" face=" 标楷体 ">
```

## 3-2-4　<br>元素（换行）

<br>元素用来换行，其属性如下，该元素没有结束标签。

- clear="{all, left, right, none}"（Deprecated）：指定在编排图旁文字时，换行的文字该从
  哪个位置开始显示。
- 第 2-2-1 节所介绍的全局属性。

下面举一个例子。

```
<!doctype html>
<html>
  <head>
    <meta charset="utf-8">
    <title> 示范换行 </title>
  <head>
  <body>
    <p> 天命之谓性，率性之谓道，修道之谓教。<br>
    道也者，不可须臾离也；可离，非道也。<br>
```

```
        是故，君子戒慎乎其所不赌，恐惧乎其所不闻。<br>
        莫见乎隐，莫显乎微，故君子慎其独也。</p>
    </body>
</html>
```

&lt;\Ch03\br.html&gt;

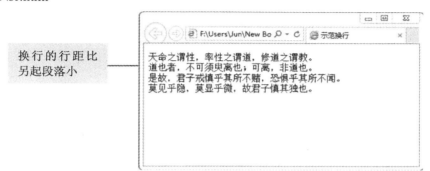

换行的行距比
另起段落小

假设 HTML 文件中含有图旁文字（图片和文字），如下图（一），若是在这段文字插入 &lt;br&gt;元素，然后不指定 clear 属性或指定 clear="none"（不清除边界），图片和文字的排列方式将如下图（二）；相反的，若指定 clear="all"（清除左右边界）、clear="left"（清除左边界）或 clear="right"（清除右边界），图片和文字的排列方式将如下图（三）、（四）、（五）。

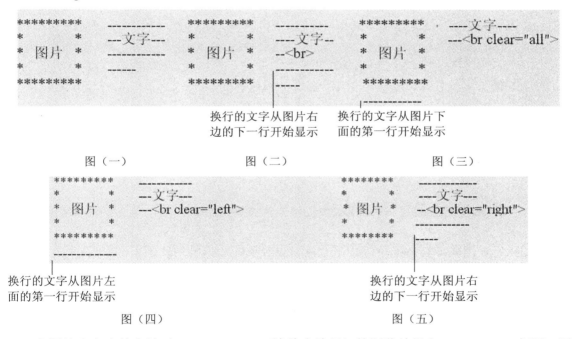

当图片在文字的左边时，clear="right"（清除右边界）的浏览结果和 clear="none"相同，因为右边界本来就没有图片，有没有清除都一样，只有当图片在文字的右边时，clear="right"才会使换行的文字从图片下面的第一行开始显示。

同样的，由于<br>元素的 clear 属性涉及网页的外观，因此，HTML 4.01 将 clear 属性标记为 Deprecated（建议勿用），而 HTML 5 则不再列出这个属性，并鼓励网页设计人员改用 CSS 来取代之。

以下面的程序代码为例，这是传统的写法，也就是使用 HTML 定义网页的文字绕图等外观。

```
<!doctype html>
<html>
  <head>
    <meta charset="utf-8">
    <title> 示范图旁文字 </title>
  </head>
  <body>
    ... 文字、图片、表格等内容 ...<br clear="left">
  </body>
</html>
```

若改用 CSS 定义网页的图旁文字等外观，可以写成如下所示。

```
<!doctype html>
<html>
  <head>
    <meta charset="utf-8">
    <title> 示范图旁文字 </title> <style type="text/css">
      br {clear:left}
    </style>
  </head>
  <body>
    ...文字、图片、表格等内容 ...<br> </body>
</html>
```

## 3-2-5　<span>元素（群组成一行）

<span>元素用来将 HTML 文件中某个范围的内容和元素群组成一行，其属性为第 2-2-1、2-2-2 节所介绍的全局属性和事件属性。所谓行内层级（inline level）指的是元素的内容在浏览器中不会另起一行，例如<span>、<i>、<b>、<img>、<a>等均属于行内层级的元素。

<span>元素最常见的用途就是搭配 class、id、style 等属性，将 CSS 样式表单套用到<span>元素所群组的行内范围，下面举一个例子。

```
<!doctype html>
<html>
  <head>
```

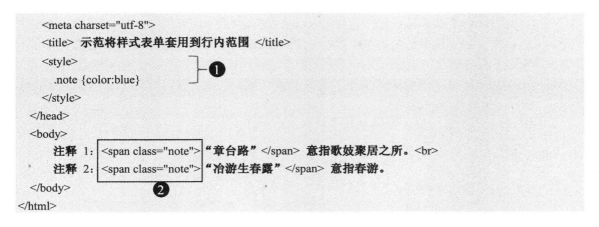

```
<meta charset="utf-8">
<title> 示范将样式表单套用到行内范围 </title>
<style>
  .note {color:blue}                    ❶
</style>
</head>
<body>
  注释 1: <span class="note">"章台路"</span> 意指歌妓聚居之所。<br>
  注释 2: <span class="note">"冶游生春露"</span> 意指春游。
</body>
</html>
```

\<\Ch03\span.html\>

❶嵌入样式表单将 note 类的文字颜色指定为蓝色;
❷将样式表单套用到行内范围;　❸成功套用样式表单。

# 3-3　项目符号与编号——<ul>、<ol>、<li>元素

当阅读书籍或整理资料时,可能会希望将相关资料条列式的编排出来,以便让资料显得有条不紊,此时可以使用<ul>元素为数据加上项目符号,或使用<ol>元素为资料加上编号,然后再使用<li>元素指定各个的项目资料。

<ul>元素的属性如下所列。

- compact(Deprecated): 指定以紧缩格式显示项目符号列表。
- src="*uri*"(Deprecated): 指定项目符号图片的相对或绝对地址。
- type="{square,circle,disc}"(Deprecated): 指定项目符号的类型为 ■、○或 ●。
- 第 2-2-1、2-2-2 节所介绍的全局属性和事件属性。

<ol>元素的属性如所列。

- compact(Deprecated): 指定以紧缩格式显示编号列表。HTML 4.01 将 compact 属性标记为 Deprecated(建议勿用),而 HTML 5 则不再列出该属性。
- type="{1, A, a, I, i}": 指定编号的类型,省略不写的话,表示为默认的阿拉伯数字。

HTML 4.01 将 type 属性标记为 Deprecated（建议勿用），而 HTML 5 则不再这么标记。

- start="*n*"：指定编号的起始值，省略不写的话，表示从 1、A、a、I、i 开始。HTML 4.01 将 start 属性标记为 Deprecated（建议勿用），而 HTML 5 则不再这么标记。
- reversed（※）：以颠倒的编号顺序显示列表，例如...、3、2、1，这是 HTML 5 新增的属性，浏览器不一定支持。
- 第 2-2-1、2-2-2 节所介绍的全局属性和事件属性。

<li>元素的属性如下：

- type="..."（Deprecated）：指定数据的项目符号类型或编号类型。
- value="..."（Deprecated）：指定一个数字给资料，用途和<ol>元素的 start 属性相同。
- 第 2-2-1、2-2-2 节所介绍的全局属性和事件属性。

下面举一个例子，它会使用<ul>元素指定项目符号，然后使用<li>元素指定各个的项目资料。

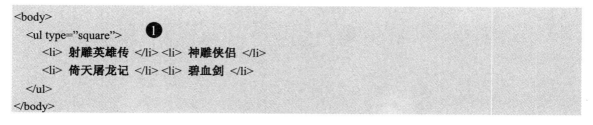

<\Ch03\ul.html>

❶指定项目符号为实心方块；❷浏览结果

下面是另一个例子，它会使用<ol>元素指定项目符号，然后使用<li>元素指定各个的项目资料。

```
  <li> 流言 </li>
  <li> 秩歌 </li>
 </ol>
</body>
```

<\Ch03\ol.html>

❶ 指定编号为从 C 开始的大写英文字母；❷ 浏览结果

 注意

　　HTML 4.01 还提供了两个标记为 Deprecated 的<dir>和<menu>元素，其用途和<ul>元素一样是制作项目符号列表，而到了 HTML 5，<dir>元素已经被删除了，<menu>元素的用途则被修改为制作菜单。

## 3-4　定义列表——<dl>、<dt>、<dd>元素

　　定义列表（definition list）指的是将数据格式化成两个层次，可以将它想象成类似目录的东西，第一层资料是某个名词，而第二层资料是该名词的解释，或者，您也可以使用定义列表来制作嵌套列表。

　　制作定义列表需要三个元素，<dl>元素用来指定定义列表的开头与结尾，<dt>和<dd>元素用来指定第一、二层资料，这三个元素的属性为第 2-2-1、2-2-2 节所介绍的全局属性和事件属性。

　　下面举一个例子，它的第一层资料分别是"黑面琵鹭"与"赤腹鹰"，而第二层资料则是这两种鸟类的介绍。

```
<body>
 <dl>
  <dt> 黑面琵鹭 </dt>
   <dd> 黑面琵鹭最早的栖息地是韩国及中国的北方沿海，但近年来它们觅着了一个新的栖息地，
       那就是宝岛台湾的曾文溪口沼泽地。</dd>
```

```
 <dt> 赤腹鹰 </dt>
  <dd> 赤腹鹰的栖息地在垦丁、恒春一带，只要一到每年的八、九月，赤腹鹰就会成群结队的到
       台湾过冬，爱鹰的人士可千万不能错过。</dd>
 </dl>
</body>
```

<\Ch03\bird.html>

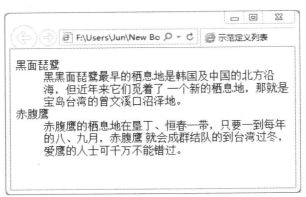

# 3-5　插入或删除数据——<ins>、<del>元素

<ins>元素用来在 HTML 文件中插入数据，而<del>元素用来指定要删除 HTML 文件中的哪些数据，这两个元素的属性如下所列。

- cite="*uri*"：指定一个文件或信息，以说明插入或删除数据的原因，例如：

```
<ins cite="http://www.w3.org">HTML4.01 已经使用数年了 </ins>
```

- datetime="..."：指定在 HTML 文件中插入或删除数据的时间，格式为 YYYY-MM-DDThh:mm:ssTZD，例如 2015-01-01T15:30:00 代表公元 2015 年 1 月 1 日格林威治时间下午三点三十分。
- 第 2-2-1、2-2-2 节所介绍的全局属性和事件属性。

下面举一个例子，当日期超过 2015 年 2 月 14 日零点零分零秒，就删除 2 再插入 1，换句话说，天数由原来的剩下 2 天，变成剩下 1 天。

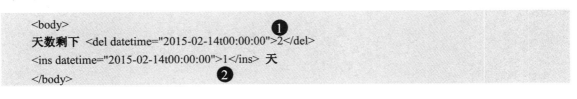

```
<body>                                        ❶
天数剩下 <del datetime="2015-02-14t00:00:00">2</del>
<ins datetime="2015-02-14t00:00:00">1</ins> 天
</body>                                        ❷
```

<\Ch03\ins.html>

❶删除 2；❷插入 1；❸浏览结果

## 3-6　提示文字——title 属性

若希望在用户将鼠标指针移到网页的段落、文字、列表等数据时，会出现提示文字，可以使用 title 属性，举例来说，假设在下图的<p>元素加上 title="大学经一章大学之道"，那么当用户将鼠标指针移到这个段落时，就会出现提示文字。不只是<p>元素，包括<body>、<div>、<span>、<ul>、<ol>等有 title 属性的元素均能指定提示文字。

```
<!doctype html>
<html>
  <head>
    <meta charset="utf-8"> <title> 示范提示文字
    </title>
  </head>
  <body>
    <p title=" 大学经一章大学之道 ">                ❶
    大学之道在明明德，在亲民，在止于至善。
    知止而后有定，定而后能静，静而后能安，
    安而后能虑，虑而后能得，物有本末，事有终始，  知所先后，则近道也。</p>
  </body>
</html>
```

&lt;\Ch03\title.html&gt;

❶加上 title 属性指定提示文字； ❷指针移到段落便出现提示文字

# 学习评估

## 一、匹配题

| ( ) 1.标题 5 | A. <blockquote> |
| ( ) 2.段落 | B. <sup> |
| ( ) 3.左右缩排 | C. <u> |
| ( ) 4.换行 | D. <strong> |
| ( ) 5.预先格式化 | E. <font> |
| ( ) 6.注释 | F. <hr> |
| ( ) 7.粗体 | G. <ol> |
| ( ) 8.上标 | H. <basefont> |
| ( ) 9.下标 | I. <div> |
| ( ) 10.加下划线 | J. <h5> |
| ( ) 11.强调斜体 | K. <dl> |
| ( ) 12.强调粗体 | L. <ruby> |
| ( ) 13. 删除字 | M.<br> |
| ( ) 14. 指定文字的字体、大小 | N. <del> |
| ( ) 15. 跑马灯 | O. <!-- --> |
| ( ) 16. 水平线 | P. <sub> |
| ( ) 17. 项目符号列表 | Q. <ul> |
| ( ) 18. 编号清单 | R. <ins> |
| ( ) 19. 定义列表 | S. <p> |
| ( ) 20.指定默认的文字格式 | T. <marquee> |
| ( ) 21.在 HTML 文件中插入数据 | U. <pre> |

（　　）22.在 HTML 文件中删除数据　　　V. &lt;em&gt;

（　　）23.注音标记　　　　　　　　　　W. &lt;s&gt;

（　　）24.群组成一个区块　　　　　　　X. &lt;b&gt;

（　　）25.群组成一行　　　　　　　　　Y. &lt;span&gt;

## 二、实践题

1. 完成如下网页，文字颜色为白色（white）、背景颜色为淡紫色（orchid）。
&lt;\Ch03\ex3-1.html&gt;

2. 完成如下定义列表，本书的在线下载备有文本文件&lt;\Ch03\西洋音乐.txt&gt;以供使用。
&lt;\Ch03\ex3-2.html&gt;

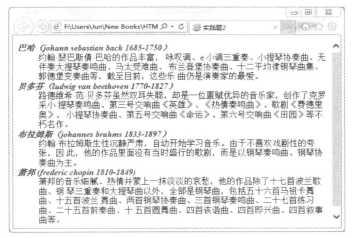

3. 完成如下网页，跑马灯背景颜色为#51d2d2，文字为白色（white）、向左移动。
&lt;\Ch03\ex3-3.html&gt;

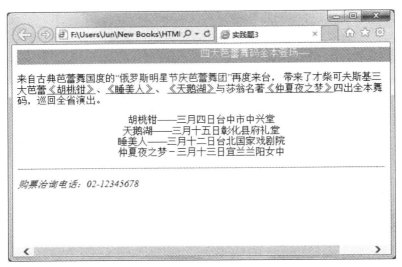

4. 完成如下嵌套清单。<\Ch03\ex3-4.html>

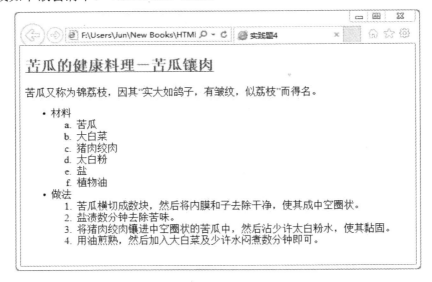

# 第 4 章

## 超链接

# 4-1　URI 的类型

　　网页上除了有丰富的图文，更有链接到其他网页或文件的超链接（hyperlink）。当用户将鼠标指针移至超链接时，鼠标指针会变成手指形状，而当用户单击超链接时，可以开启图片、数据或链接至其他网页。

　　超链接的寻址方式称为 URI（Universal Resource Identifier），换句话说，URI 指的是 Web 上各种资源的地址，而平常听到的 URL（Universal Resource Locator）则是 URI 的子集。URI 通常包含下列几个部分。

**通讯协议 ://　服务器名称〔：通讯端口编号〕/ 文件夹〔/ 文件夹 2...〕/ 文件名称**

例如：

http://www.lucky.com.tw/Books/index.html

- 通信协议：这是用来指定 URI 所链接的网络服务，如下表。

| 通信协议 | 网络服务 | 实例 |
|---|---|---|
| http:// | 全球信息网 | http://www.lucky.com.tw |
| ftp:// | 文件传输 | ftp://ftp.lucky.com.tw |
| file:/// | 存取本机磁盘文件 | file:///c:/games/chess.exe |
| mailto: | 传送电子邮件给用户 | mailto:jean@mail.lucky.com.tw |
| news: | 新闻组 | news:news.hinet.net |
| telnet:// | 远程登录 | telnet://bbs.cc.ntu.edu.tw |

- 服务器名称[:通讯端口编号]：服务器名称是提供服务的主机名，而冒号后面的通信端口编号用来指定要开启哪个通信端口，省略不写的话，表示为默认值 80。由于主机可能同时担任不同的服务器，为了便于区分，每种服务器会各自对应一个通信端口，例如 HTTP 的通信端口编号为 80。
- 文件夹：这是存放文件的地方。
- 文件名称：这是文件的完整名称，包括主文档名与扩展名。

 备注　Web 的运行模式

　　Web 采用客户端-服务器主从式架构（client-server module），如下图，其中客户端（client）可以通过网络联机访问另一部计算机的资源或服务，而提供资源或服务的计算机就叫做服务器（server）。Web 客户端只要安装浏览器软件，就能通过该软件连上全球各地的 Web 服务器，进而浏览 Web 服务器所提供的网页。

1. 在浏览器中请求开启包含
服务器 Scripts 的网页
2. 浏览器根据网址连上 Web
服务器请求欲开启的网页
Request（请求）
Response（响应）
4. 将网页传送给浏览器并关闭连接，
浏览器再将网页解析成画面
Web 客户机端

3. Web 服务器从磁盘上读取网
页，先执行服务器端 Scripts
并将结果转换成 HTML网页
Web 服务器

由上图可知，浏览器的工作是处理用户的请求，当用户单击超链接时，浏览器会根据超链接的网址（URI）连上 Web 服务器，向 Web 服务器请求用户欲开启的网页，待 Web 服务器找出所需的网页，并将执行结果转换成 HTML 文件传送给浏览器后，浏览器再将 HTML 文件解析成网页画面。

相反的，Web 服务器的工作是接收浏览器发出的请求，然后从自己的磁盘找出用户欲开启的网页，并将执行结果转换成 HTML 文件，然后连上浏览器，将 HTML 文件传送给浏览器，传送完毕后再关闭网络连接。

事实上，当浏览器向 Web 服务器发出请求时，它并不只是将所请求之网页的网址（URI）传送给 Web 服务器，还会连同自己的浏览器类型、版本等信息一并传送过去，这些信息称为 Request Header（请求标头）。

相反的，当 Web 服务器响应浏览器的请求时，它不只是将 HTML 文件传送给浏览器，还会连同 HTML 文件的大小、日期等信息一并传送过去，这些信息称为 Response Header（响应标头），而 Request Header 和 Response Header 统称为 HTTP Header。

## 4-1-1　绝对 URI

URI 又分为"绝对 URI"和"相对 URI"两种类型，绝对 URI（Absolute URI）包含通信协议、服务器名称、文件夹和文件名称，通常链接至 Internet 的超链接都必须指定绝对 URI，例如 http://www.lucky.com.tw/Books/index.html。

## 4-1-2　相对 URI

相对 URI（Relative URI）通常只包含文件夹和文件名称，有时连文件夹都可以省略不写。当超链接所要链接的文件和超链接所属的文件位于相同服务器或相同文件夹时，就可以使用相对 URI，而不必将 URI 的通信协议、服务器名称全数写出来。

相对 URI 又分为下列两种类型。

- 文件相对 URI（Document-Relative URI）：以下图的文件结构为例，假设 default.html 有链接至 email.html 和 question.html 的超链接，那么超链接的 URI 可以写成 Contact/email.html 和 Support/FAQ/question.html，此处所使用的即是文件相对 URI，由于这些文件夹和文件均位于相同文件夹，故通信协议和服务器名称可以省略不写。

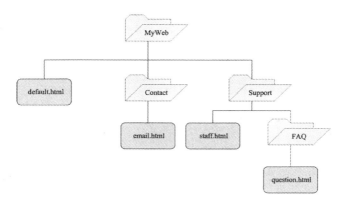

请注意，若 staff.html 有链接至 email.html 的超链接，那么其 URI 必须指定为../Contact/email.html，".."的意义是回到上一层文件夹；同理，若 question.html 有链接至 email.html 的超链接，那么其 URI 必须指定为../../Contact/email.html。

- 服务器相对 URI（Server-Relative URI）：服务器相对 URI 是相对于服务器的根目录，以下图的文件结构为例，斜线（/）代表根目录，当我们要表示任何文件或文件夹时，都必须从根目录开始，例如 question.html 的地址为/Support/FAQ/question.html，最前面的斜线（/）代表的是服务器的根目录，不能省略不写。同理，若 default.html 有链接至 email.html 或 question.html 的超链接，那么其 URI 必须指定为/Contact/email.html 和/Support/FAQ/question.html，最前面的斜线（/）不能省略不写。

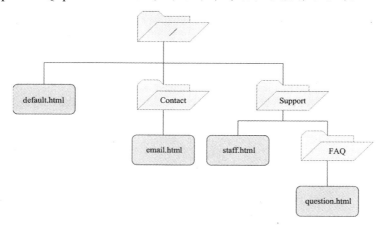

文件相对 URI 的优点是当把包含所有文件夹和文件的文件夹整个搬移到不同服务器或其他地址时，文件之间的超链接仍可正确链接，无需重新指定，而服务器相对 URI 的优点是当把所有文件和文件夹搬移到不同服务器时，文件之间的超链接仍可正确运转，无需重新指定。

## 4-2　标记超链接——<a>元素

<a>元素用来标记超链接，其属性如下，标记星号（※）的为 HTML 5 新增的属性。

- charset="...": 指定超链接的字符编码方式。
- coords="$x1, y1, x2, y2$": 指定影像地图的热点坐标。
- href="*uri*": 指定超链接所链接之文件的相对或绝对地址。
- hreflang="language-code": 指定 href 属性值的语言。
- name="...": 指定书签（bookmark）名称。
- rel="...": 指定从目前文件到 href 属性指定之文件的引用，例如：

```
<a rel="next" href="nextpage.html">
```

- rev="...": 指定从 href 属性指定之文件到目前文件的引用，例如：

```
<a rev="pre" href="backpage.html">
```

- shape="{rect,circle,poly}": 指定影像地图的热点形状。
- target="...": 指定目标框架的名称。
- type="*content-type*": 指定内容类型。
- media="{screen, print, projection, braille, speech, tv, handheld, all}"（※）: 指定目的媒体类型（屏幕、打印机、投影仪、盲文点字机、音频合成器、电视、便携式设备、全部），省略不写的话，表示为默认值 all。
- 第 2-2-1、2-2-2 节所介绍的全局属性和事件属性。

在前述的属性中，HTML 4.01 提供除了 media 以外的属性，而 HTML 5 则提供了全局属性、事件属性和 href、target、rel、media、hreflang、type 等属性。

现在，以下图为例，说明标记超链接的几种情况。

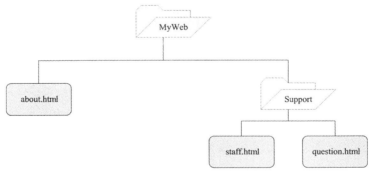

- 链接位于相同文件夹的文件：假设要将 staff.html 内的文字 "FAQ" 指定为链接至 question.html 的超链接，那么可以使用文件相对 URI 来指定超链接的 URI，例如：

```
<a href="question.html">FAQ</a>
```

当输入 URI 时，请留意英文字母的大小写，有些操作系统（例如 UNIX）会区分文件名的大小写，一旦输入错误，就会找不到文件。

- 链接位于不同文件夹的文件：假设要将 about.html 内的文字 "员工" 指定为链接至

staff.html 的超链接，那么可以使用文件相对 URI 来指定超链接的 URI，例如：

> `<a href="Support\staff.html"> 员工 </a>`

- 链接 Web 上的文件：假设要将文字"Google"指定为链接至 Google 台湾的超链接，那么必须使用绝对 URI 来指定超链接的 URI，例如：

> `<a href="http://www.google.com.tw/">Google</a>`

按照如下步骤制作网页：

1．首先，新增一个 Zoo 文件夹；接着，在 Zoo 文件夹内新增一个 Hot 文件夹及三个空白网页，文件名为 africa.html、asia.html、default.html；最后，在 Hot 文件夹内新增三个空白网页，文件名为 kiwi.html、koala.html、penguin.html。

2．首先，开启 default.html，输入如下图的内容；接着将"非洲动物区"、"亚洲动物区"、"奇异鸟"、"无尾熊"、"企鹅"、"木栅动物园"等文字链接至 africa.html、asia.html、kiwi.html、koala.html、penguin.html 和木栅动物园的网址 http://www.zoo.gov.tw/；最后，保存文件。

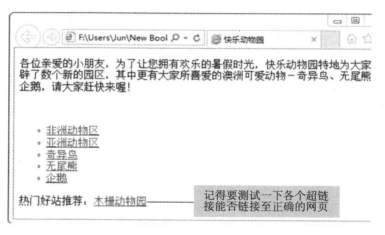

提示：

```
<ul type="circle">
    <li><a href="africa.html"> 非洲动物区 </a></li>
    <li><a href="asia.html"> 亚洲动物区 </a></li>
    <li><a href="Hot\kiwi.html"> 奇异鸟 </a></li>
    <li><a href="Hot\koala.html"> 无尾熊 </a></li>
    <li><a href="Hot\penguin.html"> 企鹅 </a></li>
</ul>
热门好站推荐：<a href="http://www.zoo.gov.tw/"> 木栅动物园 </a>
```

## 4-2-1　自定义超链接文字的颜色

在默认的情况下，尚未浏览的超链接文字为蓝色，已经浏览的超链接文字为紫色，被选取的超链接文字为蓝色，若要自定义超链接文字的颜色，可以使用<body>元素的 link、vlink、alink 属性，下面举一个例子，它会将被选取的超链接文字指定为绿色。

```
<body bgcolor="#ffffdd" alink="green">
  <p>...</p>
  <ul type="circle">
    <li><a href="africa.html"> 非洲动物区 </a></li>
    <li><a href="asia.html"> 亚洲动物区 </a></li>
    <li><a href="Hot\kiwi.html"> 奇异鸟 </a></li>
    <li><a href="Hot\koala.html"> 无尾熊 </a></li>
    <li><a href="Hot\penguin.html"> 企鹅 </a></li>
  </ul>
热门好站推荐：<a href="http://www.zoo.gov.tw/"> 木栅动物园 </a>
</body>
```

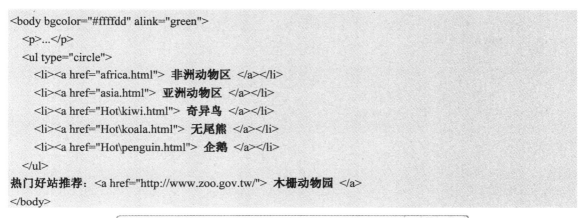

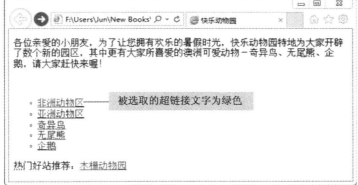

被选取的超链接文字为绿色

由于 link、vlink、alink 属性涉及网页的外观，因此，HTML 4.01 将之标记为 Deprecated（建议勿用），而 HTML 5 则不再列出这几个属性，并鼓励网页设计人员改用 CSS 来取代它们。

## 4-2-2　提供文件下载的超链接

我们可以利用超链接让用户下载文件，下面举一个例子，它会使用<a>元素的 href 属性指定可以提供下载文件的网址。

```
<!doctype html>
<html>
  <head>
```

```
    <meta charset="utf-8">
    <title> 文件下载超链接 </title>
  </head>
  <body>
    <a href="poem.rar"> 下载 poem.rar</a>
  </body>
</html>
```

<\Ch04\download.html>

这个例子的浏览结果如下图。

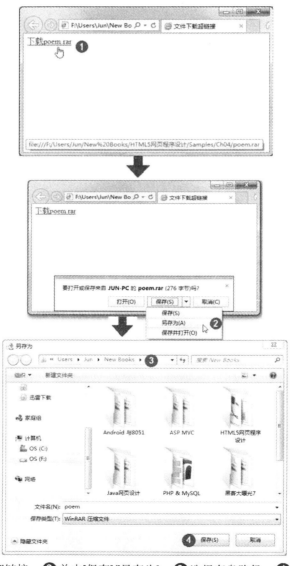

❶单击超链接；❷单击[保存]/[另存为]；❸选择存盘路径；❹单击[保存]

　　此处所示范的是如何利用超链接让用户下载文件，至于如何让用户上传文件到 Web 服务器，则必须利用<input type="file">元素，第 8-2-10 节有进一步的说明。

## 4-2-3　链接至 E-mail 地址的超链接

　　许多网页会提供回信服务，用户只要单击 E-mail 地址、信箱之类的图标或文字，就可以启动 E-mail 编辑程序，而且收件者的地址会自动填写上去。当指定链接至 E-mail 地址的超链接时，除了使用<a>元素的 href 属性指定收件者的 E-mail 地址之外，还要在 E-mail 地址前加上 mailto:通讯协议，例如：

<a href="mailto:jeanchen@mail.lucky.net.tw"> **欢迎写信给我们** </a>

❶单击 E-mail 地址超链接；　❷启动 E-mail 编辑程序并自动填入收件者

　　此外，若希望在用户将鼠标指针移到超链接时会出现提示文字，可以使用<a>元素的 title 属性来指定提示文字，例如：

<a href="http://www.zoo.gov.tw/" title="Taipei Zoo"> **木栅动物园** </a>

## 4-3　指定相对 URI 的路径信息——<base>元素

在 HTML 文件中，无论是链接到图片、文件、程序或样式表单的超链接，都是靠 URI 来指定路径，而且为了方便起见，我们通常是将文件放在相同文件夹，然后采用相对 URI 来表示超链接的地址。

若有天我们将文件搬移到其他文件夹，那么相对 URI 是否要一一修正呢？其实不用，只要使用<base>元素指定相对 URI 的路径信息就可以了。

<base>元素要放在<head>元素里面，而且没有结束标签，其属性如下：

- href="*uri*"：指定相对 URI 的绝对地址。
- target="..."：指定目标框架的名称。

下面举一个例子，由于我们在<head>元素里面加入<base>元素指定相对 URI 的路径信息，因此，对倒数第三行的相对 URI"../books/HTML5.html" 来说，其实际地址为 "http://www.lucky.com/books/HTML5.html"。

```
<!doctype html> <html>
<head>
<meta charset="utf-8"> <title> 示范相对地址 </title>
<base href="http://www.lucky.com/product/default.html"> </head>
<body>
<a href="../books/HTML5.html">HTML5 网页程序设计 </a> </body>
</html>
```

<\Ch04\relative.html>

## 4-4　指定文件之间的引用——<link>元素

<link>元素用来指定目前文件与其他文件之间的引用，常见的引用如下，其中 stylesheet 表示链接外部的 CSS 样式表单文件。

- appendix：附录
- alternate：替代表示方式
- author：作者
- contents：内容
- index：索引
- glossary：名词解释
- copyright：版权声明
- next：下一页（和 rel=一起使用）

- pre:　上一页（和 rev=一起使用）
- start:第一个文件
- help:　联机帮助
- bookmark:　书签
- stylesheet:　CSS 样式表单
- search:　搜索资源
- top:　主页

　　<link>元素要放在<head>元素里面，而且没有结束标签，其属性如下，而 HTML 5 仅提供全局属性、事件属性和 href、target、rel、media、hreflang、type 等属性：

- charset="...":　指定正在建立引用之文件的字符编码方式。
- href="*uri*":　指定正在建立引用之文件的相对或绝对地址。
- hreflang="*language-code*":　指定 href 属性值的语言。
- media="{screen, print, projection, braille, speech, tv, handheld, all}":　指定目的媒体类型，省略不写的话，表示为默认值 all。
- name="...":　指定名称给正在定义的引用。
- rel="...":　指定当前文件与其他文件的引用，例如<link rel="search" href="search.html">。
- rev="...":　指定当前文件与其他文件的反向引用，例如<link rev="prev" href="backpage.html">。
- target="...":　指定目标框架的名称。
- type="*content-type*":　指定内容类型。
- 第 2-2-1、2-2-2 节所介绍的全局属性和事件属性。

　　下面举一个例子。

```
<!doctype html> <html>
<head>
<meta charset="utf-8"> <title> 指定文件的引用 </title>
<link type="text/html" rel="help" href="help.html"> <link rel="top" href="http://www.lucky.com.tw/"> <link rev="pre" href="backpage.html">
<link type="text/css" rel="stylesheet" href="h1.css"> </head>
</html>
```

<\Ch04\link.html>

# 4-5　建立书签

　　当网页的内容超过一页时，为了方便用户浏览数据，可以针对网页上的主题建立书签（bookmark），日后用户只要单击书签，便能跳到指定的主题内容。

现在，就以下面的例子来示范如何建立书签，由于这个网页的内容比较长，用户可能得移动滚动条才能浏览想看的资料，有点不方便，于是决定将网页上方项目列表中的"黑面琵鹭"、"赤腹鹰"、"八色鸟"等三个项目指定为书签的起点，然后将网页下方定义列表中对应的介绍文字指定为书签的终点，令用户一点选书签的起点，就会跳到对应的介绍文字，也就是书签的终点。

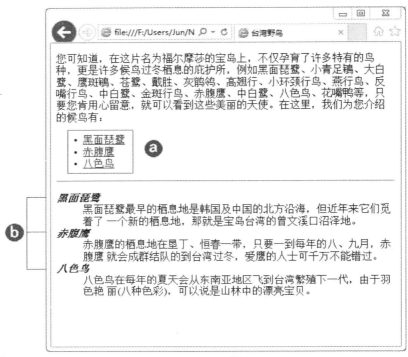

ⓐ 书签的起点（样式和超链接文字相同）；　ⓑ 书签的终点

书签的建立有两个部分。首先，必须在书签的终点使用<a>元素的 name 属性指定书签名称，其次才是在书签的起点使用<a>元素的 href 属性指定所链接的书签名称。

在这个例子中，书签的起点和终点位于相同文件，故在指定 href 属性的值时将文件名省略不写，若两者不是位于相同文件，就必须指定文件名，例如<a href="bird.html# 八色鸟">。

```
<body>
  <p> 您可知道，在这片名为福尔摩莎的宝岛上，不仅孕育了许多特有的鸟种，更是许多候鸟过冬栖息
  的庇护所，例如黑面琵鹭、小青足鹬、大白鹭、鹰斑鹬、苍鹭、戴胜、灰鹡鸰、高翘行、小环颈行鸟、
  燕行鸟、反嘴行鸟、中白鹭、金斑行鸟、赤腹鹰、 中白鹭、八色鸟、花嘴鸭等，只要您肯用心留意，
  就可以看到这些美丽的天使。 在这里，我们为您介绍的候鸟有： </p>
  <ul>
    <li><a href="# 黑面琵鹭 "> 黑面琵鹭 </a></li>
    <li><a href="# 赤腹鹰 "> 赤腹鹰 </a></li>
    <li><a href="# 八色鸟 "> 八色鸟 </a></li>
  </ul>
```

```
<hr>
<dl>
    <dt><b><i><a name=" 黑面琵鹭 "> 黑面琵鹭 </a></i></b></dt>
     <dd> 黑面琵鹭最早的栖息地是韩国及中国的北方沿海，但近年来它们觅着了 一个新的栖息地，
         那就是宝岛台湾的曾文溪口沼泽地。</dd>
    <dt><b><i><a name=" 赤腹鹰 "> 赤腹鹰 </a></i></b></dt>
     <dd> 赤腹鹰的栖息地在垦丁、恒春一带，只要一到每年的八、九月，赤腹鹰 就会成群结队的
         到台湾过冬，爱鹰的人士可千万不能错过。</dd>
    <dt><b><i><a name=" 八色鸟 "> 八色鸟 </a></i></b></dt>
     <dd> 八色鸟在每年的夏天会从东南亚地区飞到台湾繁殖下一代，由于羽色艳 丽（八种颜色），
         可以说是山林中的漂亮宝贝。</dd>
</dl>
</body>
```

&lt;\Ch04\bookmark.html&gt;

❶ 使用 name 属性指定书签名称；❷ 使用 href 属性指定所链接的书签名称

## 一、填充题

1．URI 又分为_____和_____两种类型，通常链接至 Internet 的超链接都必须指定_____。

2．假设文件的结构如下，请采用文件相对 URI 的方式来指定 URI：

（a）若 tree.html 有链接至 kiwi.html 的超链接，那么其 URI 必须指定为什么？

（b）若 penguin.html 有链接至 koala.html 的超链接，那么其 URI 必须指定为什么？

（c）若 contactus.html 有链接至 tree.html 的超链接，那么其 URI 必须指定为什么？

（d）若 asia.html 有链接至 kiwi.html 的超链接，那么其 URI 必须指定为什么？

3．若要建立书签，可以使用_____元素的_____和_____属性来指定书签的起点及终点。

4．若要在超链接文字显示提示文字，可以使用_____元素的_____属性。

5．我们可以使用_____元素来指定相对 URI 的路径信息。

6．若要变更已经浏览和尚未浏览的超链接文字颜色，可以使用_____元素的_____和_____属性。

7．若要定义当前文件与其他文件之间的引用，可以使用_____元素。

8．若要指定链接至 E-mail 地址的超链接，必须在电子邮件地址之前加上_____通信协议。

## 二、 实践题

1. 首先，在\Ch04 文件夹内新增一个空白网页，文件名为 show.html；接着，开启 <\Ch03\ex3-3.html>，在网页下方加入"◎果陀剧场"、"◎其他节目时间表"、"◎欢迎写信给我们"等文字，间隔为两个空格符；最后，将这些文字链接至 http://www.godot.org.tw/、show.html 及 E-mail 地址（例如 jeanchen@mail.lucky.com.tw），再另存新文件为<\Ch04\ex4-1.html>。

提示：

```
◎<a href="http://www.godot.org.tw/"> 果陀剧场   </a>
◎<a href=" 节目表 .htm"> 其他节目时间表   </a>
◎<a href="mailto:jeanchen@mail.lucky.com.tw"> 欢迎写信给我们 </a>
```

2. 首先，开启<\Ch03\ex3-2.html>，在网页上方加入如下图的文字及项目列表；接着，将网页上方项目列表中的"巴哈"、"贝多芬"、"布拉姆斯"、"肖邦"等项目指定为书签的起点，再将定义列表中对应的介绍文字指定为书签的终起，令用户一点选书签的起点，就会跳到对应的介绍文字，也就是书签的终点；最后，另存新文件为 <\Ch04\ex4-2.html>。

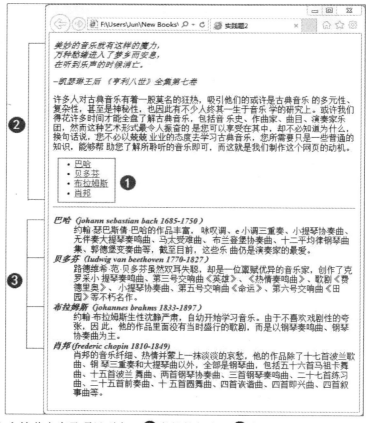

❶加入这些文字及项目列表；❷ 书签的起点；❸ 书签的终点

# 第 5 章

## 图片

# 5-1 嵌入图片——<img>元素

除了文字之外，HTML 文件还可以包含图片、音频、视频或其他 HTML 文件，而本章的讨论是以图片为主。我们可以使用<img>元素在 HTML 文件中嵌入图片，该元素没有结束标签，其属性如下所列。

- src="uri"：指定图片的相对或绝对地址。
- name="..."：指定图片的名称，供 Scripts、Applets 或书签使用。
- alt="..."：指定图片的替代显示文字。
- longdesc="*uri*"：指定图片的说明文字。
- width="*n*"：指定图片的宽度（*n* 为像素数）。
- height="*n*"：指定图片的高度（*n* 为像素数）。
- align="{left, right, top, middle, bottom}"（Deprecated）：指定图片的对齐方式。
- border="*n*"（Deprecated）：指定图片的框线粗细（*n* 为像素数）。
- hspace="*n*"（Deprecated）：指定图片的水平间距（*n* 为像素数）。
- vspace="*n*"（Deprecated）：指定图片的垂直间距（*n* 为像素数）。
- ismap：指定图片为服务器端影像地图。
- usemap="*uri*"：指定影像地图所在的文件地址及名称。
- lowsrc="*uri*"：指定低分辨率图片的相对或绝对地址。
- crossorigin="..."（※）：指定图片允许跨文件访问。
- 第 2-2-1、2-2-2 节所介绍的全局属性和事件属性。

在前述的属性中，HTML 4.01 提供除了 crossorigin 以外的属性，而 HTML 5 则提供全局属性、事件属性和 alt、src、crossorigin、usemap、ismap、width、height 等属性。

## 5-1-1 图片的高度、宽度与框线

当使用<img>元素在 HTML 文件中嵌入图片时，除了可以通过 src 属性指定图片的相对或绝对地址，还可以通过 height、width、border 属性指定图片的高度、宽度与框线（以像素为单位）。若没有指定高度与宽度，浏览器会以图片的原始大小来显示；若没有指定框线，浏览器会以自己的默认值来显示，通常是没有框线，下面举一个例子。

```
<!doctype html>
<html>
  <head>
    <meta charset="utf-8">
    <title> 示范图片 </title>
  </head>
```

```
<body>
    <img src="jp3.jpg" height="315" width="370">
    <img src="jp3.jpg" height="158" width="185" border="10"> </body>
</html>
```

<\Ch05\img1.html>

ⓐ 高度为 315 像素、宽度为 370 像素；　ⓑ 高度为 158 像素、宽度为 185 像素、框线为 10 像素

## 5-1-2　图片的对齐方式

<img>元素的 align 属性提供了 left（靠左）、right（靠右）、top（靠上）、middle（置中）、bottom（靠下）等对齐方式，虽然 W3C 建议网页设计人员改用 CSS 来取代 align 属性，但我们还是可以了解一下。

下面举一个例子，由于它没有指定图片的对齐方式，所以会采用浏览器默认的对齐方式。

```
<body>
    <img src="jp2.jpg"> ❶
    <h1> 豪斯登堡之旅 </h1>
    <p> 豪斯登堡位于日本九州岛岛岛，一处重现中古世纪欧洲街景的渡假胜地，命名由是荷兰女王陛下
        所居住的宫殿豪斯登堡宫殿，园内风景怡人俯拾皆画。</p>
</body>
```

<\Ch05\align.html>

91

❶没有指定图片的对齐方式；❷浏览结果

　　若要将图片放在画面的左边（靠左），令后面的文字放在图片的右边，可以加上 align="left" 属性，即<img src="jp2.jpg" align="left">，浏览结果如下图。

　　若要将图片放在画面的右边（靠右），令后面的文字放在图片的左边，可以加上 align="right"属性，即<img src="jp2.jpg" align="right">，浏览结果如下图。

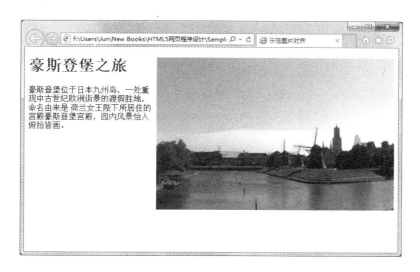

## 5-1-3　图片的替代显示文字

为了避免图片因为取消下载、网络联机错误或找不到文件等情况而无法显示，建议使用 <img>元素的 alt 属性指定替代显示文字来描述图片，而且此举将有助于搜索引擎优化（SEO），提高图片及网页被搜索引擎找到的机率，例如：

<img src="jp1.jpg" alt=" **与豪斯登堡吉祥物合照** ">

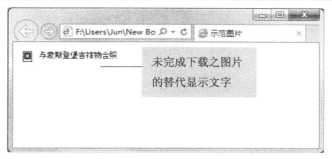

## 5-1-4　图片的水平间距与垂直间距

我们可以使用<img>元素的 hspace 属性指定图片与左右两边的间距（水平间距），或使用 vspace 属性指定图片与上下段落的间距（垂直间距），例如：

<img src="jp1.jpg">

尚未指定水平间距（默认值为0）

`<img src="jp1.jpg" hspace="30">`

指定水平间距为 30 像素

`<img src="jp1.jpg">`

尚未指定垂直间
距（默认值为 0）

`<img src="jp1.jpg" vspace="15">`

指定垂直间距为 15 像素——

## 5-1-5　图片超链接与缩略图

标记图片超链接的方式很简单，只要搭配第 4 章介绍过的<a>元素即可。下面是一个例子，它会将图片指定为链接至<视频介绍.html>文件的超链接，在将图片指定为超链接后，图片会自动加上框线，若要取消框线，可以在<img>元素加上 border="0"属性。

```
01:<!doctype html>
02:<html>
03:  <head>
04:    <meta charset="utf-8">
05:    <title> 示范图片 </title>
06:  </head>
07:  <body>                    ❶
08:    <a href="视频介绍.html"><img src="mulan.jpg" align="left"></a>
09:    花木兰（Mulan）是个勇敢、独立的女孩，不爱刺绣女红，却爱耍刀弄剑。
10:    有天头发花白的的父亲被征召上战场，以对抗匈奴，孝顺的木兰于心不忍，
11:    遂假扮男装，代父从军去，最后在木须龙、汉马、蟋蟀、李翔的帮助下击退匈奴。
12:  </body>
13:</html>
```

❶指定图片超链接；❷图片超链接会自动加上框线

若要设置缩略图预览（thumbnail），也就是在点选图片超链接后，开启另一张较大的图片，那么必须再准备一张较大的图片，假设该图片为 large.jpg，然后将上例的第 08 行程序语句改写成如下：

```
<a href="large.jpg"><img src="mulan.jpg" align="left"></a>
```

浏览结果如下图：

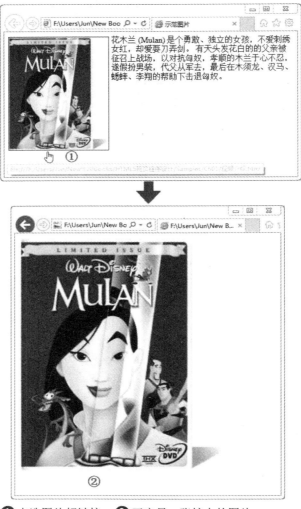

❶点选图片超链接；❷开启另一张较大的图片

## 5-2 影像地图——<map>、<area>元素

影像地图（imagemap）又分为服务器端和客户端两种类型，差别在于当用户单击影像地图的热点（hot spot）时，前者是由服务器决定热点所链接的文件，所以会增加服务器的负荷、网络流量及网站管理员的工作，而后者是由浏览器决定热点所链接的文件，除了没有前述的缺点，还有下列几个优点。

- 因为是由浏览器决定热点所链接的文件，无须通过网络询问服务器，所以处理速度较快。
- 当用户将鼠标指针移到影像地图的热点时，浏览器的状态栏会显示热点所链接的文件的 URI，若是服务器端影像地图，就只会显示影像地图的坐标。

- 网页设计人员可以在本地计算机测试影像地图的热点能否工作，而不必等到上传至服务器后才进行测试。

现在，说明一下客户端影像地图的制作方式。

❖ **一、绘制图片并定义热点**

第一个步骤是选择一套图像处理软件绘制要做为影像地图的图片，然后定义热点，HTML 支持下列三种热点形状。

- 圆形（circle）：在图像处理软件中开启图片，然后将鼠标指针移到要做为圆心的位置，先记录其坐标，再决定半径（以像素为单位）。以下图的圆形热点为例，其圆心坐标为（173,152），半径为 34。
- 矩形（rectangle）：在图像处理软件中开启图片，画出矩形热点的范围，然后将指标移到矩形的左上角及右下角，再记录其坐标。以下图的矩形热点为例，其左上角坐标为（42,159），右下角坐标为（110,227）。
- 多边形（polygon）：在图像处理软件中开启图片，画出多边形热点，然后将鼠标指标移到多边形的各个角点，再按顺时钟或逆时钟方向记录其坐标。以下图的多边形热点为例，其四个顶角的坐标按顺时钟方向为（338, 106）、（396, 125）、（400, 200）、（300, 185）。

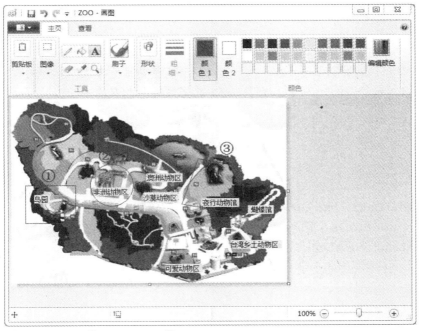

❶矩形热点；❷圆形热点；❸多边形热点

❖　二、在 HTML 文件中建立影像地图

第二个步骤是要在 HTML 文件中建立影像地图，此时会使用到<map>和<area>两个元素，<map>元素用来指定客户端影像地图，其属性如下所列。

- name="..."：指定影像地图的名称，当使用<img>或<object>元素指定图片与影像地图的引用关联时，其 usemap 属性必须和<map>元素的 name 属性符合。
- 第 2-2-1、2-2-2 节所介绍的全局属性和事件属性。

<area>元素用来描述客户端影像地图的热点，该元素没有结束标签，其属性如下，标记星号（※）的为 HTML 5 新增的属性，而且 HTML 5 没有提供 nohref 属性。

- shape="{default, circle, rect, poly}"：指定热点的形状（个范围、圆形、矩形、多边形）。
- coords="x1,y1,x2,y2"：指定热点的坐标。
- href="uri"：指定热点所链接的文件。
- nohref：指定热点没有链接至任何文件。
- alt="..."：指定热点的替代显示文字。
- target="..."：指定用来显示热点的目标框架名称。
- hreflang="language-code"（※）：指定 href 属性值的语言。
- rel="..."（※）：指定从目前文件到 href 属性指定之文件的引用关联。
- type="content-type"（※）：指定内容类型。
- media="{screen, print, projection, braille, speech, tv, handheld,all}"（※）：指定目的媒体类型，省略不写的话，表示为默认值 all。
- 第 2-2-1、2-2-2 节所介绍的全局属性和事件属性。

现在，针对影像地图 zoo.jpg 及刚才定义的三个热点编写程序代码。

1．在<body>元素里面加入<map>元素并指定影像地图的名称。

```
<body>
  <map name="taipei_zoo">
  </map>
</body>
```

2．新增 africa.html、bird.html、night.html 等三个空白的 HTML 文件。

3．使用<area>元素定义圆形、矩形、多边形等三个热点，令这三个热点分别链接至 africa.html、bird.html、night.html，并指定各自的替代显示文字，最后再加上<area shape="default" nohref>，表示影像地图的其余部分没有链接至任何 HTML 文件。

```
<body>
    <map name="taipei_zoo">                    ❶
        <area shape="circle" coords="173,152,34" href="africa.html" alt="非洲动物区">
        <area shape="rect" coords="42,159,110,227" href="bird.html" alt="鸟园">
                    ❷
```

```
        <area shape="poly" coords="338,106,396,125,400,200,300,185" href="night.html" alt="夜行动物馆">
        <area shape="default" nohref>      ❸
    </map>         ❹
</body>
```

❶圆形热点的圆心坐标及半径；❷矩形热点的左上角及右下角坐标；❸多边形热点的各个顶角坐标；❹影像地图的其余部分没有链接至任何文件

## ❖　三、指定图片与影像地图的引用关联

最后一个步骤是要指定图片与影像地图的引用关联，因此，在影像地图定义的前面加上嵌入图片的程序语句，然后使用<img>元素的 usemap 属性指定影像地图的名称，而且名称的前面必须加上#符号。

```
<img src="zoo.jpg" border="0" alt=" 木栅动物园游园地图 " usemap="#taipei_zoo">
```

请注意，此处是使用 usemap 属性指定影像地图的名称，若图片和影像地图定义位于不同文件，那么还要在#符号的前面加上影像地图定义所在的文件，例如：

```
usemap=" 文件名.html#taipei_zoo"
```

综合前述步骤，得到结果如下。

```
<!doctype html>
<html>
  <head>
    <meta charset="utf-8">
    <title> 示范影像地图 </title>
  </head>
  <body>
    <img src="zoo.jpg" border="0" alt=" 木栅动物园游园地图 " usemap="#taipei_zoo">
    <map name="taipei_zoo">
        <area shape="circle" coords="173,152,34" href="africa.html" alt=" 非洲动物区">
        <area shape="rect" coords="42,159,110,227" href="bird.html" alt=" 鸟园 ">
        <area shape="poly" coords="338,106,396,125,400,200,300,185" href="night.html"
            alt=" 夜行动物馆 ">
        <area shape="default" nohref>
    </map>
  </body>
</html>
```

       &lt;\Ch05\zoo.html&gt;

# 5-3　标注——<figure>、<figcaption>元素

可以使用 HTML 5 新增的<figure>元素将图片、表格、程序代码等能够从主要内容抽离的区块标注出来，同时可以使用<figcaption>元素针对<figure>元素的内容指定标题，这两个元素的属性均为第 2-2-1、2-2-2 节所介绍的全局属性和事件属性。<figure>元素所标注的区块不会影响主要内容的阅读动线，而且可以移到附录、网页的一侧或其他专属的网页。

下面举一个例子<\Ch05\new1.html>，它会使用<figure>元素标注一张照片，并使用<figcaption>元素指定照片的标题，浏览结果如下图。

```
<body>
  <figure>
    <img src="jp1.jpg">
    <figcaption> 日本九州岛岛岛纪行－豪斯登堡 </figcaption>
  </figure>
</body>
```

# 5-4　建立绘图区——<canvas>元素

绘图功能是 HTML 5 令人惊艳的新功能之一，可以使用 HTML 5 新增的<canvas>元素在网页上建立一块点阵绘图区，以应用于展现图形、视觉图像或游戏动画。

<canvas>元素的属性如下所列。

- width="n"：指定绘图区的宽度（n 为像素数），默认值为 300 像素。
- height="n"：指定绘图区的高度（n 为像素数），默认值为 150 像素。
- 第 2-2-1、2-2-2 节所介绍的全局属性和事件属性。

<canvas>元素的方法如下。

- getContext（DOMString contextId [, any...args]）：获取绘图环境，只要将参数 contextId 指定为"2d"，就能获取二维的绘图环境。
- toDataURL（optional *type* [, *any...args*]）：返回绘图区的内容，可选参数 *type* 用来指定内容类型，默认值为 image/png。

此外，<canvas>元素还有非常丰富的 API，包括线条样式、填满样式、文字样式、建立路径、绘制矩形、绘制图像、渐层、阴影等，利用这些 API，甚至可以设计出类似小画家的绘图程序，因此，<canvas>元素本身是放在 HTML 5 规格书（http://www.w3.org/TR/html5/），但其 API 则是抽离出来放在独立文件 HTMLCanvas 2D Context 中。

前新版的浏览器大多内置支持<canvas>元素和相关的 API，但支持的程度不一，有些 API 可能还无法正常工作或有错误，必须实际测试才知道。

在本节中，会通过一个简单的例子，示范如何在网页上建立绘图区并进行绘图，至于更多实用的 API 及相关的程序设计技巧，建议参考本书的第 4 篇。

```
01:<!doctype html> 02:<html>
03:  <head>
04:    <meta charset="utf-8">
05:    <title> 绘图功能 </title>
06:  </head>
07:  <body>
```

```
08:    <canvas id="myCanvas" width="200" height="100"></canvas>
09:    <script>
10:        var canvas = document.getElementById("myCanvas");
11:        var context = canvas.getContext("2d");
12:        context.fillRect(0,0,200,100);
13:    </script>
14:    </body>
15:</html>
```

<\Ch05\canvas1.html>

- 8：建立一块宽度为 200 像素、高度为 100 像素的绘图区。
- 11：调用<canvas>元素的 getContext（"2d"）方法获取 2D 绘图环境。
- 12：调用绘图环境的 fillRect（0,0,200,100）方法将左上角坐标为（0, 0）、宽度为 200 像素、高度为 100 像素的矩形填满颜色（默认为黑色），而此举正好会填满整个绘图区，因为我们故意将矩形的大小设置成绘图区的大小。

# 学习证价

## 一、填充题

1．在默认的情况下，图片超链接会自动加上框线，若要取消框线，可以将_____属性指定为_____。

2．我们可以使用_____元素的_____属性指定客户端影像地图。

3．若要指定多边形热点，可以将_____元素的_____属性指定为_____。

4．若要使图片放在网页的左边，图片后面的文字放在图片的右边，那么图片的_____属性必须指定为_____。

5．若要指定圆形热点，我们必须知道这个圆形热点在影像地图上的_____和_____。

6．若要指定热点链接至哪个文件，可以使用_____元素的_____属性。

7．假设有一张图片 fig.jpg 和一份文件 sample.html，试编写一个 HTML 程序语句将 fig.jpg 指定为链接至 sample.html 的图片超链接：_____。

8. 假设有一张小图片 small.jpg 和一张大图片 large.jpg，试编写一个 HTML 程序语句令用户在点选小图片后会开启大图片：_____。

9. 我们可以使用_____元素在网页上建立绘图区。

10. 若要指定图片的替代显示文字，可以使用_____元素的_____属性。

## 二、实践题

1. 假设使用图像处理软件在 zoo.jpg 定义了如下的三个热点：

- 圆形热点的圆心坐标为（298,297），半径为 30。
- 矩形热点的左上角坐标为（218,156），右下角坐标为（297,185）。
- 多边形热点的四个顶角坐标按顺时钟方向分别为（402,232）、（371,253）、（388,287）、（460,270）。

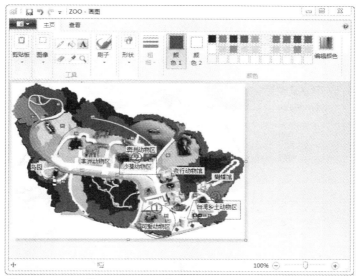

❶圆形热点；❷矩形热点；❸多边形热点

现在，新增 cute.html、desert.html、country.html 等三个空白的 HTML 文件，然后令圆形、矩形及多边形热点链接至 cute.html、desert.html、country.html，替代显示文字为"可爱动物区"、"沙漠动物区"、"台湾乡土动物区"，再另存新文件为<\Ch05\zoo2.html>。

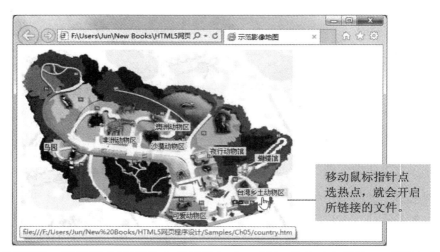

2. 完成如下网页，日后用户只要单击书签的起点，例如"帝王企鹅"、"跳岩企鹅"、"颊条企鹅"，就可以跳到相关的介绍文字，也就是书签的终点，其中蓝色文字为#0202da，棕色文字为#996633，跑马灯背景颜色#ffcc00，跑马灯文字颜色为#ffffff，背景图片为 pen01.gif，标题图片为 pen02.gif，而另外三张企鹅的图片可以使用其他类似的图片来代替。

<\Ch05\南极的精灵.html>

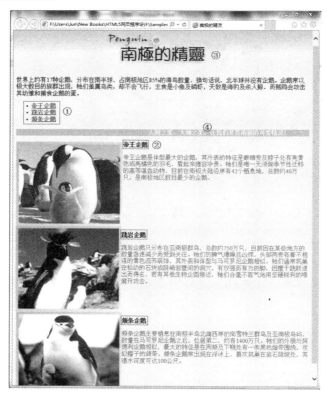

①书签的起点；②书签的终点；③标题图片；④跑马灯

# 第6章

## 表格

## 6-1 建立表格——\<table>、\<tr>、\<td>、\<th>元素

当在 HTML 文件中建立表格时，通常会用到\<table>、\<tr>、\<td>、\<th>等元素，以下就为您做介绍。

❖ **\<table>元素**

\<table>元素用来标记表格，其属性如下，HTML 5 则仅提供全局属性、事件属性和 border 属性。

- summary="...": 指定表格的说明文字。
- width="*n*": 指定表格的宽度（*n* 为像素数或窗口宽度比例）。
- align="{left, center, right}"（Deprecated）: 指定表格的对齐方式（靠左、置中、靠右）。
- bgcolor="*color*| *#rrggbb*"（Deprecated）: 指定表格的背景颜色。
- background="*uri*"（Deprecated）: 指定表格的背景图片相对或绝对地址。
- border="*n*": 指定表格的框线大小（*n* 为像素数）。
- bordercolor="*color*| *#rrggbb*"（Deprecated）: 指定表格的框线颜色。
- cellpadding="*n*": 指定单元格填充（数据与网格线的间距，*n* 为像素数）。
- cellspacing="*n*": 指定单元格间距（单元格网格线的间距，*n* 为像素数）。
- frame="{void, border, above, below, hsides, lhs, rhs, vsides, box}": 指定表格的外框线显示方式。
- rules="{none, groups, rows, cols, all}": 指定表格的内框线显示方式。
- 第 2-2-1、2-2-2 节所介绍的全局属性和事件属性。

❖ **\<tr>元素**

\<tr>元素用来在表格中标记一行（row），其属性如下，HTML 5 则仅提供全局属性和事件属性:

- align="{left, right, center, justify, char}": 指定某行单元格的水平对齐方式（靠左、靠右、置中、左右对齐、对齐指定字符）。
- valign="{top, middle, bottom, baseline}": 指定某行单元格的垂直对齐方式（靠上、置中、靠下、基线）。
- char="...": 指定某行单元格要对齐的字符（当 align="char"时）。
- charoff="*n*": 指定某行单元格要对齐的字符是从左边数第几个。
- bgcolor="*color*| *#rrggbb*"（Deprecated）: 指定某行单元格的背景颜色。
- 第 2-2-1、2-2-2 节所介绍的全局属性和事件属性。

❖　<td>元素

<td>元素用来在一行中标记单元格，其属性如下，HTML 5 则仅提供全局属性、事件属性和 colspan、rowspan、headers 等属性：

- align="{left, right, center, justify, char}"：指定某个单元格的水平对齐方式（靠左、靠右、置中、左右对齐、对齐指定字符）。
- valign="{top, middle, bottom, baseline}"：指定某个单元格的垂直对齐方式（靠上、置中、靠下、基线）。
- char="..."：指定某个单元格要对齐的字符（当 align="char"时）。
- charoff="$n$"：指定某个单元格要对齐的字符是从左边数第几个。
- abbr="..."：根据单元格的内容指定一个缩写。
- axis="..."：根据单元格的内容指定一个分类，如此一来，用户就可以查询表格中属于特定分类的单元格。
- bgcolor="$color$| #rrggbb"（Deprecated）：指定某个单元格的背景颜色。
- background="$uri$"（Deprecated）：指定某个单元格的背景图片相对或绝对地址。
- bordercolor="$color$| #rrggbb"：指定某个单元格的框线颜色。
- colspan="$n$"：指定某个单元格是由几列合并而成。
- rowspan="$n$"：指定某个单元格是由几行合并而成。
- nowrap（Deprecated）：取消某个单元格的文字换行。
- width="$n$"（Deprecated）：指定某个单元格的宽度（$n$ 为像素数或表格宽度比例）。
- height="$n$"（Deprecated）：指定某个单元格的高度（$n$ 为像素数或表格高度比例）。
- headers="..."（※）：指定提供标头信息的单元格。
- scope="{row, col, rowgroup, colgroup}"（※）：指定当前的标头单元格提供了哪些单元格的标头信息，row、col、rowgroup、colgroup 等值分别表示包含该标头单元格的同一行单元格、同一列单元格、同一组行单元格、同一组列单元格。
- 第 2-2-1、2-2-2 节所介绍的全局属性和事件属性。

❖　<th>元素

<th>元素用来在一行中标记标题单元格，其内容会置中并加上粗体。在 HTML 4.01 中，<th>元素的属性和<td>元素相同，而在 HTML 5 中，<th>元素则有全局属性、事件属性和 colspan、rowspan、headers、scope 等属性。

下面举一个例子，它将要制作如下图的 4×3 表格（4 行 3 列），其步骤如下。

**步骤 01** 首先要标记表格，请在 HTML 文件的 `<body>` 元素里面加入 `<table>` 元素，同时将表格框线指定为 1 像素，若没有指定表格框线，默认为没有框线，也就是透明表格。

```
<body>
  <table border="1">
  </table>
</body>
```

**步骤 02** 接着要标记表格的行数，请在 `<table>` 元素里面加入 4 个 `<tr>` 元素。

```
<body>
  <table border="1">
    <tr></tr>
    <tr></tr>
    <tr></tr>
    <tr></tr>
  </table>
</body>
```

**步骤 03** 继续要在表格的每一行中标记各个单元格，由于表格有 3 列，而且第一行为标题栏，所以在第一个 `<tr>` 元素里面加入 3 个 `<th>` 元素，其余各行则分别加入 3 个 `<td>` 元素，表示每一行有 3 列。

```
<body>
  <table border="1">
    <tr>
      <th></th>
      <th></th>
      <th></th>
    </tr>
    <tr>
```

```
        <td></td>
        <td></td>
        <td></td>
      </tr>
      <tr>
        <td></td>
        <td></td>
        <td></td>
      </tr>
      <tr>
        <td></td>
        <td></td>
        <td></td>
      </tr>
    </table>
<body>
```

**步骤 04** 最后，在每个<th>和<td>元素里面输入各个单元格的内容，就大功告成了。可以在单元格内嵌入图片或输入文字，同时可以指定图片或文字的格式。有需要的话，还可以指定超链接。

```
<!doctype html>
<html>
  <head>
    <meta charset="utf-8">
    <title> 航海王 </title>
  </head>
  <body>
    <table border="1">
      <tr>
        <th> 人物素描 </th>
        <th> 角色 </th>
        <th> 介绍 </th>
      </tr>
      <tr>
        <td><img src="piece1.jpg" width="100"></td>
        <td> 乔巴 </td>
        <td> 身份船医，梦想成为能治百病的神医。</td>
      </tr>
      <tr>
        <td><img src="piece2.jpg" width="100"></td>
        <td> 索隆 </td>
```

```
        <td> 主角鲁夫的伙伴，梦想成为世界第一的剑士。</td>
    </tr>
    <tr>
        <td><img src="piece3.jpg" width="100"></td>
        <td> 佛朗基 </td>
        <td> 传说中的船匠－汤姆的弟子，打造了千阳号。</td>
    </tr>
  </table>
 </body>
</html>
```

<\Ch06\piece.html>

# 6-2　表格与单元格的格式化

虽然 HTML 4.01 将数个涉及表格与单元格外观的属性标记为 Deprecated（建议勿用），HTML 5 甚至不再列出这些属性，例如 align、bgcolor、background、bordercolor 等，但事实上，仍有不少 HTML 文件使用这些属性，所以本节会一并做介绍。

## 6-2-1　表格的背景颜色与背景图片

可以使用<table>元素的 bgcolor、background 属性指定表格的背景颜色与背景图片，以下两张图片是在 <\Ch06\piece.html> 的 <table> 元素分别加上 bgcolor="lightyellow"、background="bg.gif"属性的浏览结果，其中 bg.gif 为背景图片的文件名，因为和 HTML 文件存放在相同的文件夹，故省略了完整路径。

①将背景颜色指定为 lightyellow；②将背景图片指定为 bg.gif

## 6-2-2　表格的宽度、框线颜色、单元格填充与单元格间距

可以使用 <table> 元素的 width="*n*"、bordercolor="*color*|*#rrggbb*"、cellpadding="*n*"、cellspacing="*n*"等属性，指定表格的宽度、框线颜色、单元格填充与单元格间距。

当使用 width 属性指定表格的宽度时，可以指定像素数或窗口宽度比例，例如下面的程序语句是将表格的宽度指定为 400 像素或窗口宽度的 75%。

`<table width="400">` **或** `<table width="75%">`

表格的框线默认为灰色，若要自定义其他颜色，可以使用 bordercolor 属性，例如下面的程序语句是将框线大小指定为 10 像素，框线颜色指定为紫色。

`<table border="10" bordercolor="purple">`

此外，cellpadding 属性用来指定表格的"单元格填充"，也就是数据与单元格网格线之间的距离，而 cellspacing 属性用来指定表格的"单元格间距"，也就是单元格网格线之间的距离，两者均以像素为单位，下面的示意图以供参考（资料来源：W3C HTML 规格书）。

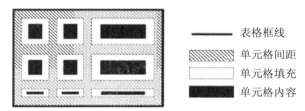

除了这些属性，Internet Exploerer 还提供了 bordercolordark="*color*|*#rrggbb*"、bordercolorlight="*color*|*#rrggbb*"两个专用的属性，用来指定表格的暗边框颜色与亮边框颜色，例如下面的程序语句是将暗边框颜色与亮边框颜色指定为 green、lightgreen：

`<table border="10" bordercolordark="green" bordercolorlight="lightgreen">`

## 6-2-3　表格的框线大小、外框线与内框线显示方式

我们可以使用<table>元素的 border、frame、rules 等属性，指定表格的框线大小、外框线与内框线显示方式，当 border="*n*"时，表示外框线大小为 *n* 像素，内框线大小仍为 1 像素（默认值），但若指定了 frame 或 rules 属性，那么框线显示方式是以 frame 或 rules 属性为准。

frame 属性所指定的外框线显示方式有下列几种：

- void：不显示外框线。
- border、box：在表格的四周显示外框线。
- above：在表格的上边界显示外框线。
- below：在表格的下边界显示外框线。

- lhs: 在表格的左边界显示外框线。
- rhs: 在表格的右边界显示外框线。
- hsides: 在表格的上下边界显示外框线。
- vsides: 在表格的左右边界显示外框线。

rules 属性所指定的内框线显示方式有下列几种：

- none: 不显示内框线。
- all: 在各行及各列之间显示框线。
- groups: 在<thead>、<tbody>、<tfoot>、<colgroup>标记的区块之间显示框线。
- rows: 在各行之间显示框线。
- cols: 在各列之间显示框线。

下面是一些例子，原始文件为<\Ch06\泰山 1.html>。

①<table frame="void">的浏览结果（不显示表格的外框线）；
②<table frame="hsides">的浏览结果（只显示表格的上下外框线）；
③<table rules="rows">的浏览结果（只显示各行之间的内框线）；
④<table rules="cols">的浏览结果（只显示各列之间的内框线）。

## 6-2-4　表格的对齐方式

<table>元素的 align 属性提供了 left（靠左）、center（置中）、right（靠右）等对齐方式，在介绍这些对齐方式之前，我们先来看看默认的对齐方式，也就是没有指定 align 属性的情况。

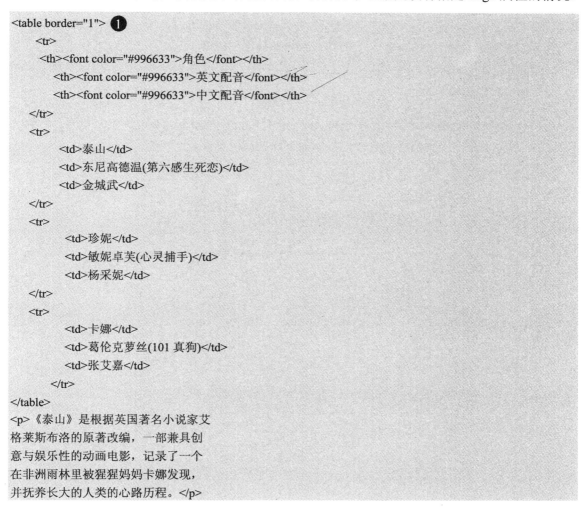

```
<table border="1">①
    <tr>
    <th><font color="#996633">角色</font></th>
        <th><font color="#996633">英文配音</font></th>
        <th><font color="#996633">中文配音</font></th>
    </tr>
    <tr>
        <td>泰山</td>
        <td>东尼高德温(第六感生死恋)</td>
        <td>金城武</td>
    </tr>
    <tr>
        <td>珍妮</td>
        <td>敏妮卓芙(心灵捕手)</td>
        <td>杨采妮</td>
    </tr>
    <tr>
        <td>卡娜</td>
        <td>葛伦克萝丝(101 真狗)</td>
        <td>张艾嘉</td>
    </tr>
</table>
<p>《泰山》是根据英国著名小说家艾
格莱斯布洛的原著改编，一部兼具创
意与娱乐性的动画电影，记录了一个
在非洲雨林里被猩猩妈妈卡娜发现，
并抚养长大的人类的心路历程。</p>
```

<\Ch06\泰山 2.html>

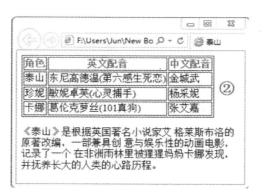

①没有指定 align 属性；②浏览结果。

首先，将\<table border="1"\>改成\<table border="1" align="left"\>，令表格靠左对齐，此时，表格后面的文字会排放到表格的右边，得到如下图的浏览结果。

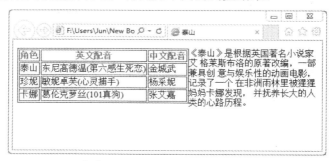

接着，将\<table border="1"\>改成\<table border="1" align="center"\>，令表格置中排放，得到如下图的浏览结果。

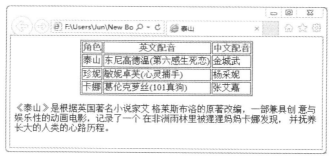

最后，将\<table border="1"\>改成\<table border="1" align="right"\>，令表格靠右对齐，此时，表格后面的文字会排放到表格的左边，得到如下图的浏览结果。

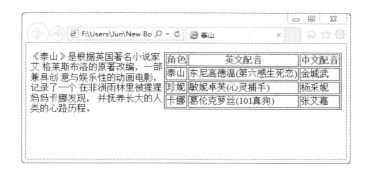

## 6-2-5　单元格的对齐方式

单元格的对齐方式有水平和垂直两个方向，我们可以使用<tr>、<td>、<th>元素的 align 和 valign 属性，指定某行单元格、某个单元格或某个标题单元格的水平和垂直对齐方式，下面举一个例子。

```
<table border="1" width="100%">
  <tr>
    <td><img src="piece1.jpg" width="100"></td>
    <td align="left"> 向左对齐 </td>
    <td align="center"> 水平置中 </td>
    <td align="right"> 向右对齐 </td>
  </tr>
  <tr>
    <td><img src="piece2.jpg" width="100"></td>
    <td valign="top"> 靠上对齐 </td>
    <td valign="middle"> 垂直置中 </td>
    <td valign="bottom"> 靠下对齐 </td>
  </tr>
  <tr>
    <td><img src="piece3.jpg" width="100"></td>
    <td align="right" valign="top"> 靠右上对齐 </td>
    <td align="center" valign="middle"> 水平垂直置中 </td>
    <td align="right" valign="bottom"> 靠右下对齐 </td>
  </tr>
</table>
```

<\Ch06\单元格对齐.html>

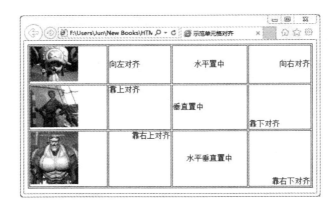

## 6-2-6　单元格的背景颜色与背景图片

可以使用<tr>元素的 bgcolor 属性指定某行单元格的背景颜色，也可以使用<td>、<th>元素的 bgcolor 和 background 属性，指定某个单元格或某个标题单元格的背景颜色与背景图片。以下为您示范如何指定<\Ch06\泰山 1.tml>的单元格背景颜色，至于背景图片，请自己练习。

1．将第一、二、三、四个<tr>元素分别改成<tr bgcolor="#ffffb3">、<tr bgcolor="#ffccff">、<tr bgcolor="#b3e7ff">、<tr bgcolor="#b3ffd9">，会得到如下图的浏览结果。

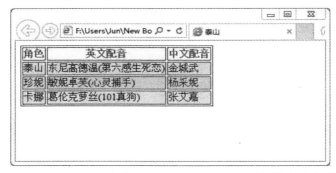

2．将原来的<table border="1">改成<table border="0">，取消表格框线，会得到如下图的浏览结果。

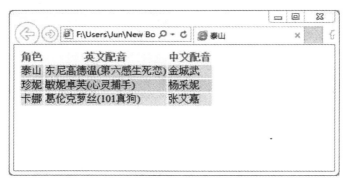

116

# 随堂练习

　　完成如下网页，可以使用<table>、<tr>、<td>、<th>等元素的属性来指定表格与单元格的格式，包括背景颜色、框线颜色、对齐方式等，至于下图的星座图案是来自 Microsoft Word 内置的美工图案，仅供参考之用。

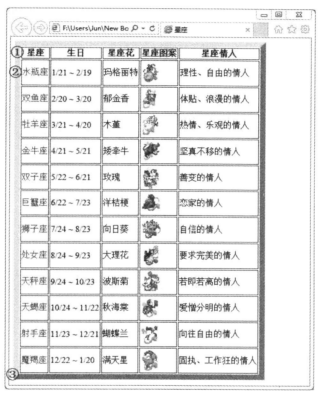

①标楷体、颜色 purple
②标楷体、颜色#914800
③框线大小 10、亮边框颜色#ffdca2、暗边框颜色#d78600

　　提示：

```
<!doctype html>
<html>
  <head>
    <meta charset="utf-8">
    <title> 星座 </title>
  </head>
  <body>
    <table border="10" bordercolorlight="#ffdca2" bordercolordark="#d78600">
```

```
      <tr>
        <th><font face=" 标楷体 " color="purple"> 星座 </font></th>
        <th><font face=" 标楷体 " color="purple"> 生日 </font></th>
        <th><font face=" 标楷体 " color="purple"> 星座花 </font></th>
        <th><font face=" 标楷体 " color="purple"> 星座图案 </font></th>
        <th><font face=" 标楷体 " color="purple"> 星座情人 </font></th>
      </tr>
      <tr>
        <td><font face=" 标楷体 " color="#914800"> 水瓶座 </font>
        </td> <td>1/21 ~ 2/19</td>
        <td> 玛格丽特 </td>
        <td><img src="star01.gif" height="40"></td>
        <td> 理性、自由的情人 </td>
      </tr>
      <tr>
        <td><font face=" 标楷体 " color="#914800"> 双鱼座 </font></td>
        <td>2/20 ~ 3/20</td>
        <td> 郁金香 </td>
        <td><img src="star02.gif" height="40"></td>
        <td> 体贴、浪漫的情人 </td>
      </tr>
      ...
    </table>
  </body>
</html>
```

\<\Ch06\star.html\>

# 6-3　表格标题－<caption>元素

<caption>元素用来指定表格标题，而且该标题可以是文字或图片（搭配<img>或<object>元素），其属性如下所列。

- align="{left, right, top, bottom}"（Deprecated）：指定表格标题的位置。
- 第 2-2-1、2-2-2 节所介绍的全局属性和事件属性。

下面举一个例子。

```
<table border="1">
  <caption> 泰山 TARZAN</caption>  ⓐ
  <tr>
```

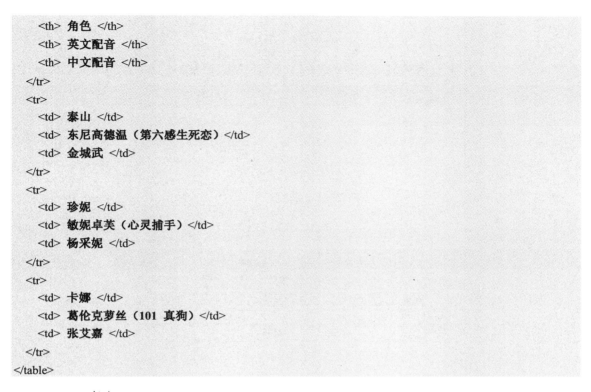

```
    <th> 角色 </th>
    <th> 英文配音 </th>
    <th> 中文配音 </th>
  </tr>
  <tr>
    <td> 泰山 </td>
    <td> 东尼高德温（第六感生死恋）</td>
    <td> 金城武 </td>
  </tr>
  <tr>
    <td> 珍妮 </td>
    <td> 敏妮卓芙（心灵捕手）</td>
    <td> 杨采妮 </td>
  </tr>
  <tr>
    <td> 卡娜 </td>
    <td> 葛伦克萝丝（101 真狗）</td>
    <td> 张艾嘉 </td>
  </tr>
</table>
```

<\Ch06\泰山 3.html>

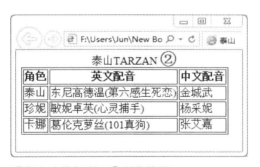

①指定表格标题；②浏览结果

# 6-4　合并单元格

单元格的合并涉及<td>、<th>元素的 colspan="*n*"和 rowspan="*n*"属性，其中 colspan 属性可以将同一行的 *n* 个单元格合并为一个单元格，而 rowspan 属性可以将同一列的 *n* 个单元格合并为一个单元格。

现在，就来示范如何将下图（一）的表格改成下图（二）的表格。

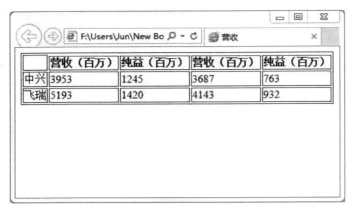

图（一）

图（二）

1．针对图（一），编写如下程序代码。

```html
<table border="1">
  <tr>
    <th> </th>
    <th> 营收（百万）</th>
    <th> 纯益（百万）</th>
    <th> 营收（百万）</th>
    <th> 纯益（百万）</th>
  </tr>
  <tr>
    <td> 中兴 </td>
    <td>3953</td>
    <td>1245</td>
    <td>3687</td>
    <td>763</td>
  </tr>
  <tr>
```

```
    <td> 飞瑞 </td>
    <td>5193</td>
    <td>1420</td>
    <td>4143</td>
    <td>932</td>
  </tr>
</table>
```

2．在<table border="1">后面插入如下程序代码，使表格的最上方新增一行，而且为了显示新增的单元格，每个单元格均填上空格符。

```
<tr>
    <th> </th>
    <th> </th>
    <th> </th>
    <th> </th>
    <th> </th>
</tr>
```

此时的浏览结果如下图。

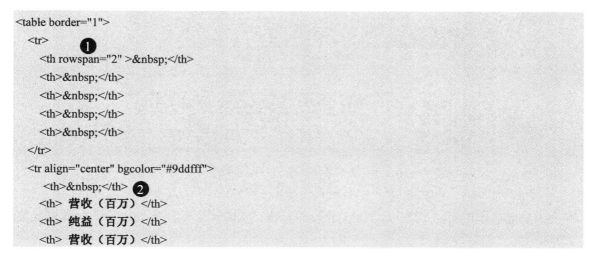

3．使用第一列的第一个单元格的 rowspan 属性，合并第一列的第一、二个单元格，也就是在第一列的第一个单元格的<th>元素加上 rowspan="2"（"2"表示要合并两个单元格），然后删除第二行的第一个单元格。

```
<table border="1">
  <tr>            ❶
    <th rowspan="2" > </th>
    <th> </th>
    <th> </th>
    <th> </th>
    <th> </th>
  </tr>
  <tr align="center" bgcolor="#9ddfff">
    <th> </th>  ❷
    <th> 营收（百万）</th>
    <th> 纯益（百万）</th>
    <th> 营收（百万）</th>
```

```
<th> 纯益（百万）</th>
</tr>
...
```

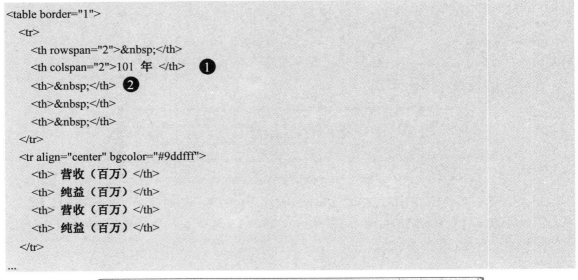

①加上 rowspan="2"属性；②删除此单元格；③成功合并两个单元格

4．使用第一行的第二个单元格的 colspan 属性，合并第一行的第二、三个单元格，也就是在第一行的第二个单元格的<th>元素加上 colspan="2"（"2"表示要合并两个单元格），然后输入数据为"101 年"，再删除第一行的第三个单元格。

```
<table border="1">
  <tr>
    <th rowspan="2"> </th>
    <th colspan="2">101 年 </th>        ❶
    <th> </th>        ❷
    <th> </th>
    <th> </th>
  </tr>
  <tr align="center" bgcolor="#9ddfff">
    <th> 营收（百万）</th>
    <th> 纯益（百万）</th>
    <th> 营收（百万）</th>
    <th> 纯益（百万）</th>
  </tr>
...
```

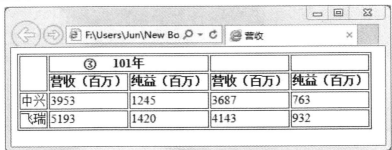

①加上 colspan="2"属性并输入数据；②删除此单元格；③成功合并两个单元格

5．仿照前述步骤合并第一行的最后两个单元格，然后输入数据为"102 年"，再删除第一行的最后一个单元格即可。

```
<table border="1">
  <tr>
    <th rowspan="2"> </th>
    <th colspan="2">101 年 </th>
    <th colspan="2">102 年 </th>　❶
    <th> </th>　❷
  </tr>
  <tr align="center" bgcolor="#9ddfff">
    <th> 营收（百万）</th>
    <th> 纯益（百万）</th>
    <th> 营收（百万）</th>
    <th> 纯益（百万）</th>
  </tr>
  ...
```

| | 101年 | | ③　102年 | |
|---|---|---|---|---|
| | 营收（百万）| 纯益（百万）| 营收（百万）| 纯益（百万）|
| 中兴 | 3953 | 1245 | 3687 | 763 |
| 飞瑞 | 5193 | 1420 | 4143 | 932 |

①加上 colspan="2"属性并输入数据；②删除此单元格；③成功合并两个单元格

# 6-5　表格的表头、主体与表尾——<thead>、<tbody>、<tfoot>元素

当表格的长度超过一页时，为了方便阅读，通常会在每一页的表格中重复显示表头和表尾。请注意，表头和表格标题是不一样的，表格标题放在表格的外面，而表头放在表格的第一行。

可以使用<thead>、<tbody>、<tfoot>元素指定表格的表头、主体与表尾，其属性如下所列。

- align="{left, right, center, justify, char}"：指定水平对齐方式（靠左、靠右、置中、左右对齐、对齐指定字符）。
- valign="{top, middle, bottom, baseline}"：指定垂直对齐方式（靠上、置中、靠下、基线）。
- char="..."：指定某行单元格要对齐的字符（当 align="char"时）。
- charoff="n"：指定某行单元格要对齐字符是从左边数第几个。
- 第 2-2-1、2-2-2 节所介绍的全局属性和事件属性。

下面举一个例子。

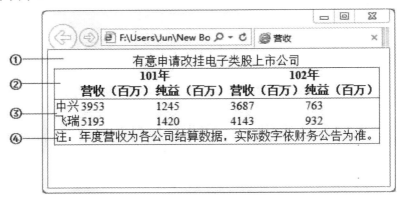

①表格标题；②表格表头；③表格主体；④表格表尾

请仔细观察这个例子的浏览结果，表格的框线并没有全部显示出来，而是只显示表头、主体及表尾之间的框线，原因是在<table>元素加入 rules="groups"属性，以便能更清楚地看到表头、主体及表尾的分隔。

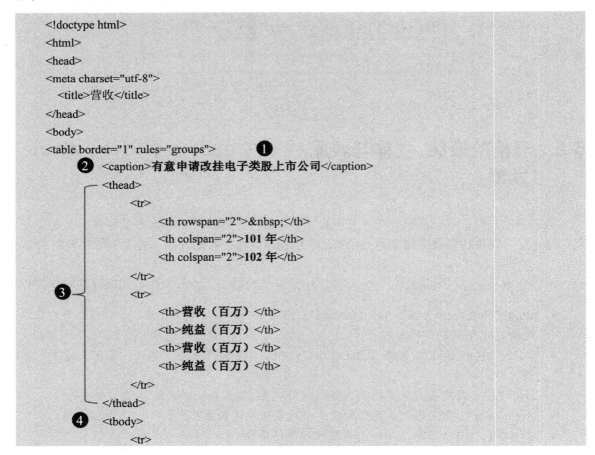

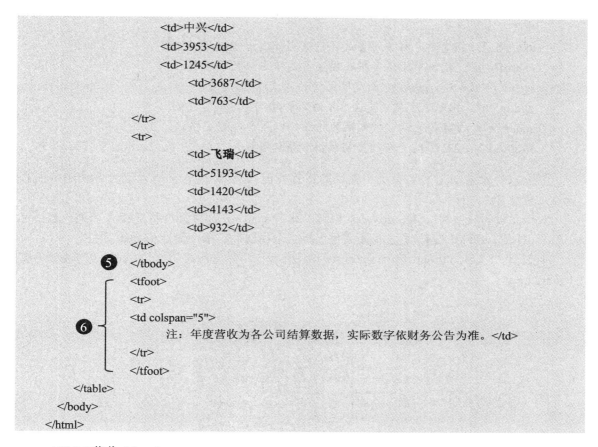

```
                    <td>中兴</td>
                    <td>3953</td>
                    <td>1245</td>
                        <td>3687</td>
                        <td>763</td>
                </tr>
                <tr>

                    <td>飞瑞</td>
                    <td>5193</td>
                    <td>1420</td>
                    <td>4143</td>
                    <td>932</td>
                </tr>
❺          </tbody>
            <tfoot>
                <tr>
                <td colspan="5">
❻                   注：年度营收为各公司结算数据，实际数字依财务公告为准。</td>
                </tr>
            </tfoot>
        </table>
    </body>
</html>
```

<\Ch06\营收 2.html>

①加上此属性后，就只会在<thead>、<tbody>、<tfoot>元素所标记的区块之间显示框线；②为表格标题；③为表格表头；④为表格主体的开始；⑤为表格主体的结束；⑥为表格表尾

# 6-6　直列式表格——<colgroup>、<col>元素

截至目前，所有讨论都是针对行（row）来指定格式，例如一整行单元格的背景颜色、文字颜色、对齐方式等，但有时需要针对列（column）来指定格式，该怎么办呢？此时可以使用<colgroup>和<col>元素。

<colgroup>元素用来针对表格的列做分组,将表格的几列视为一组,然后指定各组的格式,如此便能一次指定几个列的格式,其属性如下,HTML 5 则仅提供全局属性、事件属性和 span 属性。

- align="{left, right, center, justify, char}": 指定单元格的水平对齐方式（靠左、靠右、置中、左右对齐、对齐指定字符）。
- valign="{top, middle, bottom, baseline}": 指定单元格的垂直对齐方式（靠上、置中、

靠下、基线）。

- char="...": 指定单元格要对齐的字符（当 align="char"时）。
- charoff="*n*": 指定单元格要对齐的字符是从左边数第几个。
- bgcolor="*color*|*#rrggbb*": 指定单元格的背景颜色。
- width="*n*": 指定单元格的宽度（*n* 为像素数或窗口宽度比例）。
- span="*n*": 指定将连续 *n* 个列视为一组，以便一起指定格式。
- 第 2-2-1、2-2-2 节所介绍的全局属性和事件属性。

至于<col>元素则是用来指定一整列的格式，但必须与<colgroup>元素合并使用，而且<col>元素没有结束标签。

<col>元素的属性和<colgroup>元素相同，其中 span="*n*"属性允许将连续 *n* 个列一起指定格式。同样的，HTML 5 针对<col>元素也仅提供全局属性、事件属性和 span 属性。

为了让您了解<colgroup>和<col>元素的用法，我们将随堂练习的<star.html>改写成如下图的<star2.html>。

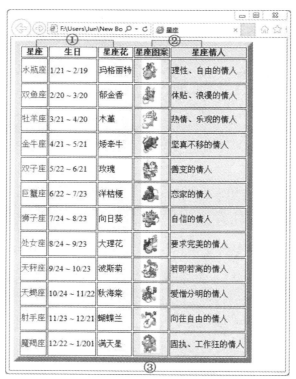

①这三个列为一组，背景颜色为#ffffb3；②这两个列为一组，
背景颜色为#d9eed9；③只有第四列指定为水平置中

```
<!doctype html>
<html>
    <head>
```

```
    <meta charset="utf-8">
    <title> 星座 </title>
  </head>
<body>
  <table border="10" bordercolorlight="#ffdca2" bordercolordark="#d78600">
```

```
    <colgroup span="3" bgcolor="#ffffb3">
    </colgroup>

    <colgroup span="2" bgcolor="#d9eed9">
        <col align="center"> c
        <col> d
    </colgroup>
  <tr>
    <th><font face=" 标楷体 " color="purple"> 星座 </font></th>
    <th><font face=" 标楷体 " color="purple"> 生日 </font></th>
    <th><font face=" 标楷体 " color="purple"> 星座花 </font></th>
    <th><font face=" 标楷体 " color="purple"> 星座图案 </font></th>
    <th><font face=" 标楷体 " color="purple"> 星座情人 </font></th>
  </tr>
  <tr>
    <td><font face=" 标楷体 " color="#914800"> 水瓶座 </font></td>
    <td>1/21 ~ 2/19</td>
    <td> 玛格丽特 </td>
    <td><img src="star01.gif" height="40"></td> <td> 理性、自由的情人 </td>
  </tr>
  ...
  </table>
  </body>
</html>
```

&lt;\Ch06\star2.html&gt;

ⓐ 将前三列指定为同一组并指定背景颜色；ⓑ 将后二列指定为同一组并指定背景颜色；ⓒ 将第四列指定为水平居中；ⓓ 第五列不指定格式，但要保留&lt;col&gt;元素

# 学习评估

## 一、填充题

1. 若要标记一个表格，可以使用 _____ 元素。

2. 若要指定一整行单元格的格式，可以使用 _____ 元素；若要指定一整列单元格

的格式，可以使用 _____ 元素。

3．若要指定表格的对齐方式，可以使用 _____ 元素的 _____ 属性；若要指定某个单元格的垂直对齐方式，可以使用 _____ 元素的_____ 属性。

4．若要指定某行单元格的背景颜色，可以使用 _____ 元素的 _____ 属性；若要指定某个标题单元格的背景图片，可以使用_____ 元素的_____ 属性。

5．若要指定表格的外框线显示方式，可以使用 _____ 元素的 _____ 属性；若要指定表格的内框线显示方式，可以使用 _____ 元素的 _____ 属性。

6．若只要在表格的列与列之间显示框线，可以将 _____ 元素的_____ 属性指定为 _____。

7．若要将同一列的连续几个单元格合并为一个单元格，可以使用_____ 元素的 _____ 属性。

8．若只要在表格的上下边界显示框线，可以将 _____ 元素的 _____属性指定为 _____。

9．若要在表格的下方放置标题，可以将 _____ 元素的 _____ 属性指定为 _____。

10．若要指定表格的表头、主体及表尾，可以分别使用 _____、_____、_____元素。

11．若要针对表格的列做分组，然后指定每一组的格式，可以使用_____ 元素。

12．_____ 元素的 _____ 属性允许我们将连续几个列一起指定格式。

## 二、实践题

1．完成如下网页，其中六个列分成三组，每组由两列组成，而且每组的第一个列背景颜色为#9ee7e7。<\Ch06\flower.html>

提示：

```
<colgroup span="2">
    <col bgcolor="#9ee7e7">
    <col>
</colgroup> <colgroup span="2">
    <col bgcolor="#9ee7e7">
    <col>
</colgroup> <colgroup span="2">
    <col bgcolor="#9ee7e7">
    <col>
</colgroup>
```

2．完成如下网页，表格居中对齐、宽度为窗口宽度的 80%、单元格填充为 5 像素、单元格间距为 0 像素。<\Ch06\number.html>

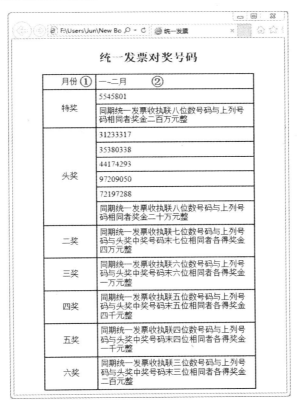

①第一列为表格宽度的 25%、水平居中、背景颜色#ffffcc；

②第二列为表格宽度的 75%、靠左对齐

# 第7章

## 影音多媒体

# 7-1　HTML 5 的影音功能

和 HTML 4.01 比起来，HTML 5 最大的突破之一就是新增了<video>和<audio>元素，以及相关的 API，进而赋予浏览器原生能力来播放视频与音频，不再需要依赖 Apple QuickTime、Adobe Flash、RealPlayer 等插件。

至于 HTML 5 为何要新增<video>和<audio>元素呢？主要的理由如下。

- 为了播放视频与音频，各大浏览器无不使出浑身解数，甚至自定义专用的元素，彼此的支持程度互不相同，例如<object>、<embed>、<bgsound>等，而且还经常需要指定一堆莫名的参数，令网页设计人员相当困扰，而<video>和<audio>元素提供了在网页上嵌入视频与音频的标准方式。
- 由于视频与音频的格式众多，所需要的插件也不尽相同，但用户却不一定安装了正确的插件，导致无法顺利播放网页上的视频与音频。
- 对于必须依赖插件来播放的视频，浏览器的做法通常是在网页上保留一个区块给插件，然后就不去解析该区块，然而若有其他元素刚好也用到了该区块，可能会导致浏览器无法正确显示网页。

在进一步介绍这两个元素之前，我们先来看个简单的例子。

```
<!doctype html>
<html>
  <head>
    <meta charset="utf-8">
    <title> 影音多媒体 </title>
  </head>
  <body>
    <video src="bird.ogv"></video>
  </body>
</html>
```

<\Ch07\video1.html>

这个例子的浏览结果如下图，<video>元素的用法和嵌入图片的<img>元素类似，也是通过 src 属性指定视频的来源，此例的视频文件为相同路径下的 bird.ogv，扩展名.ogv 代表 Ogg Theora 视频格式。

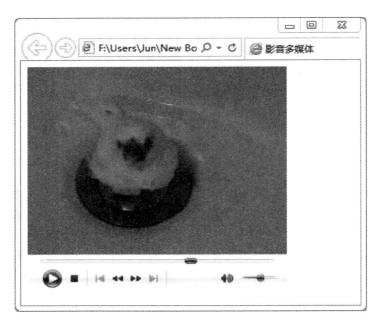

在默认的情况下，视频会停留在第一个画格，若要在网页加载的同时自动播放视频，可以加入 autoplay 属性，如下所示。

```
<video src="bird.ogv" autoplay></video>
```

令人不敢置信吧！只要一行短短的程序语句，就可以利用浏览器的原生能力播放视频，完全不必依赖插件；同样的，若要利用浏览器的原生能力播放音频，也只要一行短短的程序语句，如下，扩展名 ogg 代表 Ogg Vorbis 音频格式：

```
<audio src="song.ogg"></audio>
```

事实上，HTML 5 厉害的并不仅止于此，除了利用属性指定自动播放、连续播放、画面大小、显示控制面板，还能利用 JavaScript 和相关的 API 做更细微的控制，例如改变播放速度、播放位置、捕捉事件等。

## 7-2　嵌入视频与音频 –<video>、<audio>元素

诚如前面所言，<video>元素提供了在网页上嵌入视频的标准方式，其属性如下。

- src、cross、origin、poster、preload、autoplay、mediagroup、loop、muted、controls、width、height 等上下文属性，以下各小节有进一步的说明。
- 第 2-2-1、2-2-2 节所介绍的全局属性和事件属性。

至于<audio>元素则提供了在网页上嵌入音频的标准方式，其上下文属性有 src、preload、autoplay、mediagroup、loop、muted、controls 等，由于这些属性的用法和<video>元素雷同，

因此，本节的讨论就以<video>元素的常用属性为主。

## 7-2-1　src 属性

src 属性用来指定视频的来源，为了顾及不支持<video>元素的浏览器，建议在<video>元素里面加入相关的说明文字或超链接，例如：

<video src="bird.ogv"> **下载** <a href="bird.gov"> **小鸟洗澎澎** </a> 视频 </video>

一旦遇到不支持<video>元素的浏览器（例如 IE 8），就会显示如下的超链接，让用户将视频文件下载到自己的硬盘，再利用其他播放程序观赏视频。

## 7-2-2　autoplay、loop 属性

autoplay 属性可以让浏览器在加载网页的同时自动播放视频，例如：

<video src="bird.ogv" autoplay></video>

不过，并不建议这么做，因为多数的用户会希望由自己来决定是否要播放视频，比较好的做法是在视频上加入控制面板，让用户随意播放或暂停。

至于加入 loop 属性则是可以让视频重复播放，例如：

<video src="bird.ogv" autoplay loop></video>

## 7-2-3　controls 属性

controls 属性可以在视频上加入浏览器内置的控制面板，当然不同的浏览器可能有不同的实现方式，例如：

```
<video src="bird.ogv" controls></video>
```

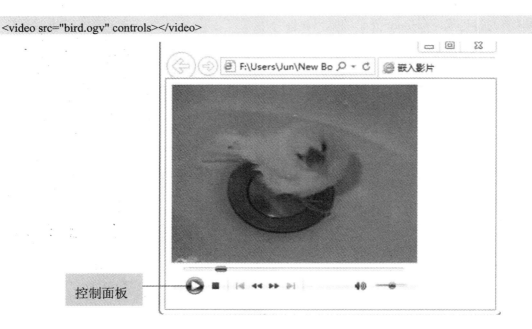

控制面板

## 7-2-4　poster 属性

在视频下载完毕之前或开始播放之前，默认会显示第一个画格，但该画格却不见得具有任何意义，而 poster 属性正好可以用来指定在这种时候所要显示的画面，好比是 DVD 封面之类的，例如：

```
<video src="bird.ogv" controls poster="bird.jpg"></video>
```

把在视频开始播放之前所要显示的画面指定为 bird.jpg

## 7-2-5　width、height 属性

width、height 属性用来指定视频显示范围的宽度与高度，例如下面的程序语句是将视频显示范围的宽度与高度指定为 100 像素、300 像素。

```
<video src="bird.ogv" width="100" height="300"></video>
```

在此要提醒几件事：

- 若没有指定 width 属性，将使用视频原本的宽度、poster 属性所指定之画面的宽度为 300 像素。
- 若没有指定 height 属性，将使用视频原本的高度、poster 属性所指定之画面的高度为 150 像素。
- 若视频的长宽比例和 width、height 属性所指定的长宽比例不同，将维持影片的长宽比例，不会造成视频变形。
- <audio>元素的属性大多和<vidio>元素相同，不过，<audio>元素没有 width、height 属性，也没有 poster 属性。

## 7-2-6　preload 属性

preload 属性用来告诉用户代理程序,是否要在加载网页的同时将视频预先下载到缓冲区，方便用户在想观看的时候可以立刻开始播放。

preload 属性的值有下列三种。

- none：这个值是告诉用户代理程序不要预先下载视频，除非用户有通过控制接口明确指示要播放视频，因为用户或许不太需要观看视频或服务器希望减少不必要的网络流量。
- metadata：这个值是告诉用户代理程序先获取视频的 metadata（例如画格尺寸、片长、目录列表、第一个画格等），但不要预先下载视频的内容，除非用户通过控制接口明确指示要播放视频。
- auto：这个值是由用户代理程序决定是否要预先下载视频，例如 PC 浏览器可能会预先下载视频，而移动设备浏览器可能碍于带宽有限，而不会预先下载视频。

请注意，<video>元素中若同时存在着 autoplay 和 preload 属性，并不会产生错误，而且 autoplay 属性会覆盖 preload 属性，换句话说，无论 preload 属性的值为何，只要有 autoplay 属性，就会自动开始播放视频。

# 7-3  视频/音频编解码器

截至目前为止，范例程序只使用到 Ogg Theora 视频格式和 Ogg Vorbis 音频格式，或许您也正纳闷着这是什么格式呢？一部视频其实是结合了"视频流"和"音频流"，但并不会因此就拿到两个文件，而是把视频流和音频流存放在同一个容器文件，所以在本节中，会先介绍容器文件格式，之后再介绍视频/音频编解码器。

## 7-3-1  容器文件格式

常见的容器文件格式如下：

- AVI（Audio Video Interleave）：这是 Microsoft 公司于 1992 年针对窗口操作系统的影音功能所推出的容器文件格式，可以同时存放视频流和音频流，扩展名为.avi，曾经广泛的使用，但因为文件较大，较不适合应用于 Internet 上的多媒体流。
- Flash 视频：目前多数浏览器是通过安装 Adobe Flash 插件来播放 Flash 视频，主要的扩展名如下：
  - ➢ .swf（Shockwave Flash）：完整的视频文件，无法进行编辑。
  - ➢ .fla：Flash 原始文件，可以使用 Adobe Flash 开启并进行编辑。
  - ➢ .as（ActionScript）：程序设计语言文本文件。
  - ➢ .exe：使用 Adobe Flash 将 Flash 动画导出为执行文件。
- MPEG-4：这是 Moving Picture Experts Group 所制定的视频、音频编码压缩技术，应用于视频电话、电视广播、CD 及 Internet 上的多媒体流。MPEG-4 具有 MPEG-1 和 MPEG-2 的多数特征和相关标准，同时新增支持 VRML、面向对象的合成文件（包括视频、音频、VRML 对象）、数字版权管理（DRM）等功能。市场上有不少基于 MPEG-4 技术的视频格式，例如 WMV 9、QuickTime、DivX、Xvid 等，扩展名通常为.mp4 和.m4v。
- Ogg：这个容器文件格式是开放标准，不受专利限制，由 Xiph.Org 基金会负责维护。Ogg 格式可以用来容纳视频、音频、文字（例如字幕）等多媒体数据，扩展名有.ogg（Ogg Vorbis 音频格式）、.ogv（Ogg Theora 视频格式）、.oga（只包含音频）、.ogx（只包含程序）等。新版的 Opera、FireFox、Chrome 等浏览器均支持 Ogg 格式，不需要安装插件。
- WebM：WebM 是由 Google 所赞助的项目，目的是发展一个开放标准的容器文件格式，采用 On2 Technologies 开发的 VP8 视频编解码器和 Xiph.Org 基金会开发的 Vorbis 音频编解码器，扩展名为.webm。

新版的 Opera、FireFox、Chrome 等浏览器均支持 WebM 格式，不需要安装外挂程序，而 Adobe 公司宣布 Adobe Flash Player 未来会支持 VP8，Microsoft 公司则宣布只要本机安装了 VP8 编解码器，Internet Explorer 9 也能支持 WebM 格式。

## 7-3-2　视频编解码器

由于视频结合了"视频流"和"音频流"，因此，影音播放程序需要所谓的视频编解码器（video codec）来解析视频流（注：codec 是复合字，源自 coder 编码器和 decoder 译码器）。视频编解码器的种类相当多，常见的如下。

- H.264：又称为 MPEG-4 part 10 或 AVC（Advanced Video Coding），由 Moving Picture Experts Group（MPEG）负责标准化。H.264 具有专利，产品制造厂商和服务提供厂商必须支付授权费。目前 Blu-ray Disc 蓝光光盘、一些数字电视和网络电视均已经将 H.264 纳入必须的视频编码技术。
- Theora：这是一个开放的视频编码技术，由 Xiph.Org 基金会开发，不受专利限制，新版的 Opera、FireFox、Chrome 等浏览器均支持 Theora 格式。
- VP8：这也是一个开放的视频编码技术，最早由 On2 Technologiesis 开发，随后由 Google 买下 On2 并发布出来，可以免费使用。

## 7-3-3　音频编解码器

除了视频编解码器之外，影音播放程序还需要所谓的音频编解码器（audio codec）来解析音频流。值得一提的是音频有声道（channel）的概念，而视频没有，大多数的音频编解码器至少可以处理左右两个声道，有些为了营造环绕音效，还会提供更多声道。

音频编解码器的种类相当多，常见的如下。

- MP3（MPEG-1 Audio Layer 3）：这是近年来流行的音频压缩技术，压缩比高达 1:12，扩展名为.mp3、.m3u，具有文件小、音质佳、容易分享等特点。在诸如美国、日本等认可软件专利的国家中，MP3 的专利授权是由 Thomson Consumer Electronics 控制，而专利的问题不仅使得 MP3 软件的开发速度减慢，同时也迫使人们将注意力逐渐转向 Ogg Vorbis 等开放格式。
- AAC（Advanced Audio Coding）：这也是一种高压缩比的音频压缩技术，压缩比为 18:1，略胜 mp3 一筹，音质也优于 mp3，扩展名为.aac、.mp4、.m4a。AAC 和 MP3 一样有受到专利保护，目前诸如 Apple iPhone、iPad、iPad、QuickTime 或 Adobe Flash 均支持 AAC 格式。
- Vorbis：这是一个开放的音频编码技术，由 Xiph.Org 基金会开发，不受专利限制，新版的 Opera、FireFox、Chrome 等浏览器均支持 Vorbis 格式。

将主要浏览器针对<video>元素原生支持的视频/音频格式整理如下，当然这仅供参考，因为会随着新版浏览器的发布而有不同的结果。

|  | Theora+Vorbis | WebM | H.264+AAC+MP3 |
|---|---|---|---|
| Opera 10.5+、FireFox 3.5+ | ◎ | | |
| Opera 11.0+、FireFox 4.0+ | ◎ | ◎ | |
| Chrome 6.0+ | ◎ | ◎ | ◎ |
| Safari 3.0+ | | | ◎ |
| IE 9+ | | | ◎ |

# 7-4　指定影音文件的来源——<source>元素

在看过前一节的讨论后，发现不同的浏览器所支持的视频/音频格式各异，为了确保用户能够顺利观看视频或听见音频，建议同时在网页中提供至少一种开放格式的视频文件（Theora 或 WebM）和 H.264 格式的视频文件，以及至少一种开放格式的音频文件（Vorbis）和 MP3 格式的音频文件，然后使用 HTML 5 新增的<source>元素指定影音文件的 URI 与 MIME 类型，其属性如下。

- src="uri"：指定影音文件的相对或绝对地址。
- type="*content-type*"：指定影音文件的 MIME 类型。
- media="{screen, print, projection, braille, speech, tv, handheld,all}"：指定目的媒体类型（屏幕、打印机、投影仪、盲文点字机、音频合成器、电视、便携设备、全部），省略不写的话，表示为默认值 all。

下面举一个例子，假设事先准备一个 H.264 格式的视频文件 bird.mp4 和一个 Theora 格式的视频文件 bird.ogv，然后在<video>元素里面加入两个<source>元素来指定这两个视频文件的 URI 与 MIME 类型，如第 09 行和第 10 行。

```
01:<!doctype html>
02:<html>
03:   <head>
04:       <meta charset="utf-8">
05:       <title> 影音多媒体 </title>
06:   </head>
07:   <body>
08:     <video controls autoplay>
09:         <source src="bird.mp4" type="video/mp4">
10:         <source src="bird.ogv" type="video/ogg">
11:   </video>
12: </body>
13:</html>
```

　　<\Ch07\video2.html>

浏览器会由上至下按序解析<source>元素，换句话说，浏览器会先解析第 09 行，通过<source>元素的 type 属性来判断自己是否支持 video/mp4 格式，是的话，就从 src 属性指定的网址下载 bird.mp4 并自动播放，否则的话，就继续解析第 10 行，通过<source>元素的 type 属性来判断自己是否支持 video/ogg 格式，是的话，就从 src 属性指定的网址下载 bird.ogv 并自动播放，要是都不支持，就无法播放视频。下图是使用 Opera 浏览这个例子的结果，由于 Opera 支持 video/ogg 格式，所以在解析到第 10 行时，就会下载 bird.ogv 并自动播放。

请注意，<source>元素的 type 属性是很重要的，若遗漏 type 属性，浏览器就只好下载各个视频文件的部分内容，确认自己究竟支持哪个视频文件，要是都不支持，那么不仅无法播放视频，还白白浪费带宽。

此外，在前面的例子中，第 09 行的 type 属性（video/mp4）和第 10 行的 type 属性（video/ogg）都只是指定容器的类型，并没有说明容器里面的影音数据是采用哪种编码格式，以致于有些浏览器无法精确判断出自己究竟能否播放该视频文件，比较好的做法是在 type 属性中加入 codecs 参数指定编解码器，比方说，可以将前面的例子改写成如下。

```
01:<!doctype html>
02:<html>
03:  <head>
04:      <meta charset="utf-8">
05:    <title> 影音多媒体 </title>
06:  </head>
07:  <body>
08:      <video controls autoplay>
09:      <source src="bird.mp4"type='video/mp4;codecs="avc1.42E01E, mp4a.40.2"'>
10:      <source src="bird.ogv" type='video/ogg; codecs="theora, vorbis"'>
11:        <p> 下载 MP4 格式的 <a href="bird.mp4"> 小鸟洗澎澎 </a> 视频文件 </p>
```

```
12:        <p> 下载 Ogg 格式的 <a href="bird.gov"> 小鸟洗澎澎 </a> 视频文件 </p>
13:    </video>
14:  </body>
15:</html>
```

&lt;\Ch07\video3.html&gt;

- 第 08 行：告诉浏览器要在此插入一段视频，而且要提供控制面板并自动播放。
- 第 09 行：使用&lt;source&gt;元素指定视频文件的网址为 bird.mp4，容器格式为 video/mp4，编解码器为"avc1.42E01E, mp4a.40.2"，表示 H.264 Constrained baseline profile video level 3 and Low-Complexity AAC audio in MP4 container，在解析到这行时，若浏览器支持该格式，就会下载 bird.mp4 并自动播放。
- 第 10 行：使用&lt;source&gt;元素指定视频文件的网址为 bird.ogv，容器格式为 video/ogg，编解码器为"theora, vorbis"，表示 Theora video and Vorbis audio in Ogg container，若浏览器支持该格式，就会下载 bird.ogv 并自动播放。
- 第 11、12 行：这两行是针对不支持前述两种格式的浏览器所设计，此时，用户可以选择要下载 MP4 格式或 Ogg 格式的视频文件，然后利用自己计算机上的播放程序来播放，或者，您也可以利用&lt;object&gt;元素或下一节所要介绍的&lt;embed&gt;元素来嵌入插件。HTML 5 会自动忽略&lt;video&gt;元素内的子元素（&lt;source&gt;元素除外），所以只要浏览器支持前述两种格式，就不会解析第 11、12 行或&lt;object&gt;、&lt;embed&gt;等元素。

当要在 type 属性中加入 codecs 参数时，不同的编解码器有不同的设置值，如下（参考自 HTML 5 规格书 http://www.w3.org/TR/html5/）：

- H.264 Constrained baseline profile video( main and extended video compatible )level 3 and Low-Complexity AAC audio in MP4 container

```
<source src='video.mp4' type='video/mp4; codecs="avc1.42E01E, mp4a.40.2"'>
```

- H.264 Extended profile video（baseline-compatible）level 3 and Low-Complexity AAC audio in MP4 container

```
<source src='video.mp4' type='video/mp4; codecs="avc1.58A01E, mp4a.40.2"'>
```

- H.264 Main profile video level 3 and Low-Complexity AAC audio in MP4 container

```
<source src='video.mp4' type='video/mp4; codecs="avc1.4D401E, mp4a.40.2"'>
```

- H.264 'High' profile video（incompatible with main, baseline, or extended profiles）level 3 and Low-Complexity AAC audio in MP4 container

```
<source src='video.mp4' type='video/mp4; codecs="avc1.64001E, mp4a.40.2"'>
```

- MPEG-4 Visual Simple Profile Level 0 video and Low-Complexity AAC audio in MP4

container

```
<source src='video.mp4' type='video/mp4; codecs="mp4v.20.8, mp4a.40.2"'>
```

- MPEG-4 Advanced Simple Profile Level 0 video and Low-Complexity AAC audio in MP4 container

```
<source src='video.mp4' type='video/mp4; codecs="mp4v.20.240, mp4a.40.2"'>
```

- MPEG-4 Visual Simple Profile Level 0 video and AMR audio in 3GPP container

```
<source src='video.3gp' type='video/3gpp; codecs="mp4v.20.8, samr"'>
```

- Theora video and Vorbis audio in Ogg container

```
<source src='video.ogv' type='video/ogg; codecs="theora, vorbis"'>
```

- Theora video and Speex audio in Ogg container

```
<source src='video.ogv' type='video/ogg; codecs="theora, speex"'>
```

- Vorbis audio alone in Ogg container

```
<source src='audio.ogg' type='audio/ogg; codecs=vorbis'>
```

- Speex audio alone in Ogg container

```
<source src='audio.spx' type='audio/ogg; codecs=speex'>
```

- FLAC audio alone in Ogg container

```
<source src='audio.oga' type='audio/ogg; codecs=flac'>
```

- Dirac video and Vorbis audio in Ogg container

```
<source src='video.ogv' type='video/ogg; codecs="dirac, vorbis"'>
```

 注意

除了第 7-2 节所介绍的属性，<video>元素还有下列两个只读属性。

- videoWidth="n"：返回视频的原始宽度（n 为像素数）。
- videoHeight="*n*"：返回视频的原始高度（*n* 为像素数）。

# 7-5　嵌入资源文件——<embed>元素

多年来<embed>元素一直被用来嵌入 Adobe Flash 等插件，却始终没有获得 HTML 的正式认可，而 HTML 5 终于将它标准化，其属性如下。

- src="uri"：指定欲嵌入之资源文件的相对或绝对地址。
- type="*content-type*"：指定欲嵌入之资源文件的 MIME 类型。
- width="*n*"：指定欲嵌入之资源文件的宽度（*n* 为像素数）。
- height="*n*"：指定欲嵌入之资源文件的高度（*n* 为像素数）。

当希望浏览器播放的资源文件需要借助于插件时，就可以使用<embed>元素，例如下面的程序语句是告诉浏览器通过 Adobe Flash 插件来播放 butterflies2.swf（取自 \Ch07\video4.html），注意<embed>元素没有结束标签。

```
<embed src="butterflies2.swf" type="application/x-shockwave-flash" width="400" height="400">
```

若浏览器尚未安装 Adobe Flash 插件，就会先出现信息要求下载并安装，如左下图，否则会直接通过 Adobe Flash 插件来播放，如右下图。

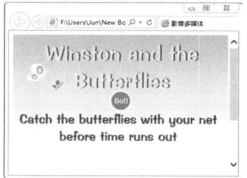

# 7-6　嵌入对象——<object>元素

由于<video>和<audio>元素是 HTML 5 新增的元素，若担心浏览器可能不支持这两个元素，或者，手边的视频文件或音频文件并不是<video>和<audio>元素原生支持的视频/音频格式，那么可以使用 HTML 4.01 就已经提供的<object>元素在 HTML 文件中嵌入图片、音频、QuickTime 视频、ActiveX Controls、Java Applets、Flash 动画或浏览器所支持的其他对象。

<object>元素的属性如下。

- align="{left, right, center, texttop, middle, textmiddle, baseline, textbottom, baseline}"（Deprecated）：指定对象的对齐方式。

- width="*n*"：指定对象的宽度（*n* 为像素数）。
- height="*n*"：指定对象的高度（*n* 为像素数）。
- border="*n*"（Deprecated）：指定对象的框线大小（*n* 为像素数）。
- hspace="*n*"（Deprecated）：指定对象的水平间距（*n* 为像素数）。
- vspace="*n*"（Deprecated）：指定对象的垂直间距（*n* 为像素数）。
- name="..."：指定对象的名称。
- classid="*uri*"：指定对象来源的 URI。
- codebase="*uri*"：指定对象程序代码的相对或绝对地址。
- codetype="*content-type*"：指定对象程序代码的 MIME 类型。
- data="*uri*"：指定对象数据的相对或绝对地址。
- declare：声明对象而不是将对象加载到文件中。
- type="*content-type*"：指定对象的 MIME 类型。
- standby="..."：指定当浏览器正在下载对象时所显示的消息正文。
- usemap="*uri*"：指定客户端影像地图所在的文件地址及名称。
- typemustmatch（※）：指定只有在 type 属性的值和对象的内容类型符合时，才能使用 data 属性所指定的对象数据。
- form="*formid*"（※）：指定对象隶属于 ID 为 *formid* 的窗体。
- 第 2-2-1、2-2-2 节所介绍的全局属性和事件属性。

HTML 4.01 提供除了 typemustmatch、form 以外的属性，而 HTML 5 则提供全局属性、事件属性和 data、type、typemustmatch、name、usemap、form、width、height 等属性。

## 7-6-1　嵌入视频

可以使用<object>元素在 HTML 文件中嵌入视频，下面举一个例子，它所嵌入的视频是 Windows 7 操作系统提供的 wildlife.wmv（野生动物），默认是存放在 C:\Users\Public\Videos\Sample Videos 文件夹。有需要的话，也可以加上 width="*n*"、height="*n*"等属性指定视频的宽度与高度。

```
<!doctype html>
<html>
  <head>
    <meta charset="utf-8">
    <title> 嵌入视频 </title>
  </head>
  <body>
    <object data="wildlife.wmv"></object>
  </body>
</html>
```

<\Ch07\video.html>
这个例子的浏览结果如下图。

## 7-6-2　嵌入音频

除了视频之外，也可以使用<object>元素在 HTML 文件中嵌入音频，下面举一个例子。

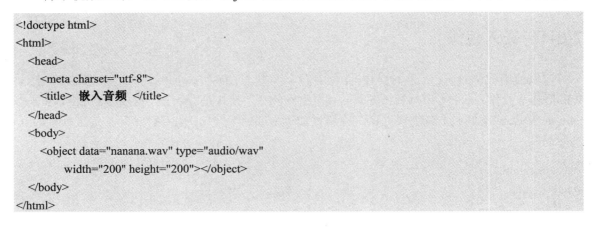

```
<!doctype html>
<html>
  <head>
    <meta charset="utf-8">
    <title> 嵌入音频 </title>
  </head>
  <body>
    <object data="nanana.wav" type="audio/wav"
        width="200" height="200"></object>
  </body>
</html>
```

<\Ch07\audio.html>
这个例子的浏览结果如下图。

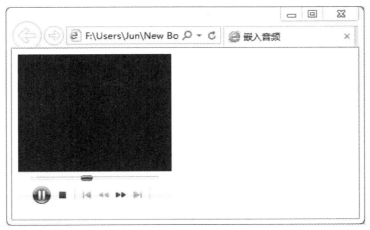

请注意，由于在<object>元素里面加上 width="200"和 height="200"属性，因此，浏览器画面会显示控制面板，若不希望显示控制面板，而是要让用户一开启网页，就自动播放音乐，像背景音乐一般，那么可以将<object>元素的 width 和 height 属性指定为 0。

此外，Internet Explorer 针对背景音乐提供了一个专用的<bgsound>元素，但不是所有浏览器都会支持该元素，建议还是以<object>元素来取代之，至于下表则是一些音频文件与视频文件对应的 MIME 类型以供参考。

| MIME 类型 | 音频文件扩展名 | MIME 类型 | 视频文件扩展名 |
|---|---|---|---|
| audio/basic | au、snd | video/x-msvideo | avi |
| audio/x-wav | wav | video/x-sgi-movie | movie |
| audio/x-ms-wma | wma | video/x-ms-wmv | wmv |
| audio/x-mp3 | mp3 | video/quicktime | qt、mov、moov |
| audio/midi | mid | video/mpeg | mpeg、mpg、mpe |

## 7-6-3　嵌入 ActiveX Controls

可以使用<object>元素在 HTML 文件中嵌入 ActiveX Controls，以下就为您示范如何嵌入 ActiveMovie Control，这是 Windows 操作系统内置的 Windows Media Player 媒体播放程序，凡此程序能够播放的文件，均可使用 ActiveMovie Control 在网页上播放。

```
<!doctype html>
<html>
  <head>
    <meta charset="utf-8">
    <title> 嵌入 ActiveX Control</title>
  </head>
  <body>
    <object classid="clsid:05589FA1-C356-11CE-BF01-00AA0055595A"  ◄——这是唯一的识别码，不能随意填写
```

```
        id="ActiveMovie1" width="239" height="251">
        <param name="Appearance" value="0">
        <param name="AutoStart" value="1">
        <param name="AllowChangeDisplayMode" value="-1">
        <param name="AllowHideDisplay" value="0">
        <param name="AllowHideControls" value="-1">
        <param name="AutoRewind" value="-1">
        <param name="Balance" value="0">
        <param name="CurrentPosition" value="0">
        <param name="DisplayBackColor" value="0">
        <param name="DisplayForeColor" value="16777215">
        <param name="DisplayMode" value="0">
        <param name="Enabled" value="-1">
        <param name="EnableContextMenu" value="-1">
        <param name="EnablePositionControls" value="-1">
        <param name="EnableSelectionControls" value="0">
        <param name="EnableTracker" value="-1">
        <param name="Filename" value="wildlife.wmv">        ◀————— 指定要播放此视频文件
        <param name="FullScreenMode" value="0">
        <param name="MovieWindowSize" value="0">
        <param name="PlayCount" value="1">
        <param name="Rate" value="1">
        <param name="SelectionStart" value="-1">
        <param name="SelectionEnd" value="-1">
        <param name="ShowControls" value="-1">
        <param name="ShowDisplay" value="-1">
        <param name="ShowPositionControls" value="0">
        <param name="ShowTracker" value="-1">
        <param name="Volume" value="-600">
    </object>
  </body>
</html>
```

&lt;\Ch07\activex.html&gt;

请注意，ActiveX Controls 的 classid 是唯一的，不能随意填写，而且 ActiveX Controls 有各自的参数，我们可以使用<param>元素的 name 和 value 属性指定参数的名称与值，例如<param name="AutoStart" value="1">表示参数 AutoStart 的值为 1，即 ActiveMovie Control 会自动播放。

## 7-6-4　嵌入 Java Applets

Java Applets 是使用 Java 编写的小程序，无法单独执行，必须嵌入网页，然后通过支持 Java 的浏览器协助其执行，可以用来制造水中涟漪、水中倒影、计数器、跑马灯、探照灯、变色按钮、火焰效果、彩虹文字等动态效果。

虽然 Java Applets 目前已经比较少见，但还是有些网站会提供现成的 Java Applets 让用户下载，只要连线到百度、Google 等搜索网站，然后以 "Java Applets" 关键词进行搜索即可，要注意的是 Java Applets 都有专属的参数，一定要将参数设置正确才行。

早期是使用<applet>元素在 HTML 文件中嵌入 Java Applets，不过，到了 HTML 4.01，<applet>元素被标记为 Deprecated，建议改用<object>元素来取代之，而 HTML 5 更是删除了<applet>元素，尽管如此，多数的 HTML 文件还是使用<applet>元素，其属性如下。

- name="...": 指定 Java Applets 的名称，以供其他程序识别。
- code="*uri*": 指定 Java bytecode 文件的相对或绝对地址。
- codebase="*uri*": 指定存放 Java class 文件的路径。
- archive="*uri*": 指定需要预先加载的 Java class 或其他资源。
- width="*n*": 指定 Java Applets 的宽度（*n* 为像素数）。
- height="*n*": 指定 Java Applets 的高度（*n* 为像素数）。
- align="{left, right, center}"（Deprecated）: 指定 Java Applets 的水平对齐方式。
- alt="...": 指定 Java Applets 的替代显示文字。

- hspace="*n*"（Deprecated）：指定 Java Applets 的水平间距（*n* 为像素数）。
- vspace="*n*"（Deprecated）：指定 Java Applets 的垂直间距（*n* 为像素数）。
- 另外还有 title、id、class 等属性。

下面举一个例子，它会显示一个动态显示按钮，也就是令按钮在鼠标指针尚未移上去之前呈现一种样式，而在鼠标指针移上去之后又变成另一种样式。

```
01:<!doctype html>
02:<html>
03:   <head>
04:       <meta charset="utf-8">
05:       <title> 嵌入 Java Applet</title>
06:   </head>
07:   <body>
08:       <applet code="fphover.class" codebase="applet/" width="170" height="24">
09:           <param name="text" value=" 下一站幸福 ">
10:           <param name="font" value="helvetica">
11:           <param name="fontstyle" value="regular">
12:           <param name="fontsize" value="16">
13:           <param name="color" value="#ffff00">
14:           <param name="textcolor" value="#ff0000">
15:           <param name="hovercolor" value="#00ff00">
16:           <param name="effect" value="reverseglow">
17:       </applet>
18:   </body>
19:</html>
```

<\Ch07\applet.html>

- 第 08 行：指定 Java Applet 的名称为 fphover.class，若 Java Applet 不是存放在与网页相同的文件夹，那么可以使用 codebase 属性指定路径。
- 第 09~12 行：第 09 行是指定按钮的文字，第 10 行是指定按钮文字的字体，第 11 行是指定按钮文字的格式，regular 为正常，bold 为粗体，italic 为斜体，bold italic 为粗斜体，第 12 行是指定按钮文字的大小。
- 第 13~16 行：第 13 行是指定按钮的底色，第 14 行是指定按钮文字的颜色，第 15 行是指定鼠标指针移过按钮时的颜色，第 16 行是指定动态效果，除了此例 reverseglow（反向光晕），还可以指定 fill（填满颜色）、glow（光晕）、average（色彩调和）、bevelout（外凸）、lightglow（微光）、bevelin（内凹）等。

这个例子的浏览结果如下图。

ⓐ 鼠标指针尚未移上去之前呈现一种样式；ⓑ 鼠标指针移上去之后又变成另一种样式

前面提到 HTML 4.01 和 HTML 5 均建议改用<object>元素来取代<applet>元素，下面的两个例子取自 HTML 规格书供您参考。

- Deprecated 范例：

```
<applet code="bubbles.class" width="500" height="500">
  ...
</applet>
```

改用<object>元素来取代之，写成如下：

```
<object codetype="application/java" classid="java:bubbles.class" width="500" height="500">
  ...
</object>
```

- Deprecated 范例：

```
<applet code="audioitem" width="15" height="15">
  ...
</applet>
```

改用<object>元素来取代之，写成如下：

```
<object codetype="application/java" classid="audioitem" width="15" height="15">
  ...
</object>
```

# 7-7　Scripting——<script>、<noscript>元素

除了图片、影片、声音、Flash 动画、ActiveX Controls、Java Applets 等对象，也可以在 HTML 文件中嵌入浏览器端 Scripts，包括 JavaScript 和 VBScript。

## 7-7-1　嵌入 JavaScript

可以使用<script>元素在 HTML 文件中嵌入 JavaScript，本节将示范如何套用已经写好的 JavaScript 程序，至于如何编写 JavaScript 程序，可以参考本书第 2 篇。

<script>元素的属性如下：

- language="···"：指定 Scripts 的类型。
- src="*uri*"：指定 Scripts 的相对或绝对地址。
- type="*content-type*"：指定 Scripts 的 MIME 类型。

另外还有一个<noscript>元素用来针对不支持 Scripts 的浏览器指定显示内容，例如下面的程序语句是指定当浏览器不支持 Scripts 时，就显示<noscript>元素里面的内容：

```
<noscript>
    <p> 很抱歉！您的浏览器不支持 Scripts ！ </p>
</noscript>
```

下面举一个例子：

- 06~18：这段 JavaScript 程序的用途是在状态栏显示跑马灯，不过，Scroll()函数不会立刻执行，而是要等到被调用时才会执行。
- 20：在<body>元素加上 onload="javascript:Scroll()"事件属性，当浏览器载入网页时，就会调用 Scroll()函数。

```
01:<!doctype html>
02:<html>
03:  <head>
04:    <meta charset="utf-8">
05:    <title> 嵌入 JavaScript</title>
06:    <script language="javascript">
07:        var info=" 欢迎莅临快乐工作室的网站！ "; ①
08:        var interval = 200; ②
09:        sin = 0;
10:        function Scroll(){
11:          len = info.length;
12:          window.status = info.substring(0, sin+1);
13:          sin++;
14:          if（sin >= len）
15:            sin = 0;
16:          window.setTimeout("Scroll();", interval); ③
17:        }
18:    </script>
19:  </head>
20:  <body onload="javascript:Scroll()">      ④
21:  </body>
22:</html>
```

`<\Ch07\jscript.html>`

①跑马灯文字，可以自行设置；②跑马灯的文字移动速度；
③设置定时器；④当浏览器载入网页时，就会调用 Scroll()函数；
⑤状态栏跑马灯的文字会一个个跑出来

## 7-7-2　嵌入 VBScript

若要在 HTML 文件中嵌入 VBScript，同样也是使用<script>元素。下面举一个例子，它会在网页上显示具有提示效果的文字。

```
01:<html>
02: <head>
03:   <meta charset="utf-8">
04:   <title> 嵌入 vbscript</title>
05: </head>
06: <body>
07:   <script language="vbscript">
08:     sub showans(tips）
09:       document.all(tips).style.visibility=show
10:     end sub
11:
12:     sub hideans(tips）
13:       document.all(tips).style.visibility="hidden"
14:     end sub
15:   </script>
16: <p onmousemove="showans('ans_1')" onmouseout="hideans('ans_1')"> 饮食男女</p>
17: <p onmousemove="showans('ans_2')" onmouseout="hideans('ans_2')"> 卧虎藏龙</p>
18: <p onmousemove="showans('ans_3')" onmouseout="hideans('ans_3')"> 色戒</p>
19: <p id="ans_1" style="position:absolute;left:100px;top:15px;visibility:hidden;color:red">
20:   导演李安经典作品 </p>
21: <p id="ans_2" style="position:absolute;left:100px;top:60px;visibility:hidden;color:green">
22:   导演李安武侠巨献 </p>
```

```
23:    <p id="ans_3" style="position:absolute;left:100px;top:100px;visibility:hidden;color:blue">
24:       导演李安问鼎威尼斯影展力作 </p>
25:    </body>
26:</html>
```

<\Ch07\vbscript.html>

- 第 08~10 行：ShowAns()函数只有在鼠标指针移到文字时才会被执行，用来显示文字提示。

- 第 12~14 行：HideAns()函数只有在鼠标指针离开文字时才会被执行，用来隐藏文字提示。

- 第 16~18 行：显示《饮食男女》、《卧虎藏龙》、《色戒》等文字，同时指定 onmousemove 与 onmouseout 两个事件的处理程序，当鼠标指针移到文字时，就调用 showans()函数并传入参数 ans_1；当鼠标指针离开文字时，就调用 hideans()函数并传入参数 ans_1，表示当鼠标指针移到文字时，就显示标识符为 ans_1 的文字，即第 19、20 行的文字。

- 第 19、20 行：在<p>元素加上 id 属性指定标识符为 ans_1，以做为 showans()和 hideans()函数的参数，同时加上 style 属性指定 CSS 样式表单，令"导演李安经典作品"等文字的起始坐标为（100,15），颜色为红色并隐藏起来。

这个例子的浏览结果如下图。

①鼠标指针移到文字；②显示文字提示

# 7-8　嵌入 CSS 样式表单——<style>元素

在前一节的例子<\Ch07\vbscript.html>中，是使用<p>元素的 style 属性指定段落的 CSS 样式表单，事实上，除了这种做法，更常见的做法是在 HTML 文件的<head>元素里面使用<style>元素嵌入 CSS 样式表单。

<style>元素的属性如下，标记星号（※）者为 HTML 5 新增的属性：

- media="{screen, print, projection, braille, speech, tv, handheld, all}"：指定样式表单的目的媒体类型（屏幕、打印机、投影仪、盲文点字机、音频合成器、电视、便携设备、全部），省略不写的话，表示为默认值 all。
- type="*content-type*"：指定样式表单的 MIME 类型。
- scoped（※）：指定将样式表单套用至样式元素的父元素和子元素，省略不写的话，表示套用至整个 HTML 文件。
- 第 2-2-1、2-2-2 节所介绍的全局属性和事件属性。

下面举一个例子。

```
01:<html>
02:  <head>
03:    <meta charset="utf-8">
04:    <title> 嵌入样式表单 </title>
05:    <style type="text/css">
06:      h1 {font-family: 标楷体 ; font-size:30px; color:blue}
07:    </style>
08:  </head>
09:  <body>
10:    <h1> 欢迎光临！ </h1>
11:  </body>
12:</html>
```

<\Ch07\style.html>

由于第 05~07 行所嵌入的 CSS 样式表单指明要套用在<h1>元素，因此，第 10 行的"欢迎光临！"等文字将会套用该样式规则，即字体为标楷体、文字大小为 30 像素、文字颜色为蓝色，浏览结果如下图。

若是在第 06 行的后面加上另一个样式规则 body{background:#eeffff}，那么网页主体的背景颜色将会变成#eeffcc，浏览结果如下图。

# 7-9 网页自动导向

若要令网页在指定时间内自动导向到其他网页，可以在<head>元素里面加上如下程序语句。

```
<meta http-equiv="refresh" content="秒数;url=欲链接的网址">
```

下面举一个例子。

```
<html>
  <head>
    <meta charset="utf-8">
    <title>示范网页自动导向</title>
                                        指定在 5 秒钟后自动导向到此网址
                                                │
    <meta http-equiv="refresh" content="5;url=http://www.warnermusic.com.tw/artist/jolin">
  </head>
  <body>
    <p>此网页将于 5 秒钟后自动导向到 Jolin 的网站</p></body>
</html>
```

<\Ch07\redirect.html>

① 开启此网页；② 5 秒钟后自动导向到 Jolin 的网站

# 学习评价

## 一、选择题

（　　）1. 下列哪一个不是 HTML 5 要新增<video>和<audio>元素的理由？

　　A. 提供在网页上嵌入视频与音频的标准方式

　　B. 赋予浏览器原生能力播放视频与音频，不要依赖插件

　　C. 避免占用网页画面的区块导致浏览器无法正确显示网页

　　D. 提升视频与音频文件的下载速度

（　　）2. 我们可以利用<video>元素的哪个属性指定要在视频上加入浏览器内置的控制面板？

　　A. autoplay　　　　B. poster　　　　C. controls　　　　D. loop

（　　）3. 我们可以利用<audio>元素的哪个属性指定要在加载网页的同时将声音预先下载到缓冲区？

　　A. poster　　　　B. controls　　　　C. preload　　　　D. autoplay

（　　）4. 下列哪一个不是视频编解码器？

　　A. MP3　　　　B. H.264　　　　C. Theora　　　　D. VP8

（　　）5. 下列哪个元素可以用来嵌入 Adobe Flash 等插件？

　　A. <source>　　　B. <video>　　　C. <applet>　　　D. <embed>

（　　）6. 我们无法使用<object>元素嵌入下列哪一个？

　　A. Active Controls　　　　　　B. Java Applets

　　C. 视频　　　　　　　　　　　D. CSS 样式表单

（　）7.若要在网页上嵌入 JavaScript 程序代码，可以使用下列哪个元素？

      A. &lt;script&gt;　　　　B. &lt;style&gt;　　　　C. &lt;source&gt;　　　　D. &lt;object&gt;

# 二、练习题

1. 编写一条程序语句在 HTML 文件中嵌入视频文件 turtle.wmv：_____。

2. 编写一条程序语句在 HTML 文件中嵌入视频文件 bird.ogv 并显示播放程序的控制面板：_____。

3. 使用 &lt;meta&gt; 元素编写一条程序语句，令网页在 5 秒钟内自动导向到百度（http://www.baidu.com/）：_____。

4. 编写一个网页，令其背景音乐为本书的在线下载所提供的音频文件\Ch08\love.mid。

5. 编写一个网页，然后加入 ActiveMovie Control，令它播放 Windows 操作系统所提供的视频文件(注：您可以在类似 C:\Users\Public\Videos\Sample Videos 的文件夹内找到视频文件)。

6. 编写一个网页，然后加入第 7-7-1 节所介绍的 JavaScript 程序，并将状态栏跑马灯的文字改成"欢迎光临幸福小站！"，如下图。

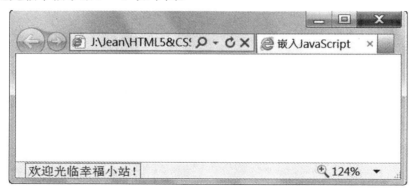

# 第 8 章

## 窗体与后端处理

# 8-1    建立窗体－<form>、<input>元素

窗体（form）可以提供输入接口，让用户输入数据，然后将数据传回 Web 服务器，以做进一步的处理，常见的应用有 Web 搜索、网络票选、在线问卷、会员登录、在线订购等。

举例来说，台铁的网站就是通过窗体提供一套订票系统，用户只要按照画面指示输入身份证号、起站代号、到站代号、车次代号、乘车日期等数据，然后按[开始订票]，便能将数据传回 Web 服务器，以进行订票操作。

窗体的建立包含下列两个部分：

1. 使用<form>和<input>元素编写窗体的接口，例如单行文本框、单选钮、复选框等。
2. 编写窗体的处理程序，也就是窗体的后端处理，例如将窗体数据传送到电子邮件地址、写入文件、写入数据库或进行查询等。

❖    <form>元素

<form>元素用来在 HTML 文件中插入窗体，其属性如下，标记星号（※）者为 HTML 5 新增的属性：

- accept-charset="...": 指定窗体数据的字符编码方式，Web 服务器必须根据指定的字符编码方式处理窗体数据。字符编码方式定义于 RFC2045（超过一个的话，中间以逗号隔开），例如 accept-charset="ISO-8858-1"。
- action="*uri*": 指定窗体处理程序的相对或绝对地址，若要将窗体数据传送到电子邮件地址，可以指定电子邮件地址的 *uri*；若没有指定 action 属性的值，表示使用默认的窗体处理程序，例如：

```
<form method="post" action="handler.php">
<form method="post" action="mailto:jeanchen@mail.lucky.com.tw">
```

- accept="...": 指定 MIME 类型（超过一个的话，中间以逗号隔开），做为 Web 服务器处理窗体数据的根据，例如 accept="image/gif, image/jpeg"。
- enctype="...": 指定将窗体数据传回 Web 服务器所采用的编码方式，默认值为 "application/x-www-form-urlencoded"，若允许上传文件给 Web 服务器，则 enctype 属性的值要指定为"multipart/form-data"；若要将窗体数据传送到电子邮件地址，则 enctype 属性的值要指定为"text/plain"。
- method="{get,post}": 指定窗体数据传送给窗体处理程序的方式，当 method="get"时，窗体数据会被存放在 HTTP GET 变量（$_GET），窗体处理程序可以通过这个变量获取窗体数据；当 method="post"时，窗体数据会被存放在 HTTP POST 变量（$_POST），窗体处理程序可以通过这个变量获取窗体数据；若没有指定 method 属性的值，表示

为默认值 get。

- name="...": 指定窗体的名称（限英文且唯一），此名称不会显示出来，但可以做为后端处理之用，供 Script 或窗体处理程序使用。
- target="...": 指定用来显示窗体处理程序之结果的目标框架。
- autocomplete="{on, off, default}"（※）: 指定是否启用自动完成功能，on 表示启用，off 表示关闭，default 表示继承所属之<form>元素的 autocomplete 属性，而<form>元素的 autocomplete 属性默认为 on，例如下面的程序语句是让用来输入用户名称的单行文本框具有自动完成功能：

```
<p>Username:<input type="text" autocomplete="on"></p>
```

- novalidate（※）: 指定在提交窗体时不要进行验证。
- 第 2-2-1、2-2-2 节所介绍的全局属性和事件属性，其中比较重要的有 onsubmit="..." 用来指定当用户传送窗体时所要执行的 Script，以及 onreset="..."用来指定当用户清除窗体时所要执行的 Script。

❖ **<input>元素**

<input>元素用来在窗体中插入输入字段或按钮，其属性如下，标记星号（※）者为 HTML 5 新增的属性，该元素没有结束标签。

- align="{left, center, right}"（Deprecated）: 指定图片提交按钮的对齐方式（当 type="image"时）。
- accept="..." : 指定提交文件时的 MIME 类型（以逗号隔开），例如<input type="file" accept="image/gif,image/jpeg">。
- checked: 将单选钮或复选框默认为已选取的状态。
- disabled: 取消窗体字段，使窗体数据无法被接受或提交。
- maxlength="$n$": 指定单行文本框、密码字段、搜索字段等窗体字段的最多字符数。
- name="...": 指定窗体字段的名称（限英文且唯一），此名称不会显示出来，但可以做为后端处理之用。
- notab: 不允许用户以按[Tab]键的方式移至窗体字段。
- readonly: 不允许用户变更窗体字段的数据。
- size="$n$": 指定单行文本框、密码字段、搜索字段等窗体字段的宽度（$n$ 为字符数），size 属性和 maxlength 属性的差别在于它并不是指定用户可以输入的字符数，而是指定用户在画面上可以看到的字符数。
- src="$uri$": 指定图片提交按钮的地址（当 type="image"时）。
- type="$state$": 指定窗体字段的输入类型，稍后有完整的说明。
- usemap: 指定浏览器端影像地图所在的文件地址及名称。
- value="...": 指定窗体字段的初始值。

- form="formid"（※）：指定窗体字段隶属于 ID 为 formid 的窗体。
- min="*n*"、max="*n*"、step="*n*"（※）：指定数字输入类型或日期输入类型的最小值、最大值和间隔值。
- required（※）：指定用户必须在窗体字段中输入数据，例如<input type="search" required>是指定用户必须在搜索字段中输入数据，否则浏览器会出现提示文字要求输入。
- multiple（※）：允许用户提交多个文件，例如<input type="file" multiple>，或允许用户输入以逗号分隔的多个电子邮件地址，例如<input type="email" multiple>。
- pattern="..."（※）：针对窗体字段指定进一步的输入格式，例如<input type="tel" pattern="[0-9]{4}(\-[0-9]{6})">是指定输入值必须符合 xxxx-xxxxxx 的格式，而 x 为 0 到 9 的数字。
- autocomplete="{on, off, default}"（※）：指定是否启用自动完成功能，on 表示启用，off 表示关闭，default 表示继承所属之<form>元素的 autocomplete 属性，而<form>元素的 autocomplete 属性默认为 on。
- autofocus（※）：指定在加载网页的当下，令焦点自动移至窗体字段。
- placeholder="..."（※）：指定在窗体字段内显示提示文字，待用户将焦点移至窗体字段，该提示文字会自动消失。
- list（※）：list 属性可以和 HTML 5 新增的<datalist>元素搭配，让用户从预先输入的列表中选择数据或自行输入其他数据。
- 第 2-2-1、2-2-2 节所介绍的全局属性和事件属性，其中比较重要的有 onfocus="..."用来指定当用户将焦点移至窗体字段时所要执行的 Script，onblur="..."用来指定当用户将焦点从窗体字段移开时所要执行的 Script，onchange="..."用来指定当用户修改窗体字段时所要执行的 Script，onselect="..."用来指定当用户在窗体字段选取文字时所要执行的 Script。

最后要说明的是 type="*state*"属性，HTML 4.01 提供了如下表的输入类型。

| HTML 4.01 现有的<br>type 属性值 | 输入类型 | HTML 4.01 现有的<br>type 属性值 | 输入类型 |
|---|---|---|---|
| type="text" | 单行文本框 | type="reset" | 重新输入按钮 |
| type="password" | 密码字段 | type="file" | 上传文件 |
| type="radio" | 单选钮 | type="image" | 图片提交按钮 |
| type="checkbox" | 复选框 | type="hidden" | 隐藏字段 |
| type="submit" | 提交按钮 | type="button" | 一般按钮 |
| type="email" | 电子邮件地址 | type="date" | 日期 |
| type="url" | 网址 | type="time" | 时间 |
| type="search" | 搜索字段 | type="datetime" | UTC 世界标准时间 |
| type="tel" | 电话号码 | type="month" | 月份 |

（续表）

| HTML 4.01 现有的<br>type 属性值 | 输入类型 | HTML 4.01 现有的<br>type 属性值 | 输入类型 |
|---|---|---|---|
| type="number" | 数字 | type="week" | 一年的第几周 |
| type="range" | 指定范围内的数字 | type="datetime-local" | 本地日期时间 |
| type="color" | 颜色 | | |

注：为了维持和旧版浏览器的向下兼容性，type 属性的默认值为"text"，当浏览器不支持 HTML 5 新增的 type 属性值时，就会显示默认的单行文本框。

事实上，HTML 5 除了提供更多的输入类型，更重要的是它会进行数据验证，举例来说，假设我们将 type 属性指定为"email"，那么浏览器会自动验证用户输入的资料是否符合正确的电子邮件地址格式，若不符合，就提示用户重新输入。在浏览器内置数据验证的功能后，我们就不必再处处使用 JavaScript 验证用户输入的数据，不仅省时省力，网页的操作也会更顺畅。

# 8-2　HTML 4.01 现有的输入类型

在本节中，我们将通过如下图的大哥大使用意见调查表，示范如何使用<input>元素在窗体中插入 HTML 4.01 现有的输入类型，同时会示范如何使用<textarea>和<select>元素在窗体中插入多行文本框与下拉菜单，最后还会示范如何进行窗体的后端处理，至于 HTML 5 新增的输入类型，则留到下一节做介绍。

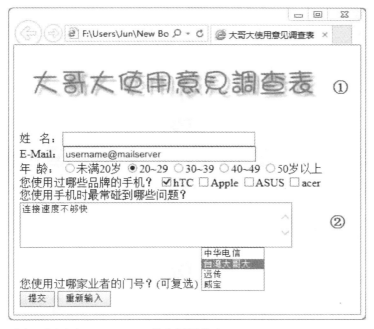

①标题图片为 mobil1.jpg；②背景图片为 mobil0.jpg

## 8-2-1　按钮

建立窗体的首要步骤是使用<form>元素插入窗体，然后是使用<input>元素插入按钮。窗体中通常会有[提交]（submit）和[重新输入]（reset）两个按钮，当用户单击[提交]按钮时，浏览器默认的动作会将用户输入的数据传回 Web 服务器，而当用户单击[重新输入]按钮时，浏览器默认的动作会清除用户输入的资料，令窗体恢复至起始状态。

现在，就来为这个大哥大使用意见调查表插入按钮：

1．在<body>元素里面使用<form>元素插入窗体。

```
<!doctype html>
<html>
  <head>
    <meta charset="utf-8">
    <title> 大哥大使用意见调查表</title>
  </head>
  <body background="mobil0.jpg"> <p><img src="mobil1.jpg">
  </p> <form>
  </form>
  </body>
</html>
```

2．在<form>元素里面使用<input>元素插入[提交]和[重新输入]按钮，type 属性分别为"submit"和"reset"，而 value 属性用来指定按钮的文字。

```
<form>
  <input type="submit" value=" 提交 ">
  <input type="reset" value=" 重新输入 ">
</form>
```

## 8-2-2　单行文本框

"单行文本框"允许用户输入单行的文字，例如姓名、电话、地址、E-mail 等，为这个大哥大使用意见调查表插入单行文本框。

1．插入第一个单行文本框，这次一样是使用<input>元素，不同的是 type 属性为"text"，名称为"UserName"（限英文且唯一），宽度为 40 个字符。

姓    名：<input type="text" name="UserName" size="40"><br>

2．插入第二个单行文本框，名称为"UserMail"（限英文且唯一），宽度为 40 个字符，初始值为"username@mailserver"。

```
<form>
  姓    名：<input type="text" name="UserName" size="40"><br>
  E-Mail：<input type="text" name="UserMail" size="40" value="username@mailserver"><br>
  <input type="submit" value=" 提交 ">
  <input type="reset" value=" 重新输入 ">
</form>
```

## 8-2-3　单选按钮

"单选按钮"就像只允许单选的选择题，通常会使用单选钮列出数个选项，询问用户的性别、年龄层、最高学历等只有一个答案的问题。

我们来为这个大哥大使用意见调查表插入一组包含"未满 20 岁"、"20~29"、"30~39"、"40~49"、"50 岁以上"等五个选项的单选按钮，组名为"UserAge"（限英文且唯一），默认的选项为第二个，每个选项的值为"Age1"、"Age2"、"Age3"、"Age4"、"Age5"（中英文皆可），同一组单选钮的每个选项必须拥有唯一的值，这样在用户单击[提交]按钮，将窗体数据传回Web 服务器后，表单处理程序才能根据传回的组名与值判断哪组单选钮的哪个选项被选取。

```
<form>
    姓     名：<input type="text" name="UserName" size="40"><br>
    E-Mail：<input type="text" name="UserMail" size="40" value="username@mailserver"><br>
    年    龄：
    <input type="radio" name="UserAge" value="Age1"> 未满 20 岁
    <input type="radio" name="UserAge" value="Age2" checked>20~29
    <input type="radio" name="UserAge" value="Age3">30~39
    <input type="radio" name="UserAge" value="Age4">40~49
    <input type="radio" name="UserAge" value="Age5">50 岁以上 <br>
    <input type="submit" value=" 提交 ">
    <input type="reset" value=" 重新输入 ">
</form>
```

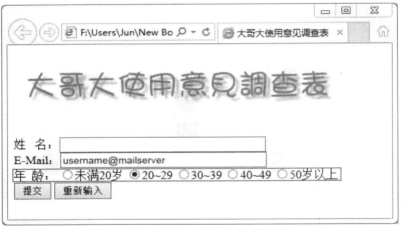

## 8-2-4 复选框

"复选框"就像允许复选的选择题，通常会使用复选框列出数个选项，询问用户喜欢从事哪几类的活动、使用哪些品牌的手机等可以复选的问题。

我们来为这个大哥大使用意见调查表插入一组包含"HTC"、"Apple"、"ASUS"、"acer"等四个选项的复选框，名称为"UserPhone[]"（限英文且唯一），其中第一个选项"HTC"的初始状态为已核取，要注意将群组方块的名称设置为数组，目的是为了方便窗体处理程序判断哪些选项被核取了。

```
<form>
    姓     名：<input type="text" name="UserName" size="40"><br>
    E-Mail：<input type="text" name="UserMail" size="40" value="username@mailserver"><br>
    ...
    您使用过哪些品牌的手机?
    <input type="checkbox" name="UserPhone[]" value="hTC" checked>hTC
```

```
<input type="checkbox" name="UserPhone[]" value="Apple">Apple
<input type="checkbox" name="UserPhone[]" value="ASUS">ASUS
<input type="checkbox" name="UserPhone[]" value="acer">acer<br>
<input type="submit" value=" 提交 ">
<input type="reset" value=" 重新输入 ">
</form>
```

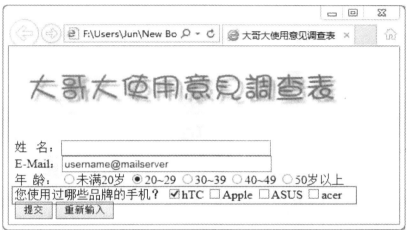

## 8-2-5　多行文本框

"多行文本框"允许用户输入多行的文字语句，例如意见、自我介绍等。可以使用
<textarea>元素在窗体中插入多行文本框，其属性如下，标记星号（※）者为 HTML 5 新增的
属性：

- cols="n"：指定多行文本框的宽度（n 表示字符数）。
- disabled：取消多行文本框，使之无法存取。
- name="..."：指定多行文本框的名称（限英文且唯一），此名称不会显示出来，但可以
  做为后端处理之用。
- readonly：不允许用户变更多行文本框的资料。
- rows="*n*"：指定多行文本框的高度（*n* 表示行数）。
- form="*formid*"（※）：指定多行文本框隶属于 ID 为 *formid* 的窗体。
- required（※）：指定用户必须在多行文本框中输入资料。
- autofocus（※）：指定在加载网页的当下，令焦点自动移至多行文本框。
- placeholder="..."（※）：指定在多行文本框内显示提示文字，等到用户将焦点移至多
  行文本框，该提示文字会自动消失。
- 第 2-2-1、2-2-2 节所介绍的全局属性和事件属性，其中比较重要的有 onfocus="..."用
  来指定当用户将焦点移至窗体字段时所要执行的 Script，onblur="..."用来指定当用户
  将焦点从窗体字段移开时所要执行的 Script，onchange="..."用来指定当用户修改窗体

字段时所要执行的 Script，onselect="..."用来指定当用户在窗体字段选取文字时所要执行的 Script。

在默认的情况下，多行文本框是呈现空白不显示任何资料，若要在多行文字方块显示默认的资料，可以将资料放在&lt;textarea&gt;元素里面。

我们来为这个大哥大使用意见调查表插入一个多行文本框，询问使用手机时最常碰到哪些问题，其名称为 UserTrouble、宽度为 45 个字符、高度为 4 行、初始值为"连接速度不够快"。

```
<form>
  姓     名： <input type="text" name="UserName" size="40"><br>
  E-Mail： <input type="text" name="UserMail" size="40" value="username@mailserver"><br>
  ...
  您使用过哪些品牌的手机？
  <input type="checkbox" name="UserPhone[]" value="hTC" checked>hTC
  <input type="checkbox" name="UserPhone[]" value="Apple">Apple
  <input type="checkbox" name="UserPhone[]" value="ASUS">ASUS
  <input type="checkbox" name="UserPhone[]" value="acer">acer<br>
  您使用手机时最常碰到哪些问题？  <br>
  <textarea name="UserTrouble" cols="45" rows="4"> 连接速度不够快 </textarea><br>
  <input type="submit" value=" 提交 ">
  <input type="reset" value=" 重新输入 ">
</form>
```

## 8-2-6　下拉菜单

"下拉菜单"允许用户从下拉式列表中选择项目，例如兴趣、学历、行政地区等，可以使用<select>元素搭配<option>元素在窗体中插入下拉式菜单，其属性如下。

- multiple：指定用户可以在下拉菜单中选取多个项目。
- name="..."：指定下拉菜单的名称（限英文且唯一），此名称不会显示出来，但可以做为后端处理之用。
- readonly：不允许用户变更下拉菜单的项目。
- size="*n*"：指定下拉菜单的高度。
- form="*formid*"（※）：指定下拉菜单隶属于 ID 为 *formid* 的窗体。
- required（※）：指定用户必须在下拉菜单中选择项目。
- autofocus（※）：指定在加载网页的当下，令焦点自动移至多行文本框。
- 第 2-2-1、2-2-2 节所介绍的全局属性和事件属性，其中比较重要的有 onfocus="..."、onblur="..."、onchange="..."、onselect="..."。

<option>元素是放在<select>元素里面，用来指定下拉菜单的项目，其属性如下，该元素没有结束标签。

- disabled：取消下拉菜单的项目，使之无法存取。
- selected：指定预先选取的项目。
- value = "..."：指定下拉菜单项目的值（中英文皆可），在用户单击[提交]按钮后，被选取之下拉菜单项目的值会传回 Web 服务器，若没有指定 value 属性，那么下拉菜单项目的数据会传回 Web 服务器。
- 第 2-2-1、2-2-2 节所介绍的全局属性和事件属性。

我们来为这个大哥大使用意见调查表插入一个下拉菜单（名称为 UserNumber[]、高度为 4、允许复选），里面有四个选项，其中"台湾大哥大"为预先选取的选项，要注意的是将下拉菜单的名称设置为数组，目的是为了方便窗体处理程序判断哪些选项被选取。

```
<form>
    ...
    您使用过哪家业者的门号？（可复选）
<select name="UserNumber[]" size="4" multiple>
    <option value=" 中华电信 "> 中华电信
    <option value=" 台湾大哥大 " selected> 台湾大哥大
    <option value=" 远传 "> 远传 <option value=" 威宝 "> 威宝
    </select><br>
<input type="submit" value=" 提交 ">
<input type="reset" value=" 重新输入 ">
```

```
</form>
```

这个网页的制作到此暂告一段落，由于我们尚未自定义窗体处理程序，因此，若您在浏览器的网址栏输入http://localhost/Ch08/phone.html并按[Enter]键，然后填好窗体资料，再按[提交]，窗体资料将会被传回Web服务器。请注意，这个网页必须在Web服务器上执行，窗体处理程序才能正常运转。

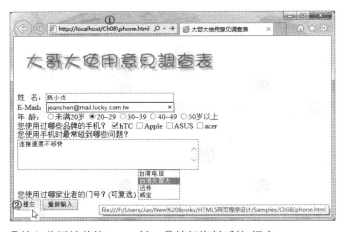

①输入此网址并按[Enter]键；②填好资料后按[提交]

至于窗体数据是以何种形式传回 Web 服务器呢？在您单击[提交]后，网址栏会出现如下信息，从 http://localhost/Ch08/phone.html 后面的问号开始就是窗体资料，第一个字段的名称为 UserName，虽然我们输入"陈小贞"，但由于将窗体数据传回 Web 服务器所采用的编码方式默认为"application/x-www-form-urlencoded"，故"陈小贞"会变成%E9%99%B3%E5%B0%8F%E8%B2%9E；接下来是&符号，这表示下一个字段的开始；同理，下一个&符号的后面又是另一个字段的开始。

http://localhost/Ch08/phone.html?UserName=%E9%99%B3%E5%B0%8F%E8%B2%9E&U
serMail=jeanchen@mail.lucky.com.tw&UserAge=Age2&UserPhone%5B%5D=hTC&Use
rPhone%5B%5D=Apple&UserTrouble=%E9%80%A3%E7%B7%9A%E9%80%9F%E5%BA%A6%E4%
B8%8D%E5%A4%A0%E5%BF%AB&UserNumber%5B%5D=%E4%B8%AD%E8%8F%AF%E9%9B%BB%E4
%BF%A1&UserNumber%5B%5D=%E5%8F%B0%E7%81%A3%E5%A4%A7%E5%93%A5%E5%A4%A7

```
<!doctype html>
<html>
  <head>
    <meta charset="utf-8">
    <title> 大哥大使用意见调查表</title>
  </head>
  <body background="mobil0.jpg">
    <p><img src="mobil1.jpg"></p>
    <form>
      姓     名：<input type="text" name="UserName" size="40"><br>
      E-Mail：<input type="text" name="UserMail" size="40" value="username@mailserver"><br>
      年    龄：
      <input type="radio" name="UserAge" value="Age1"> 未满 20 岁
      <input type="radio" name="UserAge" value="Age2" checked>20~29
      <input type="radio" name="UserAge" value="Age3">30~39
      <input type="radio" name="UserAge" value="Age4">40~49
      <input type="radio" name="UserAge" value="Age5">50 岁以上 <br>
      您使用过哪些品牌的手机？
      <input type="checkbox" name="UserPhone[]" value="hTC" checked>hTC
      <input type="checkbox" name="UserPhone[]" value="Apple">Apple
      <input type="checkbox" name="UserPhone[]" value="ASUS">ASUS
      <input type="checkbox" name="UserPhone[]" value="acer">acer<br>
      您使用手机时最常碰到哪些问题？ <br>
      <textarea name="UserTrouble" cols="45" rows="4"> 连接速度不够快</textarea><br>
      您使用过哪家业者的门号？（可复选）
      <select name="UserNumber[]" size="4" multiple> <option value=" 中华电信 "> 中华电信
        <option value=" 台湾大哥大 " selected> 台湾大哥大
        <option value=" 远传 "> 远传
        <option value=" 威宝 ">威宝
      </select><br>
      <input type="submit" value=" 提交 ">
      <input type="reset" value=" 重新输入 ">
    </form>
  </body>
</html>
```

　　　　<\Ch08\phone.html>

## 8-2-7　窗体的后端处理

我们知道，在用户输入窗体数据并单击[提交]按钮后，窗体数据会传回 Web 服务器，至于窗体数据的传回方式则取决于<form>元素的 method 属性，当 method="get"时，窗体数据会被存放在 HTTP GET 变量（$_GET），窗体处理程序可以通过这个变量获取窗体数据；当 method="post"时，窗体数据会被存放在 HTTP POST 变量（$_POST），窗体处理程序可以通过这个变量获取窗体数据；若没有指定 method 属性的值，表示为默认值 get。

get 和 post 最大的差别在于 get 所能传送的字符长度不得超过 255 个字符，而且在传送密码字段时，post 会将用户输入的密码加以编码，而 get 不会将用户输入的密码加以编码，从这种角度来看，post 的安全性是比 get 高。

此外，若使用了<form>元素的 action 属性指定窗体处理程序，那么表单数据不仅会传回 Web 服务器，也会传送给窗体处理程序，以做进一步的处理，例如将窗体数据以 E-mail 形式传送给指定的收件人、将窗体数据写入或查询数据库、将窗体数据张贴在留言簿或聊天室等。

事实上，建立窗体的输入接口并不难，难的在于编写窗体处理程序，目前窗体处理程序有 PHP、ASP/ASP.NET、JSP、CGI 等服务器端 Scripts。

在本节中，我们会先告诉您如何将窗体数据以 E-mail 形式传送给指定的收件人，之后再示范如何通过简单的 PHP 程序读取窗体数据并制作成确认网页。

❖　**将窗体数据以 E-mail 形式传送给指定的收件人**

若要将窗体数据以 E-mail 形式传送给指定的收件人，可以使用<form>元素的 action 属性指定收件人的电子邮件地址，举例来说，可以将<\Ch08\phone.html>第 9 行的<form>元素改写成如下，那么在用户填好窗体并单击[提交]按钮后，就会将窗体数据传送到 jeanchen@mail.lucky.com.tw，之后只要启动电子邮件程序接收新邮件，便能获取窗体数据。

```
<form method="post" action="mailto:jeanchen@mail.lucky.com.tw">
```

❖　**读取窗体数据并制作成确认网页**

为了让用户知道其所输入的窗体数据已经成功传回 Web 服务器，通常会在用户点选[提交]按钮后显示确认网页，举例来说，我们可以将<\Ch08\phone.html>第 9 行的<form>元素改写成如下，指定确认网页为<\Ch08\confirm.php>，然后另存新文件为<\Ch08\phone2.html>：

```
<form method="post" action="confirm.php">
```

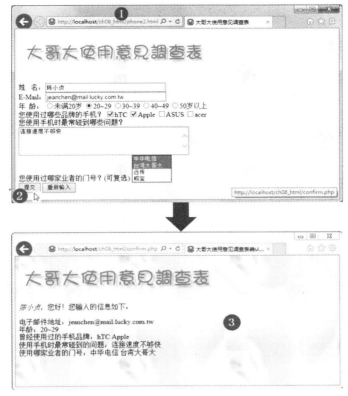

①输入此网址后按[Enter]键（这个网页必须在 Web 服务器上执行）；

②填好窗体后按[提交]；③出现确认网页

　　我们先把确认网页<\Ch08\confirm.php>的程序代码列出来，再来做说明，其中比较关键的是使用 PHP 读取各种窗体字段，由于此例涉及 PHP 的语法，可以稍微翻阅一下。有兴趣进一步学习 PHP 的读者，可以参考《PHP&MySQL 跨设备网站开发实例精粹》一书。

```
01:<!doctype html>
02:<html>
03:  <head>
04:    <meta charset="utf-8">
05:    <title> 大哥大使用意见调查表确认网页 </title>
06:  </head>
07:  <body background="free0.gif">
08:    <p><img src="free1.jpg"></p>
09:    <?php
10:     $Name = $_POST["UserName"];       // 读取第一个单行文本框的数据
11:     $Mail = $_POST["UserMail"];       // 读取第二个单行文本框的数据
12:     switch($_POST["UserAge"])         // 读取在单选钮中选取的选项
13:     {
```

```
14:        case "Age1":
15:          $Age = " 未满 20 岁 ";
16:        break;
17:          case "Age2":
18:        $Age = "20~29";
19:          break;
20:        case "Age3":
21:          $Age = "30~39";
22:        break;
23:          case "Age4":
24:        $Age = "40~49";
25:          break;
26:        case "Age5":
27:          $Age = "50 岁以上 ";
28:    }
29:    $Phone = $_POST["UserPhone"];     // 读取在复选框中核取的选项
30:    $Trouble = $_POST["UserTrouble"]; // 读取多行文本框的数据
31:    $Number = $_POST["UserNumber"];      // 读取在下拉菜单中选取的选项
32:    ?>
33:    <p><i><?php echo $Name; ?></i>，您好！您输入的信息如下：</p>
34:    电子邮件地址：<?php echo $Mail; ?><br>
35:    年龄：<?php echo $Age; ?><br>
36:    曾经使用过的手机品牌：<?php foreach($Phone as $Value）echo $Value.' '; ?><br>
37:    使用手机时最常碰到的问题：<?php echo $Trouble; ?><br>
38:    使用哪家业者的门号：<?php foreach($Number as $Value）echo $Value.' '; ?>
39:  </body>
40:</html>
```

<\Ch08\confirm.php>（下页续 1/2）

- 第 10 行：通过 HTTP POST 变量（$_POST），获取用户在名称为"UserName"的单行文本框内所输入的数据，然后赋值给变量 Name。
- 第 11 行：通过 HTTP POST 变量（$_POST），获取用户在名称为"UserMail"的单行文本框内所输入的数据，然后赋值给变量 Mail。
- 第 12~28 行：通过 HTTP POST 变量（$_POST）和 switch 判断结构，获取用户在名称为"UserAge"的单选钮中所选取的选项（单选），然后赋值给变量 Age。
- 第 29 行：通过 HTTP POST 变量（$_POST），获取用户在名称为"UserPhone"的复选框中所核取的选项（可复选），然后赋值给变量 Phone。请注意，由于 UserPhone 是一个数组，所以变量 Phone 的值也会是一个数组。
- 第 30 行：通过 HTTP POST 变量（$_POST），获取用户在名称为"UserTrouble"的多行文本框内所输入的数据，然后赋值给变量 Trouble。

- 第 31 行：通过 HTTP POST 变量（$_POST），获取用户在名称为"UserNumber"的下拉菜单中所选取的选项（可复选），然后赋值给变量 Number。请注意，由于 UserNumber 是一个数组，所以变量 Number 的值也会是一个数组。

- 第 33 行：这行程序语句里面穿插了 PHP 程序代码<?php echo $Name; ?>，目的是显示变量 Name 的值，也就是用户在名称为"UserName"的单行文本框内所输入的数据（例如"陈小贞"）。

- 第 34 行：这行程序语句里面穿插了 PHP 程序代码<?php echo $Mail; ?>，目的是显示变量 Mail 的值，也就是用户在名称为"UserMail"的单行文本框内所输入的数据（例如 jeanchen@mail.lucky.com.tw）。

- 第 35 行：这行程序语句里面穿插了 PHP 程序代码<?php echo $Age; ?>，目的是显示变量 Age 的值，也就是用户在名称为"UserAge"的单选钮中所选取的选项（单选）（例如"20~29"）。

- 第 36 行：这行程序语句里面穿插了 PHP 程序代码<?php foreach($Phone as $Value)echo $Value.' '; ?>，目的是显示变量 Phone 的值，也就是用户在名称为"UserPhone"的复选框中所核取的选项（可复选）。请注意，由于变量 Phone 的值是一个数组，所以我们使用 foreach 循环来显示数组的每个元素（例如"hTC"、"Apple"）。

- 第 37 行：这行程序语句里面穿插了 PHP 程序代码<?php echo $Trouble; ?>，目的是显示变量 Trouble 的值，也就是用户在名称为"UserTrouble"的多行文本框内所输入的数据（例如"连接速度不够快"）。

- 第 38 行：这行程序语句里面穿插了 PHP 程序代码<?php foreach($Number as $Value)echo $Value.' '; ?>，目的是显示变量 Number 的值，也就是用户在名称为"UserNumber"的下拉菜单中所选取的选项（可复选）。请注意，由于变量 Number 的值是一个数组，所以使用 foreach 循环来显示数组的每个元素（例如"中华电信"、"台湾大哥大"）。

## 8-2-8　密码字段

"密码字段"和单行文本框非常相似，只是用户输入的数据不会显示出来，而是显示成星号或圆点，以做为保密之用，下面举一个例子。

```
<!doctype html>
<html>
  <head>
    <meta charset="utf-8">
    <title> 示范密码字段 </title>
  </head>
  <body>
    <form>
      请输入密码： <input type="password" name="UserPWD" size="10">
```

```
      <input type="submit" value=" 提交 ">
      <input type="reset" value=" 重新输入 ">
    </form>
  </body>
</html>
```

<\Ch08\pwd.html>

## 8-2-9  隐藏字段

"隐藏字段"是在窗体中看不见，但值（value）仍会传回 Web 服务器的窗体字段，它可以用来传送不需要用户输入但却需要传回 Web 服务器的数据。举例来说，假设我们想在传回大哥大使用意见调查表的同时，传回调查表的作者名称，但不希望将作者名称显示在窗体中，那么可以在<\Ch08\phone.html>的<form>元素里面加入如下程序语句，这么一来，在用户点选 [提交]按钮后，隐藏字段的值（value）就会随着窗体数据一并传回 Web 服务器：

```
<input type="hidden" name="Author" value="JeanChen">
```

## 8-2-10  上传文件字段

上传文件字段可以用来上传文件到 Web 服务器，下面举一个例子，请注意，窗体的编码方式必须指定为"multipart/form-data"，而且要编写窗体处理程序接收上传到 Web 服务器的文件，以做进一步的处理。此外，除了上传单一文件，也可以上传多个文件，只要在<input type="file">元素加上 multiple 属性即可。

```
<!doctype html>
<html>
  <head>
    <meta charset="utf-8">
    <title> 示范上传文件字段 </title>
  </head>
  <body>
```

```
<form method="post" action="handler.php" enctype="multipart/form-data">
    <input type="file" name="myfile" size="50"><br><br>
    <input type="submit" value=" 上传 ">
    <input type="reset" value=" 重新设置 ">
  </form>
  </body>
</html>
```

<\Ch08\upload.html>

这个例子的浏览结果如下图，若要顺利上传文件到 Web 服务器，那么必须在 Web 服务器上执行，同时还要确定 Web 服务器是否启用该功能。有关如何编写窗体处理程序，以及启用 Web 服务器的上传文件功能，可以参考《PHP&MySQL 跨设备网站开发实例精粹》一书。

❶单击[浏览]；❷选取文件；❸单击[开启旧档]；❹出现被选取的文件；❺确定要上传的话，可以单击此按钮

# 8-3　HTML 5 新增的输入类型

## 8-3-1　email 类型

若想要求用户输入电子邮件地址，可以将<input>元素的 type 属性指定为"email"。下面举一个例子，由于 Internet Explorer 9 并没有提供该属性值的实现，因此，改用 Opera 12 来浏览这个网页，当输入的数据不符合正确的电子邮件地址格式时，Opera 会出现如下图的提示文字要求用户重新输入。

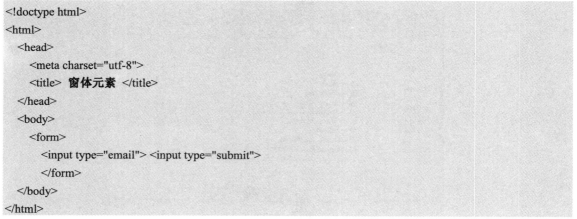

```
<!doctype html>
<html>
  <head>
    <meta charset="utf-8">
    <title> 窗体元素 </title>
  </head>
  <body>
    <form>
      <input type="email"> <input type="submit">
      </form>
  </body>
</html>
```

<\Ch08\form1.html>

下列几个注意事项要提醒：

- 不同的浏览器对于新的输入类型可能有不同的显示方式，报告错误的方式也不尽相同。
- email 输入类型只能验证用户输入的数据是否符合正确的电子邮件地址格式，但无法检查该地址是否存在。
- 若要允许用户输入以逗号分隔的多个电子邮件地址，例如 jean@hotmail.com, jerry@hotmail.com，可以加入 multiple 属性，例如：

```
<input type="email" multiple>
```

- 若用户没有输入数据就直接按下[送出]，浏览器并不会出现提示文字要求用户重新输入，除非是加入 required 属性，例如:

```
<input type="email" required>
```

这么一来，当用户直接按下[送出]时，Opera 会出现如下图的提示文字要求用户务必输入数据。

## 8-3-2　url 类型

若想要求用户输入网址，可以将<input>元素的 type 属性指定为"url"。下面举一个例子 <\Ch08\form2.html>，同样的，不同的浏览器对于新的输入类型可能有不同的显示方式，报告错误的方式也不尽相同，比方说，当用户输入的网址前面没有加上 http://时，Opera 会自动加上去，要注意的是 url 输入类型同样无法验证用户输入的网址是否存在。

```
<form>
  <input type="url">
  <input type="submit">
</form>
```

## 8-3-3　search 类型

若想要求用户输入搜索字符串，可以将<input>元素的 type 属性指定为"search"，例如：

```
<input type="search">
```

事实上，search 输入类型的用途和 text 输入类型差不多，差别在于字段外观可能不同，视浏览器的具体实现而定。

下面举一个例子<\Ch08\form3.html>，从浏览结果可以看到，Opera 对于 search 输入类型和 text 输入类型的字段外观是相同的，都是单行文本框的视觉效果。

①text 输入类型；②search 输入类型

## 8-3-4　tel 类型

理论上，若想要求用户输入电话号码，可以将<input>元素的 type 属性指定为"tel"，例如：

```
<input type="tel">
```

然而事实上，tel 输入类型却很难验证用户输入的电话号码是否有效，因为不同国家或不同地区的电话号码格式不尽相同。

Opera 对于 tel 输入类型和 text 输入类型的字段外观是相同的，都是单行文字方块的视觉效果，就和上图的浏览结果一样。我们期望在未来，浏览器可以针对 tel 输入类型提供类似电话按键的画面，让用户通过选择数字键的方式来输入电话号码。

## 8-3-5　number 类型

若想要求用户输入数字，可以将<input>元素的 type 属性指定为"number"。下面举一个例子<\Ch08\form4.html>，它除了使用 number 输入类型，还另外搭配下列三个属性，限制用户输入 0~10 之间的数字，而且每单击向上钮或向下钮，所递增或递减的间隔值为 2：

- min：指定该字段的最小值（必须为有效的浮点数，换句话说，负数或小数亦可，不限正整数）。
- max：指定该字段的最大值（必须为有效的浮点数）。
- step：指定每单击该字段的向上钮或向下钮，所递增或递减的间隔值（必须为有效的浮点数），若没有指定间隔值，表示为默认值 1。

```
<form>
    <input type="number" min="0" max="10" step="2">
    <input type="submit">
</form>
```

## 8-3-6　range 类型

若想要求用户通过类似滑杆的接口输入指定范围内的数字，可以将<input>元素的 type 属性指定为"range"。下面举一个例子<\Ch08\form5.html>，它除了使用 range 输入类型，还另外搭配 min、max、step 等三个属性，指定最小值、最大值及间隔值为 0、12、2，若没有指定，那么最小值默认为 0，最大值默认为 100，间隔值默认为 1。

```
<form>
    <input type="range" min="0" max="12" step="2">
```

```
    <input type="submit">
</form>
```

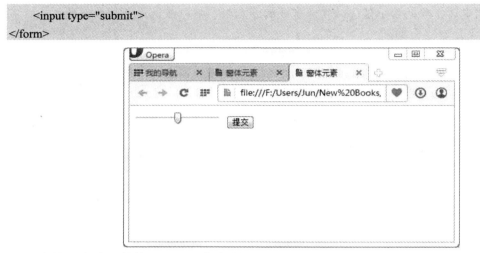

此外，在默认的情况下，滑杆指针指向的值是中间值，如上图，若要指定指针的初始值，可以使用 value 属性，例如下图是加上 value="2"的浏览结果。

## 8-3-7　color 类型

若想要求用户通过类似调色盘的接口输入颜色，可以将<input>元素的 type 属性指定为"color"，下面举一个例子<\Ch08\form6.html>。

```
<form>
    <input type="color">
    <input type="submit">
</form>
```

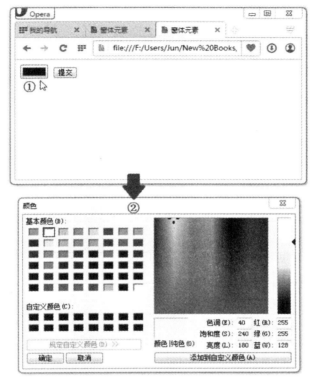

①点击颜色选择；②出现颜色对话框让用户选择颜色

## 8-3-8　日期时间类型（date、time、datetime、month、week、datetime-local）

为了方便用户输入日期时间，<input>元素的 type 属性还新增了下列值：

- date：通过<input type="date">的程序语句，就能在网页上提供类似如下的接口让用户输入日期，而不必担心日期的格式是否正确。

- time：通过<input type="time">的程序语句，就能在网页上提供类似如下的接口让用户输入时间，而不必担心时间的格式是否正确。

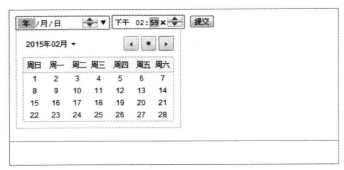

- datetime：通过<input type="datetime">的程序语句，就能在网页上提供类似如下的接口让用户输入 UTC（Universal Time Coordinate）世界标准时间。

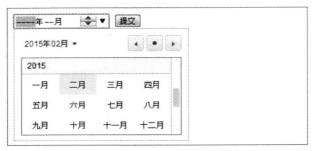

- month：通过<input type="month">的程序语句，就能在网页上提供类似如下的接口让用户输入月份。

- week：通过<input type="week">的程序语句，就能在网页上提供类似如下的界面让用户输入第几周。

- datetime-local：通过<input type="datetime-local">的程序语句，就能在网页上提供类似如下的界面让用户输入本地的日期时间。

# 8-4　标签文字——\<label>元素

有些窗体字段会有默认的标签文字,例如\<input type="submit">在 IE 浏览时会有默认的标签文字为"送出查询",而同样的程序语句在 Opera 浏览时会有默认的标签文字为"提交"或"送出",不过,多数的窗体字段其实并没有标签文字,此时可以使用\<label>元素来指定,其属性如下所列。

- for="*fieldid*":指定标签文字是与 ID 为 *fieldid* 的窗体字段产生关联。
- form="*formid*"(※):指定\<label>元素隶属于 ID 为 *formid* 的窗体。
- 第 2-2-1、2-2-2 节所介绍的全局属性和事件属性。

下面举一个例子,它会利用\<label>元素指定与单行文本框、数字字段关联的标签文字,至于紧跟在后的按钮则是采用默认的标签文字。

```
<form>
    <label for="username"> 姓名：</label>
    <input type="text" id="username"><br>
    <label for="userage"> 年龄：</label>
    <input type="number" id="userage" min="0"><br>
    <input type="submit">
    <input type="reset">
</form>
```

\<\Ch08\label.html>

# 8-5　将窗体字段框起来——<fieldset>、<legend>元素

<fieldset>元素用来将指定的窗体字段框起来，其属性如下所列。

- disabled（※）：取消<fieldset>元素所框起来的窗体字段，使之无法存取。
- name="..."（※）：指定<fieldset>元素的名称（限英文且唯一）。
- form="*formid*"（※）：指定<fieldset>元素隶属于 ID 为 *formid* 的窗体。
- 第 2-2-1、2-2-2 节所介绍的全局属性和事件属性。

<legend>元素用来在方框左上方加上说明文字，其属性如下：

- align="{top,bottom,left,right}"（Deprecated）：指定说明文字的位置。
- 第 2-2-1、2-2-2 节所介绍的全局属性和事件属性。

下面举一个例子。

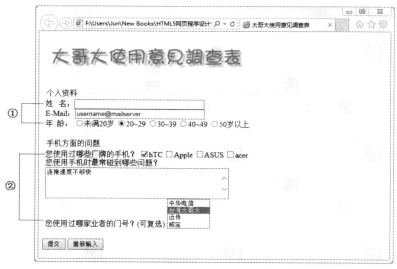

①将这三个窗体字段框起来并加上说明文字；②将这三个窗体字段框起来并加上说明文字

```
<form>
  <fieldset>
    <legend> 个人资料 </legend>
    姓     名：<input type="text" name="UserName" size="40"><br>
    E-Mail：<input type="text" name="UserMail" size="40" value="username@mailserver"><br>
    年    龄：
    <input type="radio" name="UserAge" value="Age1"> 未满 20 岁
    <input type="radio" name="UserAge" value="Age2" checked>20~29
    <input type="radio" name="UserAge" value="Age3">30~39
    <input type="radio" name="UserAge" value="Age4">40~49
    <input type="radio" name="UserAge" value="Age5">50 岁以上 <br>
  </fieldset><br>
  <fieldset>
    <legend> 手机方 的问题 </legend>
    您使用过哪些品牌的手机？
    <input type="checkbox" name="UserPhone[]" value="hTC" checked>hTC
    <input type="checkbox" name="UserPhone[]" value="Apple">Apple
    <input type="checkbox" name="UserPhone[]" value="ASUS">ASUS
    <input type="checkbox" name="UserPhone[]" value="acer">acer<br>
    您使用手机时最常碰到哪些问题？ <br>
    <textarea name="UserTrouble" cols="45" rows="4"> 连接速度不够快 </textarea><br>
    您使用过哪家业者的门号？ （可复选）
    ...
  </fieldset><br>
  <input type="submit" value=" 提交 ">
  <input type="reset" value=" 重新输入 ">
</form>
```

\<Ch08\phone3.html>

ⓐ 在此指定第一个方框的说明文字； ⓑ 在此指定第二个方框的说明文字

原则上，在想好要将哪几个窗体字段框起来后，只要将这几个窗体字段的程序语句放在
<fieldset>元素里面即可。另外要注意的是<legend>元素必须放在<fieldset>元素里面，而且
<legend>元素里面的文字会出现在方框的左上角，做为说明文字。

# 8-6　其他新增的窗体元素

HTML 5 除了支持现有的<form>、<fieldset>、<legend>、<input>、<select>、<option>、
<textarea>等窗体元素，还新增了<output>、<progress>、<meter>、<keygen>、<optgroup>等窗

185

体元素，以下各小节有进一步的说明。

## 8-6-1 &lt;output&gt;元素

&lt;output&gt;元素用来显示计算结果或处理结果，下面举一个例子&lt;\Ch08\form11.html&gt;，改编自 HTML 5 规格书的范例程序，当用户在前两个字段输入数值时，就会在第三个字段显示两数相加的结果。

请注意&lt;form&gt;元素里面的 oninput 属性，这是指定当窗体发生 input 事件时（即用户改变窗体字段的值），就把&lt;output&gt;元素的值设置为前两个字段的数值总和。

```
<form onsubmit="return false" oninput="sum.value = num1.valueAsNumber + num2.valueAsNumber">
    <input name="num1" type="number" step="any"> +
    <input name="num2" type="number" step="any"> =
    <output name="sum"></output>
</form>
```

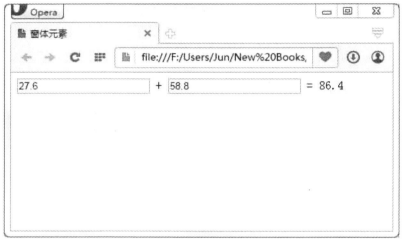

## 8-6-2 &lt;progress&gt;元素

&lt;progress&gt;元素用来显示进度条，代表某个工作的完成进度，例如文件下载进度，下面举一个例子，它会每隔 0.5 秒就多填满 10%，直到填满整个进度条，由于这个元素较新，所以不是每个浏览器都提供了具体实现方法。

```
01: <!doctype html>
02:<html>
03:   <head>
04:     <meta charset="utf-8">
05:     <title> 窗体元素 </title>
```

```
06:    </head>
07:    <body>
08:        <p> 文件下载进度： <progress id="pb" max="100"><span>0</span>%</progress></p>
09:        <script>
10:          var progressBar = document.getElementById('pb');
11:          var i = 10;
12:          function updateProgress(newValue）{
13:            progressBar.value = newValue;
14:            progressBar.getElementsByTagName('span')[0].innerText = newValue;
15:          }
16:
17:          function showProgress(){
18:          if（i <= 100）{
19:              updateProgress(i);
20:              i += 10;
21:          }
22:          else clearInterval();
23:          }
24:
25:          window.setInterval("showProgress();", 500);
26:        </script>
27:    </body>
28:</html>
```

<\Ch08\form12.html>

- 第 08 行：使用<progress>元素在网页上插入进度条，不过，并不是所有浏览器均支持该元素，例如 IE 9 就不支持，因而在这行程序语句里面加入<span>0</span>%，如此一来，就算碰到这种情况，还能以百分比数字显示进度。
- 第 12~15 行：定义 updateProgress()函数，用来将进度条的值更新为参数所指定的值，其中第 14 行是通过 innerText 属性更新<span>元素的内容，该元素的初始值是由第 08 行设置为 0（注：IE、FireFox 分别支持 innerText 和 textContent 属性以获取元素的内容，而 Safari、Chrome、Opera 则均支持）。
- 第 17~23 行：定义 showProgress()函数，每被调用一次，就会令进度条多填满 10%，直到 100%，然后调用 clearInterval()函数清除定时器的设置。
- 第 25 行：调用 setInterval()函数启动定时器，每隔 500 毫秒（即 0.5 秒）调用一次 showProgress()函数。

这个例子的浏览结果如下图。

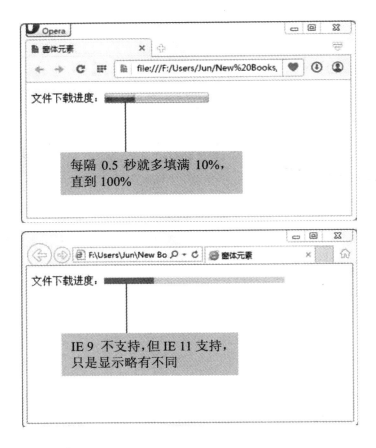

## 8-6-3 &lt;meter&gt;元素

&lt;meter&gt;元素用来显示某个范围内的比例或量标，例如磁盘的使用率、候选人的得票率等，下面举一个例子。

```
<!doctype html>
<html>
  <head>
    <meta charset="utf-8">
    <title> 窗体元素 </title>
  </head>
  <body>
                                标签之间的百分比数字可以让不
                                支持 <meter> 元素的浏览器显示

      <p> 王大明得票率： <meter min="0" max="100" value="12">12%</meter></p>
      <p> 孙小美得票率： <meter min="0" max="100" value="75">75%</meter></p>

  </body>
</html>
```

\Ch08\form13.html>

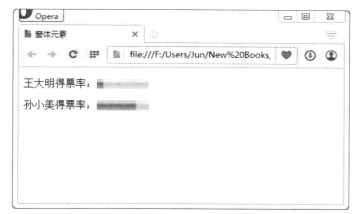

除了表示最小值、最大值、当前值的 min、max、value 属性之外，<meter>元素还有下列几个属性：

- low: 表示低边界值，省略不写的话，等于 min 的值。
- high: 表示高边界值，省略不写的话，等于 max 的值。
- optimum: 表示最佳值，省略不写的话，等于 min 与 max 的中间值。

## 8-6-4　<keygen>元素

<keygen>元素可以根据 RSA 算法产生一对密钥，下面举一个例子，在用户从窗体字段中选择密钥长度，并单击[送出]后，会产生一对密钥，其中公钥（public key）会传送到服务器，而私钥（private key）则会存储在客户端。

```
<!doctype html>
<html>
  <head>
    <meta charset="utf-8">
    <title> 窗体元素 </title>
  </head>
  <body>
    <form action="processkey.cgi" method="post" enctype="multipart/form-data">
      <keygen name="key">
      <input type="submit"> </form>
  </body>
</html>
```

\Ch08\form14.html>

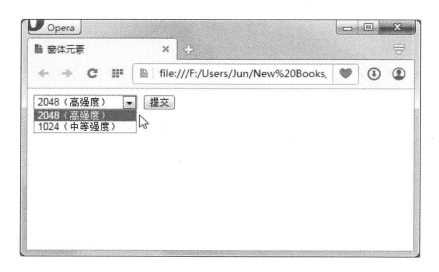

## 8-6-5　<optgroup>元素

　　<optgroup>元素可以替一群<option>元素加上共同的标签，下面举一个例子，其中共同的标签就是通过<optgroup>元素的 label 属性来指定的，而且该元素没有结束标签。

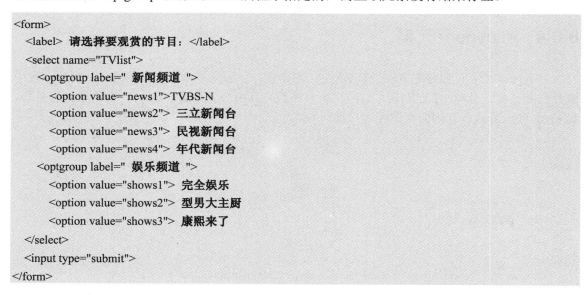

```
<form>
  <label> 请选择要观赏的节目： </label>
  <select name="TVlist">
    <optgroup label=" 新闻频道 ">
      <option value="news1">TVBS-N
      <option value="news2"> 三立新闻台
      <option value="news3"> 民视新闻台
      <option value="news4"> 年代新闻台
    <optgroup label=" 娱乐频道 ">
      <option value="shows1"> 完全娱乐
      <option value="shows2"> 型男大主厨
      <option value="shows3"> 康熙来了
  </select>
  <input type="submit">
</form>
```

　　<\Ch08\form15.html>

# 8-7　HTML 5 新增的 form 属性

HTML 5 针对<input>、<select>、<textarea>、<label>、**<fieldset>**、<legend>、<keygen>、<output>、<object>等元素新增了一个名称为 form 的属性,用来表示该元素隶属于指定的窗体。

为什么要提供 form 属性呢?因为在过去,窗体元素一定要放在窗体内,以下面的程序语句为例,文本框和提交按钮都要放在窗体内,表示隶属于 ID 为"form1"的窗体。

```
<form id="form1">
  <p><label> 姓名：<input type="text" name="username"></label></p>
  <p><label> 建议：<textarea name="comments"></textarea></label></p>
  ...
  <p><input type="submit"></p>
</form>
```

不过,有了 form 属性后,窗体元素就不一定要放窗体内,也可以放在窗体外的其他位置,然后通过 form 属性建立窗体元素与窗体的关联即可,如此一来,窗体样式的设计会变得更有弹性。

以下面的程序语句为例,文本框是放在窗体内,而提交按钮是放在窗体外,为了表示提交按钮隶属于该窗体,于是在提交按钮加入 form 属性并令其值为窗体的 ID,即"form1":

```
<form id="form1">
    <p><label> 姓名：<input type="text" name="username"></label></p>
    <p><label> 建议：<textarea name="comments"></textarea></label></p>
    ...
</form>
...
<p><input type="submit" form="form1"></p>
```

# 学习评估

## 一、选择题

( ) 1. 下列哪种窗体字段适合做为单一的选择题使用？
    A. 单行文本框      B. 复选框      C. 单选钮      D. 下拉菜单

( ) 2. 下列哪种窗体字段适合用来输入自我介绍？
    A. 复选框      B. 多行文本框      C. 单行文本框      D. 下拉菜单

( ) 3. 窗体处理程序可以使用下列哪种语言来编写？
    A. PHP      B. ASP      C. JSP      D. 以上皆可

( ) 4. 下列关于单行文本框的叙述哪一个是错误的？
    A. 名称不限中英文字
    B. 可以用来输入单行的文字
    C. <input>元素的 type 属性为"text"
    D. 若要显示默认的数据，可以使用 value 属性

( ) 5. 下列关于单选钮的叙述哪一个是错误的？
    A. 单选钮适合用来询问只有一个答案的问题
    B. 同一组单选钮的每个选项的名称必须相同
    C. <input>元素的 type 属性为"checkbox"
    D. 同一组单选钮的每个选项是通过 value 属性去区分

( ) 6. 下列叙述哪一个正确？
    A. 我们可以将窗体数据以 E-mail 传送给指定的收件人
    B. <form>元素的 method 属性可以用来指定窗体处理程序
    C. <input>元素的 target 属性可以用来指定窗体处理程序的目标框架
    D. 窗体字段的名称可以重复

( ) 7. 下列哪个元素可以将指定的窗体字段框起来？
    A. <label>      B. <fieldset>      C. <legend>      D. <progress>

## 二、实践题

完成如下网页，标题图片为 profile1.jpg，背景颜色为#d1fce8。<\Ch08\profile.html>

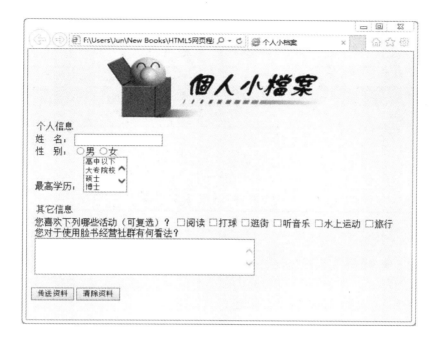

提示：

- 最高学历的下拉菜单中有"高中以下"、"大专院校"、"硕士"、"博士"、"其他"等五个选项，高度为 4，不允许复选。
- 复选框中有"阅读"、"打球"、"逛街"、"听音乐"、"水上运动"、"旅行"等六个选项，允许复选。
- 多行文本框的高度为 4，宽度为 45。
- 提交按钮上面的文字为"传送资料"，重新输入按钮上面的文字为"清除资料"。

# 第9章

## JavaScript 基本语法

# 9-1　JavaScript 的演进

　　JavaScript 是一种应用广泛的浏览器端 Scripts，诸如 Opera、Chrome、Safari、FireFox、Internet Explorer 等 PC 版浏览器，以及安装于 Android、iOS 智能手机、平板电脑的移动版浏览器，它们均内置 JavaScript 解释器。JavaScript 和 HTML、CSS 可以说是网页设计的黄金组合，其中 HTML 用来定义网页的内容，CSS 用来定义网页的外观，而 JavaScript 用来定义网页的行为，例如在用户进入网页时显示欢迎信息，或在用户单击按钮时显示动态效果。

　　JavaScript 原名为 LiveScript，一开始是由 Netscape 公司所提出，后来 Netscape 公司与 Sun 公司合作，遂将 LiveScript 更名为 JavaScript。不过，JavaScript 和 Java 是不同的程序设计语言，只是语法看起来有点相似，而且 JavaScript 属于解释执行语言，Java 则属于编译执行语言。

　　由于早期浏览器所支持的 JavaScript 有不兼容的现象，因此，ECMA（European Computer Manufacturers Association）便着手进行标准化，提出 ECMAScript 做为标准规格，让大家有所依循，下表是 JavaScript 的版本演进（注：碍于商标的问题，Microsoft 版本的 JavaScript 称为 JScript）。

| JavaScript 版本 | Netscape | IE | FireFox | Opera | Safari | Chrome |
|---|---|---|---|---|---|---|
| 1.0（1996 年） | 2.0 | 3.0 | | | | |
| 1.1（1996 年） | 3.0 | | | | | |
| 1.2（1997 年） | 4.0~4.05 | | | | | |
| 1.3（1998 年） | | | | | | |
| (ECMA-262 1st /2nd edition） | 4.06~4.7x | 4.0 | | | | |
| 1.5（2000 年）（ECMA-262 3rd edition） | | 5.5（JScript 5.5）<br>6（JScript 5.6）<br>7（JScript 5.7）<br>8（JScript 6） | 1.0 | 7.0~10 | 3.0~5 | 1.0~10 |
| 1.8（2008 年） | | | 3.0 | 11.5 | | |
| 1.8.5（2010 年）ECMAScript 5 | | 9（JScript 9） | 4 | 11.6 | | |

# 9-2　编写第一个 JavaScript 程序

　　JavaScript 程序可以放在 HTML 文件的<script>元素里面或外部的 JavaScript 文件，我们先来示范第一种情况，请开启 Notepad++，然后编写如下的 HTML 文件，最左边的行号和冒号是为了方便解说之用，不要输入至程序代码，扩展名记得要存储为.html。至于执行方式则一样是用鼠标双击在 HTML 文件的文件图标，默认的浏览器就会加载网页。

```
01:<!doctype html> 02:<html>
03: <head>
04:   <meta charset="utf-8">
05:   <title> 第一个 JavaScript 程序 </title>
06:   <script language="javascript">
07:     <!--
08:       alert("Hello JavaScript!");
09:     //-->
10:   </script>
11: </head>
12: <body>
13:   <h1> 欢迎光临 JavaScript 的世界！ </h1>
14: </body>
15:</html>
```

<\Ch09\hello.html>

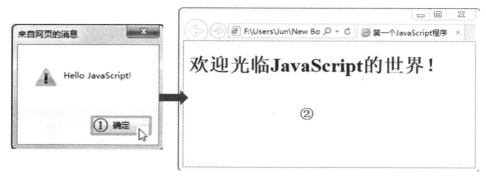

①显示对话框，请按[确定]；②显示网页内容

- 第 03~11 行：HTML 文件的标头。
- 第 06~10 行：JavaScript 程序代码区块，前后分别以起始标签<script>和结束标签</script>标记起来，由于多数浏览器默认的 Script 为 JavaScript，因此，language="javascript"属性也可以省略不写。
- 第 07、09 行：此处的注释标签是针对不支持 JavaScript 的浏览器所设计，一旦遇到这种浏览器，JavaScript 程序代码会被当成注释，而不会产生错误，由于目前多数浏览器都内置 JavaScript 解释器，因此，注释标签也可以省略不写。
- 第 06 行：调用 JavaScript 的内部函数 alert()，在网页上显示对话框，而且该函数的参数会显示在对话框，此例为"Hello JavaScript!"。
- 第 12~14 行：HTML 文件的主体，网页内容就放在这里。此例的浏览结果会先显示对话框，等到用户单击对话框的[确定]按钮后，才会显示网页内容，也就是以标题 1 显示"欢迎光临 JavaScript 的世界！"。

　　通常我们建议将 JavaScript 程序代码区块放在 HTML 文件的标头，也就是放在<head>元素里面，而且是放在<meta>、<title>等元素的后面，确保 JavaScript 程序代码在网页显示出来之前，已经完全下载到浏览器。

　　当然，您也可以视实际情况将 JavaScript 程序代码区块放在 HTML 文件的其他位置。以下面的<hello2.html>为例，它是将 JavaScript 程序代码区块移到 HTML 文件的主体，而且是放在<h1>元素的后面（第 09~13 行）。

　　由于 HTML 文件的加载顺序是由上至下，由左至右，先加载的程序语句会先执行，因此，浏览器会先解析第 08 行的<h1>元素，在网页上以标题 1 显示"欢迎光临 JavaScript 的世界！"，接着再解析第 09~13 行，调用 alert()函数显示对话框，换句话说，在对话框显示出来之前，<h1>元素里面的"欢迎光临 JavaScript 的世界！"已经早一步显示在浏览器。

```
01:<!doctype html>
02:<html>
03:  <head>
04:      <meta charset="utf-8">
05:      <title> 第一个 JavaScript 程序 </title>
06:  </head>
07:  <body>
08:      <h1> 欢迎光临 JavaScript 的世界！ </h1>
09:      <script language="javascript">
10:        <!--
11:            alert("Hello JavaScript!");
12:        //-->
13:      </script>
14:  </body>
15:</html>
```

　　　　<\Ch09\hello2.html>

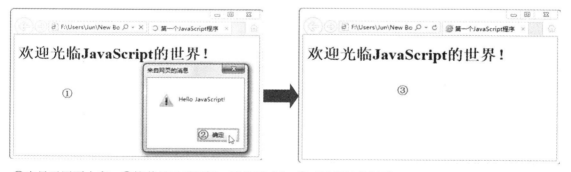

①先显示网页内容；②接着显示对话框，请按[确定]；③对话框被关闭了

　　此外，也可以利用 HTML 元素的事件属性指定由 JavaScript 编写的事件处理程序。以下面的<hello3.html>为例，它是在<h1>元素中加入 onclick 事件属性，并指定其值为 JavaScript

的内部函数 alert()，所以在浏览器加载网页时只会显示"欢迎光临 JavaScript 的世界！"，除非用户点选该字符串，才会触发 onclick 事件，进而调用事件处理程序，也就是此例所指定的函数 alert()，有关如何编写事件处理程序，第 14 章有进一步的说明。

```
<!doctype html>
<html>
  <head>
    <meta charset="utf-8">
    <title> 第一个 JavaScript 程序 </title>
  </head>
  <body>
    <h1 onclick="javascript:alert('Hello JavaScript!');"> 欢迎光临 JavaScript 的世界！ </h1>
  </body>
</html>
```

&lt;\Ch09\hello3.html&gt;

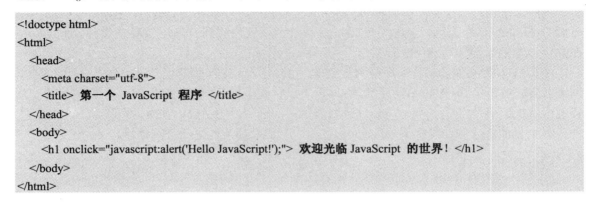

①单击字符串；②显示对话框，请按[确定]，就会关闭对话框。

最后，示范第二种情况，也就是如何将 JavaScript 程序放在外部的 JavaScript 文件。请开启 Notepad++，然后编写如下的 JavaScript 程序，文件名为 FirstJavaScript.js。扩展名为.js 是要让 JavaScript 解释器识别。

```
alert("Hello JavaScript!");
```

JavaScript 文件编辑完毕后，请再度开启 Notepad++，然后编写如下的 HTML 文件，扩展名记得要设为.html。此例是使用&lt;script&gt;元素的 src 属性指定外部的 JavaScript 文件路径。若外部的 JavaScript 文件和 HTML 文件位于不同文件夹，那么还要指明其相对路径或完整路径。

```
<!doctype html>
<html>
  <head>
    <meta charset="utf-8">
    <title> 第一个 JavaScript 程序 </title>
```

```
    <script src="FirstJavaScript.js" language="javascript"></script>
  </head>
  <body>
    <h1> 欢迎光临 JavaScript 的世界！ </h1>
  </body>
</html>
```

<\Ch09\hello4.html>

①显示对话框，请单击[确定]；②显示网页内容

# 9-3　JavaScript 程序代码编写惯例

在说明 JavaScript 程序代码编写惯例之前，先来讨论什么叫做“程序”（program），所谓程序是由一行一行的“程序语句”或“语句”（statement）所组成的，而程序语句或语句又是由“关键字”、“特殊字符”或“标识符”所组成。

- 关键字（keyword）：又称为“保留字”（reserved word），它是由 JavaScript 所定义，包含特定的意义与用途，程序设计人员必须遵守 JavaScript 的规定来使用关键字，否则会产生错误。举例来说，function 是 JavaScript 定义了用来声明函数的关键字，所以不能使用 function 声明一般的变量。
- 特殊字符（special character）：JavaScript 常用的特殊字符不少，例如声明或调用函数时所使用小括号()、用来标记区块开头与结尾的大括号{ }、用来标记程序语句结尾的分号;、用来标记注释的// 或 /* */等。
- 标识符（identifier）：除了关键字和特殊字符之外，程序设计人员可以自行定义新字，以做为变量或函数的名称，例如 intSalary、strUserName 等，这些新字就叫做标识符。标识符不一定要合乎英文文法，但要合乎 JavaScript 的命名规则，而且必须区分英文字母的大小写。

原则上，程序语句或语句是程序内最小的可执行单元，而多个程序语句可以组成函数、流程控制等较大的可执行单元。JavaScript 程序代码编写惯例涵盖了命名规则、注释、缩排等，虽然不是硬性规定，但遵循这些惯例可以提高程序的可读性，让程序更容易调试与维护。

❖ **字符集**

ECMAScript 3 要求 JavaScript 支持 Unicode 2.1 或之后的版本，而 ECMAScript 5 要求 JavaScript 支持 Unicode 3 或之后的版本。

❖ **英文字母大小写**

JavaScript 会区分英文字母的大小写，这点和 HTML 不同，例如用来声明函数的关键字 function 一定要全部小写，而 myName 和 myname 是两个不同的变量，因为大写的 N 和小写的 n 不同。

❖ **空格符**

JavaScript 会自动忽略多余的空格符，例如下面两个程序语句的意义是相同的。

```
x = 10;
x=10;
```

❖ **分号**

JavaScript 并没有规定每条程序语句的结尾一定要加上分号（;），除非是要将两个语句写在同一行，才要在第一条程序语句的结尾加上分号以做区隔，例如下面的第一个分号不能省略，否则就不知道第一条程序语句到哪结尾，而第二个分号则可以省略，虽然如此，许多人还是习惯在每条程序语句的结尾加上分号。

```
x = 1; y = 2;
```

❖ **换行**

JavaScript 也没有规定换行的方式，但是为了提高程序的可读性，建议将不同的程序语句一一换行。

❖ **注释**

JavaScript 提供了两种注释符号，其中//为单行注释符号，/* */为多行注释符号，例如。

```
// 这是单行注释
/* 这是
   多行注释 */
```

要注意的是切勿使用嵌套注释，以免产生错误，例如：

```
/*
    xxxxx /* 这是嵌套注释，将产生错误 */
```

```
*/
```

❖　**命名规则**

当要自定义标识符时（例如变量名称、函数名称等），请遵守下列规则。

- 第一个字符可以是英文字母或下划线（_），其他字符可以是英文字母、阿拉伯数字、ISO-8859-1 字符、Unicode 字符、下划线（_）或货币符号（$），而且英文字母要区分大小写。
- 不能使用 JavaScript 关键字、内部函数的名称或内部对象的名称。
- 若标识符是由多个单词所组成，建议第一个单词后面的每个单词要前缀大写，例如 contentEditable、tabIndex 等。
- 函数名称的开头建议以动词表示，例如 initializeComponent、closeDialog。
- 事件处理程序名称的结尾建议以 EventHandler 表示，例如 mouseEventHandler。
- 避免在内部范围使用与外部范围相同的名称，以免出现存取错误。

下表列出一些 JavaScript 关键字以供参考。

| abstract | boolean | break | byte | case |
|---|---|---|---|---|
| catch | char | class | const | continue |
| debugger | default | delete | do | double |
| else | enum | export | extends | false |
| final | finally | float | for | function |
| goto | if | implements | import | in |
| instanceof | int | interface | long | native |
| new | null | package | private | protected |
| public | return | short | static | super |
| switch | synchronized | this | throw | throws |
| transient | true | try | typeof | undefined |
| var | void | volatile | while | with |

# 第 10 章

## 类型、变量与运算符

# 10-1　类型

和多数程序设计语言一样，JavaScript 也是将数据分成多种类型（type），这些类型决定了数据将占用的内存空间、能够表示的范围及程序处理数据的方式。

不过，JavaScript 和诸如 C、C++、Java、C#等强类型（strongly typed）程序设计语言不同，它属于弱类型（weakly typed）程序设计语言，又称为动态类型（dynamically typed）程序设计语言，也就是数据在使用之前无须事先声明类型，而且数据在执行期间可以动态改变类型，举例来说，JavaScript 会将 1+2 视为数值 3，而 1+"2"会被视为字符串"12"。

JavaScript 的类型分为下列两种类型：

- 基本类型（primitive type）: 包括数值（number）、字符串（string）、布尔（boolean）。
- 对象类型（object type）: 包括数组（array）、函数（function）、对象（object）。

## 10-1-1　数值（number）

虽然 JavaScript 保留了 byte、int、short、long、float、double 等关键字，但事实上，JavaScript 并不会区分整数值与浮点数，所有数值都是以 IEEE 754 Double 格式来表示（64 位双倍精确浮点数），换句话说，我们可以随意使用诸如 123、-456、78.9、-12345.6789 等十进制数值，其类型均为 number，注意不要超过$-2^{1024} \sim 2^{1024}$（$-10^{307} \sim 10^{307}$）的范围即可。

JavaScript 提供了下列几个特殊的数值。

- NaN: 这是 Not a Number，表示不当数值运算，例如将数值除以字符串、将诸如"abc"的字符串转换为数值。
- Infinity: 这是正无穷大，表示超过 JavaScript 所能表示的最大范围，例如将正数零除。
- -Infinity: 这是负无穷大，表示超过 JavaScript 所能表示的最小范围，例如将负数零除。

此外，JavaScript 也接受八进制数值和十六进制数值，前者是在数值的前面加上 0 做为区分，后者是在数值的前面加上 0x 做为区分，例如 010 表示$10_8$，相当于十进制数值 8，而 0x10 表示$10_{16}$，相当于十进制数值 16。同时 JavaScript 也接受科学符号记法，例如 3.14e15、3.14E15 表示$3.14 \times 10^{15}$，而 1.753e-32、1.753E-32 表示$1.753 \times 10^{-32}$。

## 10-1-2　字符串（string）

"字符串"指的是由字母、数字、文字或符号所组成的单词、词组或句子，JavaScript 针对字符串提供了 string 类型，并规定字符串的前后必须加上双引号（"）或单引号（'），但两者不可混用，例如"生日"、'birthday'是合法字符串，而"生日'、'happy"则不是合法字符串。

不过，问题来了，若字符串里面包含双引号（"）或单引号（'），该如何表示呢？为此，JavsScript 设计了一个规则，就是反斜杠（\）后面的字符表示为特殊符号，称为"换码字符"（escaped character），如下表。

| 换码字符 | 说明 | 换码字符 | 说明 |
|---|---|---|---|
| \" | 双引号 | \' | 单引号 |
| \\ | 反斜杠 | \b | BackSpace |
| \f | 换行（Form Feed） | \n | 换行（New Line） |
| \r | 换行（Carriage Return） | \t | Tab |
| \x$NN$ | Latin-1 字符（$NN$ 为十六进制表示法） | | |
| \u$NNNN$ | Unicode 字符（$NNNN$ 为十六进制表示法） | | |

例如下面的写法就是使用换码字符表示"'JavaScript'程序设计 \!"字符串：

**"\'JavaScript\' 程序设计 \\!"**

请注意，虽然 JavaScript 保留了 char 关键字，但事实上，JavaScript 并没有提供字符类型，若要表示单一字符，可以使用长度为 1 的字符串，例如"a"、"A"等。由于 JavaScript 采用 Unicode 字符集的 UTF-16 编码方式，所以长度为 1 的字符串会占用 16 位的内存空间，至于 "" 则是长度为 0 的空字符串。

## 10-1-3 布尔（boolean）

boolean 类型只能表示 true（真）或 false（假）两种值，当我们要表示的数据只有对与错、开与关、是与否等两种选择时，就可以使用 boolean 类型。

boolean 类型经常被用来表示表达式成立与否或某个情况满足与否，要注意的是当把数值数据转换成 boolean 类型时，只有 0 会被转换成 false，其他数值数据都会被转换成 true；相反的，当我们将 boolean 数据转换成值类型时，true 会被转换成 1，false 会被转换成 0。

 **备注** typeof 运算符

JavaScript 提供的 typeof 运算符可以返回数据的类型，例如 typeof（123）和 typeof（4.5）均会返回"number"，因为 JavaScript 不会区分整数与浮点数的类型，而 typeof（"happy"）会返回"string"，typeof（false）则会返回"boolean"。

**备注** *null* 与 *undefined* 关键字

JavsScript 提供下列两个关键字，用来表示特殊的值：

- null：表示"没有值"（no value）或"没有对象"（no object），当使用 typeof 运算符返回 null 的类型时，例如 typeof（null），将会返回"object"。
- undefined：表示有声明变量但尚未定义值，换句话说，凡是尚未初始化的变量，其值即为 undefined，当我们使用 typeof 运算符返回 undefined 的类型时，例如 typeof（undefined），将会返回"undefined"。

# 10-2　变量

变量（variable）是在程序中声明一个名称（标识符），计算机会提供一个预留的内存空间给这个名称，然后程序设计人员可以利用它来存放数值、字符串、布尔、数组、对象等数据。每个变量都只有一个值，但这个值可以重新设置或经由运算更改。

## 10-2-1　变量的命名规则

当为变量命名时，请遵守下列规则。

- 第一个字符可以是英文字母或下划线（_），其他字符可以是英文字母、阿拉伯数字、ISO-8859-1 字符、Unicode 字符、下划线（_）或货币符号（$），而且英文字母要区分大小写。
- Unicode 字符的格式为\u*NNNN*，其中 *NNNN* 是 Unicode 字符的十六进制表示法，例如 \u005fUserName 就是等于_UserName，因为\u005f 所代表的 Unicode 字符正是下划线（_）。
- 不能使用 JavaScript 关键字、内部函数的名称、内部对象的名称，例如 number、function、string。
- 若名称是由多个单词所组成，建议第一个单词后面的每个单词要前缀大写，例如 contentEditable、tabIndex 等。
- 避免在内部范围使用与外部范围相同的名称，以免出现存取错误。

下面是几个例子：

```
my_Variable1   // 合法的变量名称
_myVariable2   // 合法的变量名称
my$Variable3   // 合法的变量名称
```

```
4myVariable      // 非法的变量名称，不能以数字开头
my@Variable5     // 非法的变量名称，不能包含 @ 字符
my  Variable6    // 非法的变量名称，不能包含空格符
```

## 10-2-2　变量的声明方式

可以使用 var 关键字来声明变量，有需要的话，还可以赋予初始值，由于 JavaScript 属于动态类型程序设计语言，故无须指定类型。以下面的程序代码为例，第一条程序语句是声明一个名称为 myName 的变量，第二条程序语句是给变量赋值为"小丸子"。

```
var myName;
myName = " 小丸子 ";
```

事实上，这两条程序语句可以合并成一条程序语句，也就是在声明变量的同时给它赋初始值。

```
var myName = " 小丸子 ";
```

在这个例子中，由于初始值是一个字符串，所以 JavaScript 会自动将变量的类型视为 string，若中途改变它的值，例如 myName=true;，此时，JavaScript 会自动将变量的类型视为 boolean。

 **注 意**

- 只有第一次声明变量时需要使用 var 关键字，日后存取该变量时皆无须重复使 var 关键字。虽然 JavaScript 允许程序设计人员将 var 关键字省略不写，但并不鼓励这么做，因为养成使用变量之前先进行声明的好习惯，对您是有益无害的。
- 也可以一次声明多个变量，中间以逗号隔开，例如：

  ```
  var x, y, z;
  var a = 1, b = 2;
  ```

编写如下的 HTML 文件，扩展名记得要保存为.html，然后用鼠标双击 HTML 文件的图标，默认的浏览器就会加载 HTML 文件，看看执行结果是什么。

```
<!doctype html>
<html>
  <head>
    <meta charset="utf-8">
    <title> 随堂练习 </title>
    <script language="javascript">
      var myVar;
```

```
    myVar = " 小丸子 ";      // 此时的 myVar 变量为字符串类型
    alert(myVar);
    myVar = 1;              // 此时的 myVar 变量转换为值类型
    alert(myVar + 50);
  </script>
 </head>
 <body>
 </body>
</html>
```

<\Ch10\var.html>
解答

# 10-3  运算符

运算符（operator）可以针对一个或多个元素进行运算，而运算符进行运算的元素称为操作数（operand），JavaScript 提供的运算符包括：

- 算术运算符：+、-、*、/、%
- 递增/递减运算符：++、--
- 逻辑运算符：&&（逻辑 AND）、||（逻辑 OR）、!（逻辑 NOT）
- 比较运算符：!=、==、!==、===、>、<、>=、<=
- 位运算符：&（位 AND）、|（位 OR）、^（位 XOR）、~（位 NOT）、<<（向左移位）、>>（向右移位）、>>>（向右无符号移位）
- 赋值运算符：=、+=、-=、*=、/=、%=、&=、|=、^=、<<=、>>=、>>>=
- 条件运算符：?:
- 类型运算符：typeof
- 运算符又分成下列三种类型：
- 单元运算符：这种运算符只有一个操作数，使用前置记法（prefix notation，例如-x）或后置记法（postfix notation，例如 x++）。
- 二元运算符：这种运算符有两个操作数，使用中置记法（infix notation，例如 x+y）。
- 三元运算符：这种运算符只有?:一种，它有三个操作数，使用中置记法（infix notation，例如 c? x : y）。

我们把运算符与操作数所组成的程序语句称为表达式（expression），表达式其实就是会产生数值的程序语句，例如 5+10 是表达式，它所产生的值为 15，其中+为加法运算符，而 5 和 10 均为操作数。

## 10-3-1 算术运算符

算术运算符可以用来进行加减乘除余数等算术运算，其语法如下。

| 运算符 | 语法 | 说明 | | 范例 | 返回值 |
|---|---|---|---|---|---|
| + | 操作数 1+操作数 2 | 操作数 1 加上操作数 2 | | 5+2 | 7 |
| - | 操作数 1-操作数 2 | 操作数 1 减去操作数 2 | | 5-2 | 3 |
| * | 操作数 1*操作数 2 | 操作数 1 乘以操作数 2 | | 5*2 | 10 |
| / | 操作数 1/操作数 2 | 操作数 1 | 除以操作数 2 | 5/2 | 2.5 |
| % | 操作数 1%操作数 2 | 操作数 1 | 除以操作数 2 的余数 | 5%2 | 1 |

- 加号也可以用来表示正值，例如+5 表示正整数 5；减法运算符也可以用来表示负值，例如-5 表示负整数 5。
- 加号可以进行加法，也可以进行字符串连接，举例来说，假设 str1 = "JavaScript";，str2 = "程序设计";，str3 = str1 + str2;，则 str3 的值等于"JavaScript 程序设计"。
- 若加号的两个操作数都为数值类型，则进行加法运算；若两个操作数皆为字符串类型，则进行字符串连接；若两个操作数分别为数值类型和字符串类型，则会将数值类型转换为字符串类型，然后进行字符串连接，例如 5 + "a"会得到"5a"；若任一操作数为布尔类型，则会将 true 转换为 1，false 转换为 0，然后进行加法运算，例如 5+true 会得到 6。
- 若减法运算符的两个操作数都为数值类型，则进行减法运算；若任一操作数为布尔类型，则会将 true 转换为 1，false 转换为 0，然后进行减法运算，例如 5-false 会得到 5；若任一操作数为字符串类型，则会得到 NaN，例如 5-"a"、"a"-"a"会得到 NaN。
- 若乘法运算符的两个操作数皆为数值类型，则会进行相乘运算；若任一操作数为布尔类型，则会将 true 转换为 1，false 转换为 0，然后进行乘法运算，例如 5*true 会得到 5，true*true 会得到 1；若任一操作数为字符串类型，则会得到 NaN，例如 5*"a"、"a"*"a"会得到 NaN。
- 任意正数除以 0 会得到 Infinity，任意负数除以 0 会得到-Infinity，0 除以 0 会得到 NaN。
- 若除法运算符的两个操作数皆为数值类型，则会相除，例如 10/3 会得到 3.3333333333333335；若任一操作数为布尔类型，则会将 true 转换为 1，false 转换为 0，然后进行除法，例如 5/true 会得到 5，5/false 会得到 Infinity；若任一操作数为字符串类型，则会得到 NaN，例如 5/"a"、"a"/"a"会得到 NaN。
- 若余数运算符的两个操作数皆为数值类型，则会将第一个操作数除以第二个操作数，然后返回余数，例如 5 % 3 会得到余数为 2，5.2 % 3 会得到余数为 2.2，-5 % 3 会得到-2；若任一操作数为布尔类型，则会将 true 转换为 1，false 转换为 0，然后进行余数运算，例如 5 % true 会得到 0，5 % false 会得到 NaN，true % true 会得到 0，true % false 会得到 NaN；若任一操作数为字符串类型，则会得到 NaN，例如 5 % "a"、"a" % "a"会得到 NaN；此外，任意数值% 0 也会得到 NaN。

## 10-3-2　递增/递减运算符

递增运算符（++）可以用来将操作数的值加 1，其语法如下，第一种形式的递增运算符出现在操作数的前面，表示运算结果为操作数递增之后的值，第二种形式的递增运算符出现在操作数的后面，表示运算结果为操作数递增之前的值。

> *++ 操作数*
> *操作数 ++*

例如：

```
var X = 10;      // 声明一个名称为 X、初始值为 10 的变量
alert(++X);      // 先将变量 X 的值递增 1，之后再显示出来而得到 11
alert(X);        // 变量 X 的值在前一条程序语句中被递增为 11，因而显示 11
var Y = 5;       // 声明一个名称为 Y、初始值为 5 的变量
alert(Y++);      // 会先显示变量 Y 的值为 5，之后再将变量 Y 的值递增 1
alert(Y);        // 变量 Y 的值在前一条程序语句中被递增为 6，因而显示 6
```

递减运算符（--）可以用来将操作数的数值减1，其语法如下，第一种形式的递增运算符出现在操作数前面，表示运算结果为操作数递减之后的值，第二种形式的递增运算符出现在操作数后面，表示运算结果为操作数递减之前的值。

> *-- 操作数*
> *操作数 --*

例如：

```
var X = 10;      // 声明一个名称为 X、初始值为 10 的变量
alert(--X);      // 先将变量 X 的值递减 1，之后再显示出来而得到 9
alert(X);        // 变量 X 的值在前一条程序语句中被递减为 9，因而显示 9
var Y = 5;       // 声明一个名称为 Y、初始值为 5 的变量
alert(Y--);      // 会先显示变量 Y 的值为 5，之后再将变量 Y 的值递减 1
alert(Y);        // 变量 Y 的值在前一条程序语句中被递减为 4，因而显示 4
```

## 10-3-3　逻辑运算符

逻辑运算符可以用来进行 AND、OR、NOT 等逻辑运算，其语法如下。

| 运算符 | 语法 | 说明 |
| --- | --- | --- |
| &&（AND） | *布尔表达式 1 && 布尔表达式 2* | 将两个布尔表达式进行逻辑与运算，若两者的值均为 true，就返回 true，否则返回 false，例如（5 > 4）&&（3 > 2）会返回 true，（5 > 4）&&（3 < 2）会返回 false |

（续表）

| 运算符 | 语法 | 说明 |
|---|---|---|
| \|\|（OR） | *布尔表达式 1 \|\| 布尔表达式 2* | 将两个布尔表达式进行逻辑或运算，若两者的值均为 false，就返回 false，否则返回 true，例如（5＞4）\|\|（3＜2）会返回 true，（5＜4）\|\|（3＜2）会返回 false |
| !（NOT） | *! 布尔表达式* | 将布尔表达式进行逻辑非运算，若它的值为 true，就返回 false，否则返回 true，例如!（50＞40）会返回 false，!（50＜40）会返回 true |

## 10-3-4　比较运算符

比较运算符可以用来比较两个表达式，若结果正确，就返回 true，否则返回 false，例如 3<10 会返回 true，而 3>10 会返回 false。程序设计人员可以根据比较运算符的返回值做不同的处理，JavaScript 提供的比较运算符如下。

| 运算符 | 说明 | 范例 | 返回值 |
|---|---|---|---|
| == | 等于 | 21+ 5 == 18 + 8 | true |
| | | "abc" == "ABC" | false（大小写视为不同） |
| | | 1== "1" | true |
| | | 1== true | true |
| | | "1" == true | true |
| | | false == 0 | true |
| | | false == 1 | false |
| != | 不等于 | 21+ 5 != 18 + 8 | false |
| | | "abc" != "ABC" | true（大小写视为不同） |
| === | 等于且相同类型 | 1=== "1" | false |
| | | 1=== true | false |
| | | "1" === true | false |
| !== | 不等于且 / 或不同类型 | 1!== "1" | true |
| | | 1!== true | |
| | | "1"!== true | true |
| < | 小于 | 18+ 3 < 18 | false |
| | | 18+ 3 < 25 | true |
| > | 大于 | 18+ 3 > 18 | true |
| | | 18+ 3 > 25 | false |
| <= | 小于等于 | 18+ 3 <= 21 | true |
| | | 18+ 3 <= 25 | true |

（续表）

| 运算符 | 说明 | 范例 | 返回值 |
|---|---|---|---|
| >= | 大于等于 | 18+ 3 >= 21 | true |
| | | 18+ 3 >= 25 | false |

## 10-3-5　位运算符

位运算符可以用来进行 AND、OR、XOR、NOT、SHIFT 等位运算，JavaScript 提供的位运算符如下。

| 运算符 | 语法 | 说明 |
|---|---|---|
| &<br>（AND） | *表达式 1 &  表达式 2* | 将两个数值表达式进行位的与运算，只有两者对应的位元都为 1，位与的结果才是 1，否则是 0，例如 10 & 6 会得到 2，因为 10 的二进制值是 1010，6 的二进制值是 0110，而 1010 & 0110 会得到 0010，即 2。 |
| \|<br>（OR） | *表达式 1 \| 表达式 2* | 将两个数值表达式进行位或运算，只有两者对应的位元都为 0，位或运算的结果才是 0，否则是 1，例如 10\|6 会得到 14，因为 1010\|0110 会得到 1110，即 14。 |
| ^<br>（XOR） | *表达式 1 ^  表达式 2* | 将两个数值表达式进行位异或运算，只有两者对应的位元一个为 1 一个为 0,位异或的结果才是 1，否则是 0，例如 10^6 会得到 12，因为 1010^0110 会得到 1100，即 12。 |
| ~<br>（NOT） | *~ 表达式* | 将数值表达式进行位取反运算，当数值表达式的位为 1 时，位取反运算的结果为 0，当数值表达式的位元为 0 时，位取反运算的结果为 1，例如 ~10 会得到-11，因为 10 的二进制值是 1010，~10 的二进制值是 0101，而 0101 在 2's 补码表示法中就是 -11。 |
| << | *表达式 1 << 表达式 2*<br>（向左移位） | 将数值表达式 1 向左移动数值表达式 2 所指定的位数，例如 1 << 2 表示向左移位 2 个位，会得到 4。 |
| >> | *表达式 1 >> 表达式 2*<br>（向右移位） | 将数值表达式 1 向右移动数值表达式 2 所指定的位数，例如 -16 >> 1 表示向右移位 1 个位，会得到 -8。 |
| >>> | *表达式 1 >>> 表达式 2*<br>（向右无号移位） | 将数值表达式 1 向右无符号移动数值表达式 2 所指定的位数，例如 16 >>> 1 表示向右无号移位 1 个位元，会得到 8，-16 >> 1 表示向右无号移位 1 个位元，会得到 2147483640。 |

## 10-3-6　赋值运算符

赋值运算符可以用来变量赋值，其语法如下。

| 运算符 | 范例 | 说明 |
|---|---|---|
| = | X = 3; | 将 = 右边的值或表达式赋值给 = 左边的变量。 |
| += | X += 3;<br>X += "c"; | 这两条程序语句相当于 X = X + 3; 和 X = X + "c";，+ 为加法运算符或字符串连接运算符。 |
| -= | X -= 3; | 相当于 X = X - 3;，- 为减法运算符。 |
| *= | X *= 3; | 相当于 X = X * 3;，* 为乘法运算符。 |
| /= | X /= 3; | 相当于 X = X / 3;，/ 为除法运算符。 |
| %= | X %= 3; | 相当于 X = X % 3;，% 为余数运算符。 |
| &= | X &= 3; | 相当于 X = X & 3;，& 为位 AND 运算符。 |
| \|= | X \|= 3; | 相当于 X = X \| 3;，\| 为位 OR 运算符。 |
| ^= | X ^= 3; | 相当于 X = X ^ 3;，^ 为位 XOR 运算符。 |
| <<= | X <<= 3; | 相当于 X = X << 3;，<< 为向左移位运算符。 |
| >>= | X >>= 3; | 相当于 X = X >> 3;，>> 为向右移位运算符。 |
| >>>= | X >>>= 3; | 相当于 X = X >>> 3;，>>> 为向右无符号移位运算符。 |

## 10-3-7　条件运算符

JavaScript 提供的?: 条件运算符是一个三元运算符，其语法如下，若条件运算式的结果为 true，就返回第一个表达式的值，否则返回第二个表达式的值：

条件表达式 ? 表达式 1 : 表达式 2

例如 10 > 2? "Yes" : "No" 会返回"Yes"，false? 10 + 2 : 10 - 2 会返回 8。这个运算符其实就相当于下一章所要介绍的 if...else 流程控制结构。

## 10-3-8　类型运算符

JavaScript 提供的 typeof 类型运算符可以返回数据的类型，例如 typeof（"生日"）、typeof（-35.789）、typeof（true）会返回"string"、"number"、"boolean"。

## 10-3-9　运算符的优先级

当表达式中有多种运算符时，JavaScript 会按照如下的优先级执行运算符，优先级高者先执行，相同者则按出现的顺序由左到右依次执行。以 1 > 2 || 25 < 10 + 3 * 2 为例，其返回值为 false，因为乘法运算符 3 * 2 优先执行而得到 6，接着执行加号 10 + 6 而得到 16，继续执行比较运算符，1 > 2 而得到 false，25 < 16 而得到 false，最后执行逻辑运算符，false || false 而得到 false。

若要改变默认的优先级，可以加上小括号，JavaScript 会优先执行小括号内的表达式，以

1 > 2 || 25 <（10 + 3）* 2 为例，其返回值为 true，因为小括号内的表达式优先处理，10 + 3 而得到 13，接着执行乘法运算符，13 * 2 而得到 26，继续执行比较运算符，1 > 2 而得到 false，25 < 26 而得到 true，最后执行逻辑运算符，false || true 而得到 true。

| 类型 | 运算符 |
|---|---|
| 对象成员访问运算符 | . [] |
| 函数调用、建立对象 | ()new |
| 单元运算符 | ! ~ - + ++ -- |
| 乘除余数运算符 | * / % |
| 加减运算符 | + - |
| 移位运算符 | << >> >>> |
| 比较运算符 | < > <= >= |
| 等于运算符 | == != === !== |
| 位 AND 运算符 | & |
| 位 XOR 运算符 | ^ |
| 位 OR 运算符 | \| |
| 逻辑 AND 运算符 | && |
| 逻辑 OR 运算符 | \|\| |
| 条件运算符 | ?: |
| 赋值运算符 | = *= /= %= += -= <<= >>= >>>= &= ^= \|= |

## 一、选择题

（　）1. JavaScript 不提供下列哪种类型？
　　　A. 数值　　　　　B. 布尔　　　　　C. 队列　　　　　D. 字符串

（　）2. 下列哪一个是错误的数值表示方式？
　　　A. 10,000　　　　B. 0xFFF　　　　C. 1.5e10　　　　D. 12.345

（　）3. 下列哪一个是正确的数值表示方式？
　　　A. "100"　　　　B. &O98　　　　C. 1.23E-5　　　　D. &H89AB

（　）4. 数值 017 等于下列哪一个？
　　　A. $17_{10}$　　　　B. $15_{10}$　　　　C. $23_{10}$　　　　D. $170_{10}$

（　）5. 若将数值除以字符串会得到下列哪一个？
　　　A. undefined　　　B. NaN　　　　C. Infinity　　　　D. null

（　）6. 当我们将布尔数据转换成数值类型时，true 会被转换成多少？

A. 1         B. 0         C. -1         D. 100

（  ）7. 下列哪个是正确的字符串表示方式？

    A. 5.67E-5    B. false    C. "Ha'p'py"    D. @"Ha""p""py"

（  ）8. 变量名称的开头可以是下列哪一个？

    A. 井字符号（#）        B. 数字

    C. 下划线（_）        D. 货币符号（$）

（  ）9. 变量名称不可以包含下列哪一个？

    A. $    B. 空格符    C. 英文字母    D. 数字

（  ）10. 若要声明变量，必须使用下列哪个关键字？

    A. define    B. const    C. var    D. boolean

（  ）11. 若要在同一条程序语句中声明多个变量，那么变量的名称中间必须以下列哪 个符号隔开？

    A. 、    B. ,    C. ;    D. #

（  ）12. 下列哪一个不是单元运算符？

    A. ++    B. ?:    C. --    D. !

（  ）13. 10 + "b"（b 的 ASCII 码为 98）的结果为何？

    A. 108    B. 88    C. 1098    D. 10b

（  ）14. 下列哪一个可以对两个布尔表达式进行逻辑与运算？

    A. ?:    B. !    C. ||    D. &&

（  ）15. 下列哪一个的结果为 false？

    A.（32＜50）&&（999＜1000）    B.（12＜4）^（13＜5）

    C. !（"abc" == "ABC"）    D. 123 === "123"

（  ）16. 下列哪一个的优先级最高？

    A. 单元运算符    B. 算术运算符    C. 比较运算符    D. 赋值运算符

（  ）17. 下列哪一个的优先级最低？

    A. %    B. >>=    C. ~    D. ^

（  ）18. -1024 >> 2= ？

    A. 256    B. -256    C. -2048    D. -512

（  ）19. 若要改变运算符的执行顺序，可以使用下列哪一个？

    A. [ ]    B. { }    C. <>    D. ()

（  ）20. 下列哪一个的优先级最高？

    A. !=    B. &&    C. ++    D. <<<

## 二、实践题

写出下列各个表达式的结果。

（1）0xFFF - 0xFAB

（2）2/3.0

（3）true / 0

（4）false / 0

（5）12.3 * 10 % 5

（6）'a' > 'Z'

（7）~0x0005

（8）var X = 5; alert(++X);

（9）var Y = 10; alert(Y--);

（10）"ABC" + 88 == "abc" + 88

（11）50 > 30 ^ 70 > 100

（12）3 | 5

（13）Z = 8 > 7 ? " 对 " : " 不对 "

（14）128 >> 3

2. 编写如下的 HTML 文件，记得扩展名必须为.html，然后用鼠标双击 HTML 文件的图标，默认的浏览器就会加载 HTML 文件，看看执行结果是什么。

```
<!doctype html>
<html>
  <head>
    <meta charset="utf-8">
    <title> 学习评估 </title>
    <script language="javascript">
      alert((1 + 2) * 10 / 6);
      alert(7 * 3 % 8);
      alert((4 & 6) == 4 ? "Yes" : "No");
      alert("C" + 2);
      alert(100 == "100");
      alert(100 === "100") ;
      alert("ABCD" <"ABCd");
      alert((5 <= 9) && （! (3 > 7)));
      alert(("abc" != "ABC") | (3 >5));
      alert((5 <= 9) || （! (3 > 7)));
      alert(-128 >> 3);
    </script>
  </head>
</html>
```

# 第11章

## 流程控制

## 11-1 认识流程控制

在前两章所介绍的例子都是相当简单的程序，所谓"简单"指的是程序的执行方向只会由上而下，不会转弯或跳行，但事实上，大部分程序并不会这么简单，它们会根据不同的情况而转弯或跳行，以提高程序的处理能力，于是就需要流程控制（flow control）来帮助程序设计人员控制程序的执行方向。

JavaScript 的流程控制分成下列两种类型。

- 判断结构（decision structures）：判断结构可以测试程序设计人员提供的条件表达式，然后根据条件表达式的结果执行不同的动作，JavaScript 支持的判断结构如下：
  - ➢ If
  - ➢ switch
- 循环结构（loop structures）：循环结构可以重复执行某些程序代码，JavaScript 支持的循环结构如下。
  - ➢ For
  - ➢ While
  - ➢ Do
  - ➢ for...in

 **备注**

流程控制通常需要借助于布尔值，而数值、字符串与布尔值的关联如下。

- 等于 0 的数值会被视为 false，不等于 0 的数值会被视为 true。
- 长度等于 0 的字符串会被视为 false，长度不等于 0 的字符串会被视为 true。
- undefined 会被视为 false，null 会被视为 false。

## 11-2 if

if 判断结构可以根据条件表达式的结果执行不同的动作，又分为 if...、if...else...、if...else if...等形式。

### 11-2-1 if...：如果...就...（单向选择）

if（condition）statement;

这种形式非常简单，照字面翻译过来的意义是"如果...就..."，属于单向选择。*condition* 是一个条件表达式，它的结果为布尔类型，若 *condition* 返回 true，就执行后面的 *statement*（程序语句）；若 *condition* 返回 false，就跳出 if 判断结构，不会执行后面的 *statement*（程序语句），如下图。

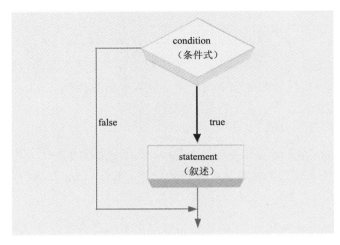

如果 statement 不只一行，就要加上大括号标记 statement 的开头与结尾，如下。

```
if（condition）
{
  statement1;
  statement2;
  ...
  statementN;
}
```

## 随堂练习

编写如下的 HTML 文件，扩展名记得要为.html，然后用鼠标双击 HTML 文件的图标，默认的浏览器会加载 HTML 文件，看看执行结果为何。

```
<!doctype html>
<html>
  <head>
    <meta charset="utf-8">
    <title> 流程控制范例 </title>
    <script language="javascript">
      var X = prompt(" 请输入 0-100 的数字 ", "");
      if（X >= 60）alert(" 及格！ ");
    </script>
  </head>
```

</html>

<\Ch11\prac11-1.html>

解答

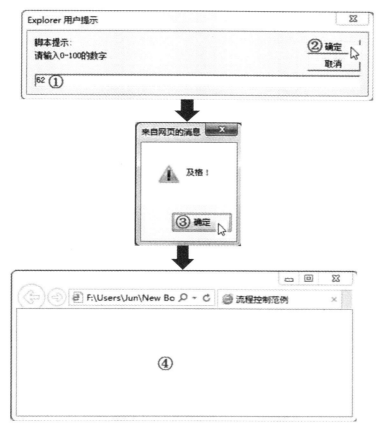

①输入 0-100 的数字；②单击[确定]；③如果数字大于等于 60，就出现此对话框，请单击[确定]；
④出现网页内容

- prompt()是 JavaScript 的内部函数，它会显示对话框要求用户输入数据，然后返回所输入的数据。prompt()的第一个参数是对话框中的提示文字，第二个参数是字段默认的输入值，此例由于第二个参数为空字符串""，所以字段一开始是空白的。
- var X = prompt(" 请输入 0-100 的数字", "")；是声明一个名称为 X 的变量，而且 X 的初始值为用户所输入的数据。
- 当所输入的数字大于等于 60 时，条件表达式（X >= 60）的返回值为 true，就会执行后面的程序语句，而出现显示着 "及格!" 的对话框；相反的，当所输入的数字小于 60 时，条件表达式（X >= 60）的返回值为 false，就会跳出 if 判断结构，而不会出现显示着 "及格!" 的对话框。

## 11-2-2  if...else...：如果...就...否则...（双向选择）

```
if（condition）
{
  statements1;
}
else
{
  statements2;
}
```

这种形式比前一节所介绍的 if...形式多了 else 程序语句，照字面翻译过来的意义是"如果...就...否则..."，属于双向选择。*condition* 是一个条件表达式，它的结果为布尔类型，若 *condition* 返回 true，就执行 if 后面的 *statements1*（程序语句 1），否则执行 else 后面的 *statements2*（程序语句 2），如下图。

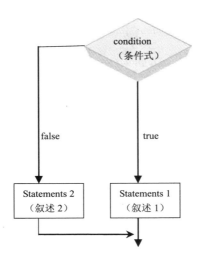

随堂练习

改写前一个随堂练习，令它要求用户输入 0~100 之间的数字，如果数字大于等于 60，就出现显示着"及格！"的对话框，否则出现显示着"不及格！"的对话框，在用户单击[确定]后，才会出现网页内容。

提示：

```
<!doctype html>
<html>
```

```
<head>
  <meta charset="utf-8">
  <title> 流程控制范例 </title>
  <script language="javascript">
     var X = prompt(" 请输入 0-100 的数字 ", "");
     if（X >= 60）
        alert(" 及格！ ");
      else
        alert(" 不及格！ ");
     </script>
  </head>
</html>
```

<\Ch11\prac11-2.html>

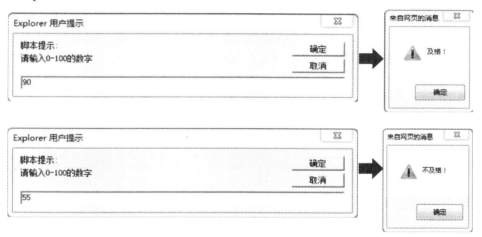

请注意，当所输入的数字大于等于 60 时，条件表达式（X >= 60）的返回值为 true，就会执行 if 后面的程序语句，而出现显示着"及格！"的对话框；相反的，当所输入的数字小于 60 时，条件表达式（X >= 60）的返回值为 false，就会执行 else 后面的程序语句，而出现显示着"不及格！"的对话框。

## 11-2-3　if...else if...：如果...就...否则如果...就...否则...（多向选择）

```
if（condition1）
{
  statements1;
}
else if（condition2）
{
  statements2;
```

```
}
else if（condition3）
{
    statements3;
}
...
else
{
    statementsN+1;
}
```

这种形式最复杂但实用性也最高，照字面翻译过来的意义是"如果...就...否则如果...就...否则..."，属于多向选择，前两节所介绍的 if...和 if...else...形式都只能处理一个条件表达式，而这种形式可以处理多个条件表达式。

程序执行时会先检查条件表达式 *condition1*，如果 *condition*1 返回 true，就执行 *statements1*（程序语句 1），然后跳出 if 判断结构；如果 *condition1* 返回 false，就接着检查条件表达式 *condition2*，如果 *condition2* 返回 true，就执行 *statements2*（程序语句 2），然后跳出 if 判断结构，否则继续检查条件表达式 *condition3*，...依此类推。如果所有条件表达式皆不成立，就执行 else 后面的 *statementsN+1*，故 *statements1* 至 *statementsN+1* 等程序语句只有一条会被执行，如下图。

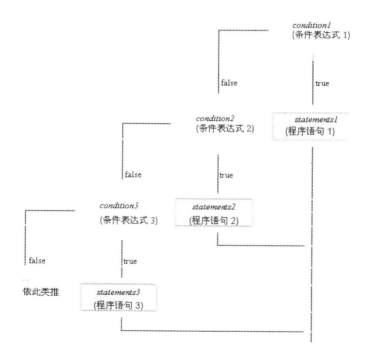

# 随堂练习

改写前一个随堂练习，令它要求用户输入 0 到 100 之间的数字，如果数字大于等于 90，就出现显示着"优等！"的对话框；如果数字大于等于 80 小于 90，就出现显示着"甲等！"的对话框；如果数字大于等于 70 小于 80，就出现显示着"乙等！"的对话框；如果数字大于等于 60 小于 70，就出现显示着"丙等！"的对话框，否则出现显示着"不及格！"的对话框；在用户按下[确定]后，才会出现网页内容。

提示：

```
<script language="javascript">
  var X = prompt(" 请输入 0-100 的数字 ", "");
  if（X >= 90）
    alert(" 优等！ ");
  else if（X < 90 && X >= 80）
    alert(" 甲等！ ");
  else if（X < 80 && X >= 70）
    alert(" 乙等！ ");
  else if（X < 70 && X >= 60）
    alert(" 丙等！ ");
  else
    alert(" 不及格！ ");
</script>
```

取自　<\Ch11\prac11-3.html>

①输入数字；②单击[确定]；③如果数字大于等于 70 小于 80，就出现此对话框。

请注意，当所输入的数字小于 90 大于等于 80 时，条件表达式（X >= 90）的返回值为 false，于是执行 else if 后面的程序语句，此时条件表达式（X < 90 && X >= 80）的返回值为 true，于是出现显示着"甲等！"的对话框；同理，当所输入的数字小于 80 大于等于 70 时，条件表达式（X >= 90）的返回值为 false，于是执行 else if 后面的程序语句，此时条件表达式（X < 90 && X >= 80）的返回值为 false，于是又执行第二个 else if 后面的程序语句，此时条件表达式（X < 80 && X >= 70）的返回值为 true，于是出现显示着"乙等！"的对话框，其他数字请依此类推。不妨试着输入其他数字，看看执行结果有何不同。

# 11-3　switch

switch 判断结构可以根据表达式或变量的值而有不同的执行方向，可以将它想象成一个有多种车位的车库，这个车库是根据车辆的种类来分配停靠位置，如果进来的是小客车，就会分配到小客车专属的停靠位置，若进来的是大货车，就会分配到大货车专属的停靠位置，其语法如下。

```
switch(expression)
{
  case value1:
    statements1;
    break;
  case value2:
    statements2;
    break;
  ...
  case valueN:
    statementsN;
    break;
  default:
    statementsN+1;
    break;
}
```

我们必须先给 switch 判断结构一个表达式 *expression* 当做判断的对象，就好像上面比喻的车库是以车辆当做判断的对象，接下来的 case 则是要写出这个表达式可能的值，就好像车辆可能有几个种类。

程序执行时会先从第一个值 *value1* 开始进行比较，看看是否和 *expression* 的值相等，如果相等，就执行其下的程序语句 *statements1*，执行完毕后，break 语句会令其跳离 switch 判断结构；相反的，若不相等，就接着和第二个值 *value2* 进行比较，看看是否和 *expression* 的值相等，若相等，就执行其下的程序语句 *statements2*，执行完毕后，break 语句会令其跳离 switch 判断结构...依此类推；若没有任何值和 *expression* 的值相等，就执行 default 之下的程序语句 *statementsN+1*，执行完毕后，break 语句会令其跳离 switch 判断结构，如下图。

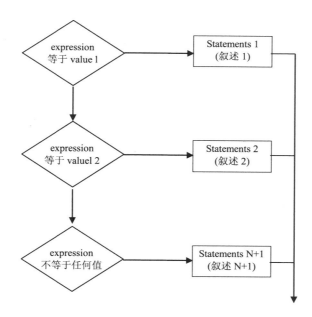

随堂练习

编写一个网页，令它要求用户输入 1~5 的数字，单击[确定]后会出现显示着其英文的对话框，若用户输入的不是 1~5 的数字，则会出现显示着"您输入的数字超过范围！"的对话框，在用户单击第二个对话框的[确定]后，才会出现网页内容，下面的执行结果以供参考。

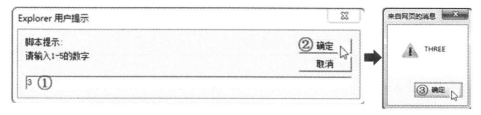

①输入 1 到 5 的数字；②单击[确定]；③出现显示着英文的对话框

解答：

```
<!doctype html>
<html>
  <head>
    <meta charset="utf-8">
    <title> 流程控制范例 </title>
    <script language="javascript">
      var X = prompt(" 请输入 1-5 的数字 ", "");
      switch(X)
```

```
    {
       case "1":                  // 当用户输入 1 时
          alert("ONE");
          break;
       case "2":                  // 当用户输入 2 时
          alert("TWO");
          break;
       case "3":                  // 当用户输入 3 时
          alert("THREE");
          break;
       case "4":                  // 当用户输入 4 时
          alert("FOUR");
          break;
       case "5":                  // 当用户输入 5 时
          alert("FIVE");
          break;
       default:                   // 当用户输入 1-5 以外的数字时
          alert(" 您输入的数字超过范围！ ");
          break;
    }
  </script>
</head>
<body>
</body>
</html>
```

&lt;\Ch11\prac11-4.html&gt;

说明：

这个随堂练习会将用户所输入的数字 1~5 翻译成英文，然后显示出来。程序一开始是令 switch 判断结构将用户输入的数字（X）当做对象来进行比较，接下来按序比较 case 后面的值是否相等，若相等，就执行其下的程序语句，因此，假设用户输入 3，当 switch 判断结构在比较 X 等于哪个 case 时，就会发现比较结果等于 case 3，于是执行 case 3 之下的程序语句，若 X 的值不等于任何 case 后面的值，就会执行 default 之下的程序语句。

或许您会认为这个程序也可以使用 if...else if...判断结构来完成，只要将 switch 判断结构改写成如下即可：

```
<script language="javascript">
  var X = prompt(" 请输入 1-5 的数字 ", "");
  if（X == "1"）
     alert("ONE");
  else if（X == "2"）
```

```
    alert("TWO");
  else if（X == "3"）
    alert("THREE");
  else if（X == "4"）
    alert( "FOUR");
  else if（X == "5"）
    alert("FIVE");
  else
    alert(" 您输入的数字超过范围！ ");
</script>
```

取自<\Ch11\prac11-5.html>

　　switch 判断结构的优点在于能够清楚呈现出所要执行的效果，程序写得越长，就越能看到其优点，不过，它也有缺点，那就是只能执行一个条件表达式，而 if...else 判断结构则无此限制。

# 11-4　for

　　重复执行某项功能是计算机的专长之一，若每执行一次功能就要编写一条程序语句，那么大部分程序必然非常冗长，而 for（计数循环）就是用来解决重复执行的问题，例如要打印一个班级的成绩单，只要使用 for 循环逐一取出每个学生的成绩送给打印机，程序代码编写一次即可完成工作，常见的例子有"算出 1 加 2 加 3 一直加到 100 的总和"、"显示乘法九九表"等。

```
for（initializers; expression; iterators)
{
    statements;
    [break;]
    statements;
}
```

　　程序在开始执行 for 循环时，会先通过 *initializers* 初始化循环计数器，*initializers* 是使用逗点分隔的表达式列表或赋值语句，接着计算表达式 *expression* 的值，若返回值为 false，就跳离 for 循环，若返回值为 true，就执行 for 循环内的 *statements*（程序语句），完毕后跳回 for 处执行 *iterators*，再计算表达式 *expression* 的值，若返回值为 false，就跳离 for 循环，若返回值为 true，就执行 for 循环内的 *statements*（程序语句），完毕后跳回 for 处执行 *iterators*，再计算表达式 *expression* 的值，如此周而复始，直到表达式 *expression* 的值为 false。

**备注**

- 原则上，在我们编写 for 循环后，程序就会将 for 循环执行完毕，不会中途离开循环。不过，有时我们可能需要在 for 循环内检查某些条件，一旦符合条件便强制离开循环，此时可以使用 break 语句强制离开循环。
- 若 for 循环省略了 *initializers*、*expression*、*iterators*，即 for（;;），就会得到一个无限循环（infinite loop）。

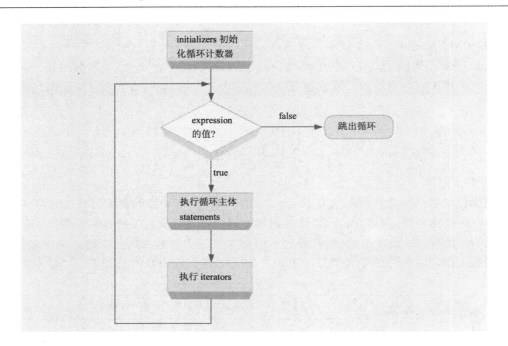

随堂练习

编写一个网页，令它要求用户输入一个正整数，单击[确定]后，会出现显示着 1 累加到此正整数之总和的对话框，在用户单击第二个对话框的[确定]后，才会出现网页内容，下面的执行结果以供参考。

①输入正整数；②单击[确定]；③出现此对话框

提示：

```
<script language="javascript">
  var X = prompt(" 请输入正整数 ", "");
  var Total = 0;
  for（var i = 1; i <= X; i++)
  {
    Total = Total + i; // 这行程序语句也可以改写为 Total += i;
  }
  alert(Total);
</script>
```

取自 <\Ch11\prac11-6.html>
说明：

这个程序一开始先声明变量 Total，用来存放总和，初始值设置为 0，然后在 for 循环声明变量 i，用来当做 for 循环的计数器，计数器的初始值为 1，最大值为用户所输入的正整数，换句话说，执行 for 循环的条件是计数器必须小于等于用户所输入的正整数，而 i++则表示 for 循环每重复一次，变量 i 的值就加 1。

当用户输入 10 时，for 循环会计算 1 累加到 10 之总和，此时，循环执行的次数如下（Total = Total + i;）。

| 循环次数 | 右边的 Total | i | 左边的 Total | 循环次数 | 右边的 Total | i | 左边的 Total |
|---|---|---|---|---|---|---|---|
| 第一次 | 0 | 1 | 1 | 第六次 | 15 | 6 | 21 |
| 第二次 | 1 | 2 | 3 | 第七次 | 21 | 7 | 28 |
| 第三次 | 3 | 3 | 6 | 第八次 | 28 | 8 | 36 |
| 第四次 | 6 | 4 | 10 | 第九次 | 36 | 9 | 45 |
| 第五次 | 10 | 5 | 15 | 第十次 | 45 | 10 | 55 |

编写一个网页，令它要求用户输入一个正偶数，单击[确定]后会出现显示 2 到此正偶数之间所有偶数总和的对话框，在用户单击第二个对话框[确定]后，才会出现网页内容，下面的执行结果以供参考。

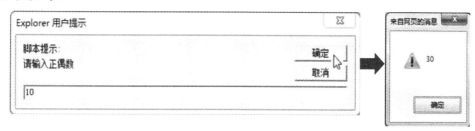

提示：

```
<script language="javascript">
```

```
var X = prompt(" 请输入正偶数 ", "");
var Total = 0;
for（var i = 2; i <= X; i+=2)
{
   Total = Total + i;          // 这行程序语句也可以改写为 Total += i;
}
alert(Total);
</script>
```

取自 <\Ch11\prac11-7.html>

| 循环次数 | 右边的 Total | i | 左边的 Total |
|---|---|---|---|
| 第一次 | 0 | 2 | 2 |
| 第二次 | 2 | 4 | 6 |
| 第三次 | 6 | 6 | 12 |
| 第四次 | 12 | 8 | 20 |
| 第五次 | 20 | 10 | 30 |

❖ **break 语句的妙用**

原则上，在编写 for 循环后，程序就会将 for 循环执行完毕，不会中途离开循环。不过，有时可能需要在 for 循环内检查某些条件，一旦符合条件便强制离开循环，此时可以使用 break 语句强制离开循环，下面举一个例子。

```
01:<!doctype html> 02:<html>
03:   <head>
04:       <meta charset="utf-8">
05:       <title> 流程控制范例 </title>

06:       <script language="javascript">
07:          var Result = 1;      // 声明一个用来存放计算结果的变量且初始值为 1
08:          for(var i = 1; i <= 15; i++)
09:          {
10:             if（i > 6）break;
11:             Result = Result * i;
12:          }
13:          alert(Result);
14:       </script>
15:   </head>
16:</html>
```

<\Ch11\prac11-8.html>

如上图所示，执行结果为 720，因为这个 for 循环并没有执行到 10 次，一旦第 10 行检查到变量 i 大于 6 时（即变量 i 等于 7），就会执行 break 语句强制离开循环，故 Result 的值为 1*2*3*4*5*6=720。事实上，break 不仅可以用来强制离开 for 循环，还可以用来强制离开 while 循环、do 循环、for...in 循环、函数等程序代码区块。

# 11-5　while

while 循环和下一节所要介绍的 do 循环均属于条件循环（conditional loops），也就是以条件表达式是否成立做为循环执行与否的根据，有别于 for 循环是以计数器做为循环执行与否的根据。

while 循环的语法如下。

```
while(condition)
{
  statements;
  [break;]
  statements;
}
```

这种循环结构在执行到 while 时，会先检查 *condition*（条件表达式）是否成立，即是否为 true，若为 false，就跳离循环，若为 true，就执行 *statements*（程序语句），碰到 while 循环的结尾时又回到 while 循环的开头，再度检查 *condition* 是否成立，如下图。

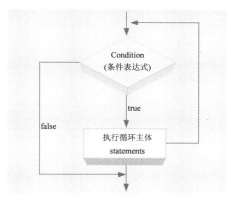

若要在中途强制离开循环，可以加上 break 语句。此处的 *condition* 弹性很大，只要 *condition* 的返回值为 false，就会结束循环，而不必限制循环执行的次数，使用范围比 for 循环广泛。

随堂练习

编写一个猜数字网页，正确数字为 6，若输入的数字比 6 大，就显示"太大了！请重新输入！"要求继续猜；若输入的数字比 6 小，就显示"太小了！请重新输入！"要求继续猜；若输入的数字是 6，就显示"答对了！"，然后结束，下面的执行结果以供参考。

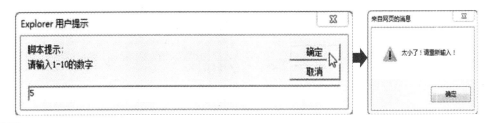

提示

```
<script language="javascript">
  var Number = prompt(" 请输入 1-10 的数字 ","");
  while(Number != 6)
  {
    if（Number > 6) // 太大了继续做答
    {
      alert(" 太大了！请重新输入！ ");
      Number = prompt(" 请输入 1-10 的数字 ", "");
    }
    else if（Number < 6)  // 太小了继续做答
    {
      alert(" 太小了！请重新输入！ ");
      Number = prompt(" 请输入 1-10 的数字 ", "");
    }
  }
  alert(" 答对了！ ");
</script>
```

取自  <\Ch11\prac11-9.html>

# 11-6　do

do 循环也是以条件表达式是否成立做为循环执行与否的根据，其语法如下。

```
do
{
  statements;
  [break;]
  statements;
}while(condition);
```

这种循环结构在执行到 do 时，会先执行 statements（程序语句），完毕后碰到 while，再检查 condition（条件表达式）是否成立，即是否为 true，若为 false，就跳离循环，若为 true，就再度回到 do，继续执行 statements，如此可以确保 statements 至少被执行一次，如下图。

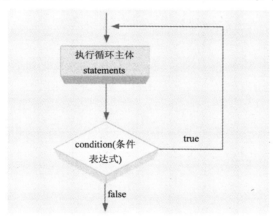

当编写循环时，请留意循环的结束条件，避免陷入无限循环，例如下面的程序语句就是一个无限循环。

```
do
{
  alert("Hello!");
}while(1);
```

使用 do 循环改写第 11-5 节的随堂练习，下面的执行结果以供参考。

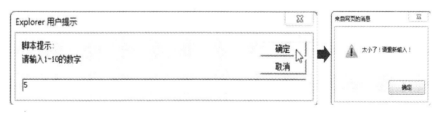

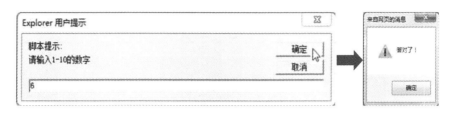

提示：

```
<script language="javascript">
  do
  {
    Number = prompt(" 请输入 1-10 的数字 ","");
    if（Number > 6）// 太大了继续做答
    {
      alert(" 太大了！请重新输入！ ");
    }
    else if（Number < 6）   // 太小了继续做答
    {
      alert(" 太小了！请重新输入！ ");
    }
  }while(Number != 6)
  alert(" 答对了！ ");
</script>
```

取自<\Ch11\prac11-10.html>

# 11-7　for...in

for...in 循环和 for（计数循环）很相似，只是它专门设计给数组（arrays）或集合（collections）使用，其语法如下，其中 *identifier* 为标识符，表示数组或集合的项目变量，*expression* 为数组表达式或对象集合，若要在中途强制离开 for...in 循环，可以加上 break 语句。

```
for（var identifier in expression)
{
  statements;
  [break;]
  statements;
}
```

数组或集合和变量一样可以用来存放数据，不同的是一个变量只能存放一个数据，而一个数组或集合可以存放多个数据，我们会在第 13-3-8 节详细说明数组的存取方式，下面举一个例子。

```
<!doctype html>
  <html>
    <head>
    <meta charset="utf-8">
    <title> 流程控制范例 </title>
    <script language="javascript">
      // 声明包含三个元素的数组
      var Students = new Array(" 小丸子", " 小玉", " 花轮");
      for（var i in Students)
      {
          alert(Students[i]);
      }
    </script>
    </head>
  <body>
  </body>
</html>
```

<\Ch11\prac11-11.html>

这个程序一开始先声明一个名称为 Students 的数组并设置初始值，里面总共有三个元素，初始值分别为"小丸子"、"小玉"、"花轮"，然后利用 for...in 循环显示数组各个元素的值，于是得到如下图的执行结果。

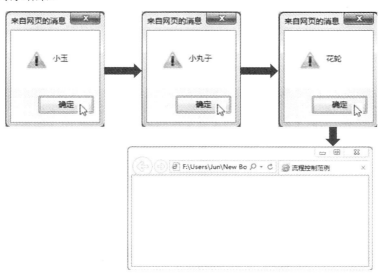

请注意，for（var i in Students）程序语句中的变量 i 代表的是 Students 数组的下标，在第一次执行这条程序语句时，变量 i 代表的是数组第 1 个元素的下标 0，而 Students[i]为 Students[0]，于是在对话框中显示"小丸子"；继续，在第二次执行这条程序语句时，变量 i 代表的是数组第 2 个元素的下标 1，而 Students[i]为 Students[1]，于是在对话框中显示"小玉"；

最后，在第三次执行这个程序语句时，变量 i 代表的是数组第 3 个元素的下标 2，而 Students[i] 为 Students[2]，于是在对话框中显示"花轮"，由于这是最后一个元素，所以在显示完毕后便会跳出 for...in 循环。

for...in 循环搭配数组或集合使用的好处是不用事先告知数组或集合的大小，它会自动侦测，但一般人通常还是习惯使用 for 循环，原因是 for...in 循环并没有计数器，使用起来的变化较少，而且数组的大小也可以通过 Array 对象的 length 属性来获取，第 13-3-8 节有进一步的说明。

# 11-8　break 与 continue

如前几节的介绍，break 语句可以用来强制离开 for 循环、while 循环、do 循环、for...in 循环、函数等程序代码区块，此处就不再重复讲解。

至于 continue 语句则可以用来在循环内跳过后面的程序语句，直接返回循环的开头。以下面的程序代码为例，执行结果只会在对话框中显示 10，因为在执行到 if（i < 10）continue; 时，只要 i 小于 10，就会跳过 continue; 后面的程序语句，直接返回循环的开头，直到 i 大于等于 10 时，才会执行 alert(i); 程序语句，在对话框中显示 10。

```html
<!doctype html>
<html>
  <head>
    <meta charset="utf-8">
    <title> 流程控制范例 </title>
    <script language="javascript">
      for（var i = 1; i <= 10; i++)
      {
        if（i < 10）continue;
        alert(i);
      }
    </script>
  </head>
</html>
```

<\Ch11\prac11-12.html>

# 学习评估

## 一、选择题

（　　）1. 下列哪一个不属于循环结构？

       A. for        B. if...else        C. do        D. while

（　　）2. 下列哪种流程控制可以根据一个变量的值而有不同的执行方向？

       A. while        B. do        C. switch        D. for...in

（　　）3. 下列哪种流程控制最适合用来计算连续数字的累加？

       A. if...else        B. switch        C. for        D. for...in

（　　）4. 若要提前离开 for 循环，可以使用下列哪个语句？

       A. goto        B. return        C. exit        D. break

（　　）5. 下列哪种流程控制最适合用来处理数组？

       A. for...in        B. do        C. if...else        D. switch

（　　）6. do 循环可以确保循环内的程序语句至少执行一次，对不对？

       A. 对        B. 不对

（　　）7. for 循环可以确保循环内的程序语句至少执行一次，对不对？

       A. 对        B. 不对

（　　）8. 在 for(var i = 100; i <= 200; i += 3）循环执行完毕时，i 的值是多少？

       A. 200        B. 202        C. 199        D. 201

（　　）9. 下列哪一个属于判断结构？

       A. for        B. while        C. if...else        D. break

（　　）10. 若要使程序的执行在循环内跳过后面的程序语句，直接返回循环的开头，可以使用下列哪个语句？

       A. goto        B. jump        C. continue        D. return

## 二、实践题

1. 下列程序代码在离开循环后，变量 i 的值是多少？

```
（1）var i = 0;        （2）var i = 500;      （3）int i = 20;
                                              while(i <
        do                 do                        650)
        {                  {                  {
          i += 7;            i -= 11;           i += 9;
        }while(i <         }while(i >          }
100);                 0);
```

2. 编写一个 JavaScript 程序，令它根据下式显示斐波那契 数列前 20 个数字。

$f_0 = 1$, $f_1 = 1$, $f_{i+1} = f_i + f_{i-1}$     for i = 1, 2, 3, ...

3. 编写一个 JavaScript 程序，令它计算下式的结果并显示出来。

$(1/2)^1 + (1/2)^2 + (1/2)^3 + (1/2)^4 + (1/2)^5 + (1/2)^6 + (1/2)^7 + (1/2)^8$

4. 使用 do 循环编写一个 JavaScript 程序，令它找出到 1~200 之间可以被 13 整除的数字并显示出来。

5. 编写一个 JavaScript 程序，令它根据如下累进税率计算个人综合税，然后在对话框中显示所得净额 200 万元应该缴交多少个人综合税。

| 所得净额（元） | 累进税率 |
| --- | --- |
| 0 ~ 500,000 | 5% |
| 500,001 ~ 1,130,000 | 12% |
| 1,130,001 ~ 2,260,000 | 20% |
| 2,260,001 ~ 4,230,000 | 30% |
| 4,230,001 以上 | 40% |

6. 编写一个 JavaScript 程序，令它通过对话框要求用户输入 1 到 12 的数字，然后显示对应的英文月份简写，例如 Jan.、Feb.、Mar.、Apr.、May.、Jun.、Jul.、Aug.、Sep.、Oct.、Nov.、Dec.。

# 第12章

## 函数

# 12-1 认识函数

函数（function）是将一段具有某种功能的程序语句写成独立的程序单元，然后给予特定名称，以提高程序的重复使用性及可读性。有些程序设计语言把函数称为"方法"（method）、"过程"（procedure）或"子程序"（subroutine），例如 Java 和 C#是将函数称为方法，而Visual Basic 是将有返回值的程序称为函数，没有返回值的程序称为子程序。

函数可以执行通用操作，也可以处理事件，前者称为"通用函数"（general function），后者称为"事件函数"（event function）。举例来说，我们可以针对网页上某个按钮的 onclick属性编写事件函数，假设该事件函数的名称为 showMsg()，一旦用户单击这个按钮，就会调用 showMsg()事件函数。

原则上，事件函数通常处于闲置状态，直到为了响应用户或系统所触发的事件时才会被调用；相反的，通用函数与事件无关，程序设计人员必须自行编写程序代码来调用通用函数。

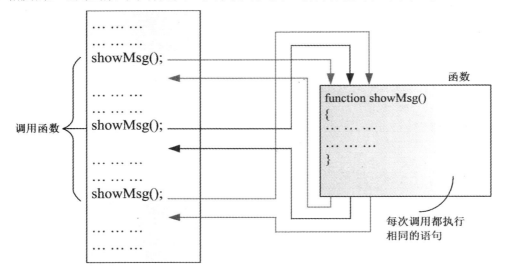

使用函数的好处如下所列。

- 函数具有重复使用性（reusability），当写好一个函数时，可以在程序中不同地方调用这个函数，而不必重新编写。
- 加上函数后，程序会变得更精简，因为虽然多了调用函数的程序语句，却少了更多重复的程序语句。
- 加上函数后，程序的可读性（readability）会提高。
- 把程序拆成几个函数后，写起来会比较轻松，而且程序的逻辑性和正确性都会提高，如此不仅容易理解，也比较好调试、修改与维护。

说了这么多好处，那么函数没有缺点吗？其实是有的，函数会使程序的执行速度减慢，因为多了一道调用的手续。

JavaScript 除了允许用户自定义函数之外，也提供了许多"内部函数"（build-in function），只是大部分内部函数隶属于对象，故又称为"方法"（method），在前几章所使用的 alert()、prompt()函数便是 JavaScript 的内部函数。

在本章中，先说明如何自定义函数，之后再介绍下列内部函数。

- encodeURI()、decodeURI()
- encodeURIComponent()、decodeURIComponent()
- eval()
- isFinite()、isNaN()
- Number()、parseFloat()、parseInt()

## 12-2　用户自定义函数

可以使用 function 关键字声明函数，其语法如下：

```
function function_name([parameterlist])
{
    statements;
    [return;|return value;]
    [statements;]
}
```

- function: 这个关键字用来声明函数，就像 var 关键字用来声明变量一样。
- *function_name*: 这是函数的名称，命名规则和变量相同。
- {、}: 用来标记函数的开头与结尾。
- （[*parameterlist*]）: 这是函数的参数（parameter），可以利用参数传递数据给函数，一个以上的参数中间以逗号隔开。
- *statements*: 这是函数主要的程序代码部分。
- [return;|return *value*;]: 若要将程序的控制权从函数内移转到调用函数的地方，可以使用 return 语句。当函数没有返回值且不需要提早转移到调用函数的地方时，return 语句可以省略不写；相反的，当函数有返回值时，return 语句就不可以省略不写，而且后面必须加上返回值 *value*。

以下面的程序代码为例，它是声明一个名称为 Greeting，没有参数，也没有返回值的函数：

```
function Greeting()
{
    var UserName = prompt(" 请输入您的姓名 ", "");
```

```
    alert(UserName + " 您好！欢迎光临！   ");
}
```

再次提醒您，通用函数必须加以调用才会被执行，而且当函数有参数时，参数的个数及顺序均不能弄错，即使函数没有参数，小括号（）仍须保留。

```
function_name([parameterlist]);
```

以下面的程序代码为例，第 07~11 行是声明一个名称为 Greeting，没有参数，也没有返回值的函数，第 12 行则是调用该函数，如此一来，当用户载入网页时，才会出现对话框要求输入姓名，进而出现欢迎对话框，若将第 12 行省略不写，该函数将不会被执行。

```
01:<!doctype html> 02:<html>
03: <head>
04:    <meta charset="utf-8">
05:    <title> 函数范例 </title>
06:    <script language="javascript">
07:       function Greeting()                 // 声明函数
08:       {
09:         var UserName = prompt(" 请输入您的大名 ", "");
10:         alert(UserName + " 您好！欢迎光临！   ");
11:       }
12:       Greeting();                          // 调用函数
13:    </script>
14: </head>
15: <body>
16: </body>
17:</html>
```

\<Ch12\func1.html>

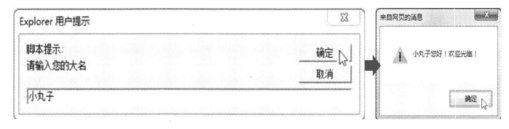

除了在 JavaScript 程序代码区块中调用函数，事实上，也可以在 HTML 程序代码中调用函数，下面举一个例子，当用户单击第 15 行的超链接时，就会出现对话框要求输入姓名，进而出现欢迎对话框。

```
01:<!doctype html>
02:<html>
```

```
03: <head>
04:     <meta charset="utf-8">
05:     <title> 函数范例 </title>
06:     <script language="javascript">
07:     function Greeting()      // 声明函数
08:     {
09:         var UserName = prompt(" 请输入您的姓名 ", "");
10:         alert(UserName + " 您好！欢迎光临！ ");
11:     }
12:     </script>
13: </head>
14: <body>
15:     <h1><a href="javascript:Greeting();"> 单击此处以显示欢迎信息 </a></h1>
16: </body>
17:</html>
```

&lt;\Ch12\func2.html&gt;

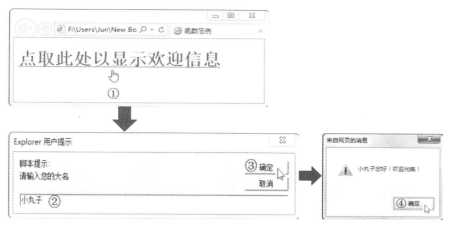

①点选此超链接；②输入姓名；③按[确定]；④出现欢迎对话框

## 12-2-1　函数的参数

可以藉由参数传递数据给函数，当参数的个数不只一个时，中间以逗号隔开即可，而在调用有参数的函数时，要注意参数的个数及顺序均不能弄错，若没有指定参数的值，表示为undefined。

下面举一个例子，当浏览器加载网页时，会出现对话框要求用户输入摄氏温度，然后转换为华氏温度，再显示出来。将转换的操作写成名称为 Convert2F 的函数，同时有一个名称为 DegreeC 的参数（第 07 行），然后根据公式将参数由摄氏温度转换为华氏温度（第 09 行），再显示出来（第 10 行）。

```
01:<!doctype html> 02:<html>
03: <head>
04:     <meta charset="utf-8">
05:     <title> 函数范例 </title>
06:     <script language="javascript">
07:      function Convert2F(DegreeC) // 声明名称为 Convert2F、参数为 DegreeC 的函数
08:      {
09:           var DegreeF = DegreeC * 1.8 + 32;
10:           alert(" 摄氏 " + DegreeC + " 度可以转换为华氏 " + DegreeF + " 度 ");
11:      }
12:      var Temperature = prompt(" 请输入摄氏温度 ", "");
13:      Convert2F(Temperature);        // 调用函数时要将输入的摄氏温度当成参数传入
14:     </script>
15: </head>
16:</html>
```

<\Ch12\func3.html>

①输入摄氏温度；②单击[确定]；③出现转换为华氏温度的结果

## 12-2-2　函数的返回值

当希望从函数返回数据时，可以使用 return 关键字，举例来说，可以将前一节的 <\Ch12\func3.html>改写成如下，执行结果将维持不变。

由于 Convert2F()函数的 return DegreeF = DegreeC * 1.8 + 32; 程序语句（第 09 行）会将摄氏温度转换为华氏温度并返回，所以我们在第 12 行将函数的返回值赋值给变量 Result，然后在第 13 行调用 alert()函数显示结果。

```
01:<!doctype html> 02:<html>
03:  <head>
04:   <meta charset="utf-8">
05:   <title> 函数范例 </title>
06:   <script language="javascript">
07:      function Convert2F(DegreeC)
08:      {
```

```
09:    return DegreeF = DegreeC * 1.8 + 32;    // 返回转换完毕的结果
   }
var Temperature = prompt(" 请输入摄氏温度 ", "");
12:    var Result = Convert2F(Temperature);    // 将返回值赋值给变数 Result
alert(" 摄氏 " + Temperature + " 度可以转换为华氏 " + Result + " 度 ");
</script>
</head>
16:</html>
```

&lt;\Ch12\func4.html&gt;

①输入摄氏温度；②按[确定]；③出现转换为华氏温度的结果

# 随堂练习

　　编写一个网页，当浏览器加载网页时，会出现对话框要求用户输入起始数字和终止数字，然后显示起始数字累加到终止数字的总和。请将计算总和的部分写成函数，它的两个参数为起始数字和终止数字，返回值则为总和（提示：总和公式为起始数字加上终止数字，乘以总共有几个数字，再除以 2）。

```
<script language="javascript">
  function Calculate(StartNum, EndNum)
  {
    return（Number(StartNum)＋Number(EndNum)）*（EndNum - StartNum + 1）/ 2;
  }
  var Num1 = prompt(" 请输入起始数字 ", "");
  var Num2 = prompt(" 请输入终止数字 ", "");
  var Result = Calculate(Num1, Num2);
  alert(" 起始数字累加到终止数字的总和为 " + Result);
</script>
```

为了让 + 运算符进行加法，因而使用内部函数 Number()将字符串转换为数字。

取自<\Ch12\func5.html>

# 12-3 局部变量 V.S.全局变量

本节所要讨论的是一个很重要的观念，就是变量的有效范围（scope），所谓全局变量（global variable）指的是任何程序代码区块均能访问的变量，包括 HTML 程序代码区块在内，而所谓局部变量（local variable）指的是在函数内以 var 关键字所声明的变量，只有该函数内的程序语句才能访问这个变量，因此，即便有多个函数声明了同名的局部变量，JavaScript 一样能够正确访问。

下面举一个例子。

```
01:<!doctype html>
02:<html>
03:  <head>
04:    <meta charset="utf-8">
05:    <title> 函数范例 </title>
06:    <script language="javascript">
07:        var Msg;                                    // 声明一个全局变量 Msg
08:        Msg = "Hello, This is outside of Func1().";  // 设置全局变量 Msg 的值
09:        alert(Msg);                                  // 显示全局变量 Msg 的值
10:        Func1();                                     // 调用 Func1()函数
11:        alert(Msg);                                  // 显示全局变量 Msg 的值
12:
13:        function Func1()
14:        {
15:            var Msg;                                 // 声明同名的局部变量 Msg
16:            Msg = "Hello, This is inside of Func1()."; // 设置局部变量 Msg 的值
17:            alert(Msg);                              // 显示局部变量 Msg 的值
18:        }
```

```
19:        </script>
20:     </head>
21:     <body>
22:     </body>
23:</html>
```

<\Ch12\func6.html>

这个例子会按序出现如下对话框，分别是第 09、10、11 行的执行结果。

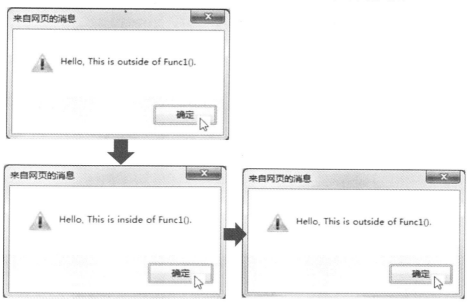

第 09、11 行所显示的 Msg 值均为" Hello, This is outside of Func1()."，而第 10 行因为调用了 Func1()函数，故所显示的 Msg 值为" Hello, This is inside of Func1()."，由此可知，即便使用了同名的局部变量，JavaScript 一样能够正确区分；相反的，若我们在函数内没有使用 var 关键字声明变量 Msg，也就是将它当成全局变量，结果会变成怎么样呢？看看下面的例子就知道了。

```
01:<!doctype html> 02:<html>
03:    <head>
04:        <meta charset="utf-8">
05:        <title> 函数范例 </title>
06:        <script language="javascript">
07:            var Msg;                                  // 声明一个全局变量 Msg
08:             Msg = "Hello, This is outside of Func1().";   // 设置全局变量 Msg 的值
09:            alert(Msg);                               // 显示全局变量 Msg 的值
10:            Func1();                                  // 调用 Func1()函数
11:            alert(Msg);                               // 显示全局变量 Msg 的值
12:
```

```
13:        function Func1()
14:        {
15:            Msg = "Hello, This is inside of Func1().";        // 设置全局变量 Msg 的值
16:            alert(Msg);                                        // 显示全局变量 Msg 的值
17:        }
18:    </script>
19: </head>
20: <body>
21: </body>
22:</html>
```

<\Ch12\func7.html>

这个例子会按序出现如下对话框，分别是第 09、10、11 行的执行结果。

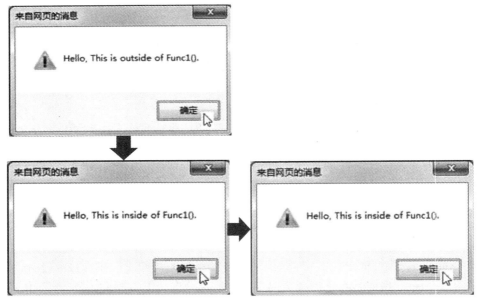

由于第 08 行将全局变量 Msg 的值设置为"Hello, This is outside of Func1()."，故第 09 行所显示的 Msg 值为"Hello, This is outside of Func1()."；接着，第 10 行调用 Func1()函数，此时，全局变量 Msg 的值被改设置为"Hello, This is inside of Func1()."，于是第 10、11 行所显示的 Msg 值均为"Hello, This is inside of Func1()."。

# 12-4　JavaScript 内部函数

JavaScript 提供的内部函数又分为两种，一种是"全局函数"（global function），任何程序代码区块均能访问这种函数，例如 alert()、prompt()等，另一种是对象的"方法"（method），也就是隶属于某个对象的函数。

在本节中，将一一介绍下列全局函数，至于对象的方法则留待下一章再做讨论。

- encodeURI()、decodeURI()
- encodeURIComponent()、decodeURIComponent()
- eval()
- isFinite()、isNaN()
- Number()、parseFloat()、parseInt()

## 12-4-1　encodeURI()、decodeURI()

在说明 encodeURI()、decodeURI()两个函数的用途之前，首先，必须了解网络上的任何资源都是通过 URI（Universal Resource Identifier）来寻址，顾名思义，encodeURI()就是用来将 URI 编码的函数，而 decodeURI()是用来将 URI 解码的函数。

encodeURI()函数会将英文字母、数字及! # $ & ' ( ) * + , - . / : ; = ? @ _ ~ 之外的字符加以编码，例如 encodeURI("Hello 123!")会返回 Hello%20123!，其中 Hello 和 123!等字符不会被编码，而中间的空格符会被编码为%20。

相反的，decodeURI()函数会将被 encodeURI()函数编码过的数据加以解码，例如 decodeURI("Hello%20123!")会返回 Hello 123!，其中 Hello 和 123! 等字符因为没有被编码，所以就不用解码，而%20 会被解码为空格符。

## 12-4-2　encodeURIComponent()、decodeURIComponent()

encodeURIComponent()函数的用途和 encodeURI()函数相似，不同的是它会将英文字母、数字及!' ( ) * - . _ ~ 之外的字符加以编码，之所以有这样的差异是考虑到是否将一个完整的 URI 所包含的 http:// 字符串加以编码，encodeURI() 函数不会将 :// 加以编码，而 encodeURIComponent()函数会将 :// 加以编码，例如 encodeURI（"http://"）会返回 http://，而 encodeURIComponent（"http://"）会返回 http%3A%2F%2F，其中 : 被编码为 %3A，/ 被编码为%2F。

至于 decodeURIComponent()函数的用途则是将被 encodeURIComponent()函数编码过的数据加以解码，例如 decodeURIComponent（"http%3A%2F%2F"）会返回 http://。

请注意，JavaScript 还有另外一组内部函数 escape()、unescape()可以用来将 URI 编码及解码，但由于不同的浏览器所编码的字符可能不一致，而且 escape()、unescape()又会将一些不需要编码的字符加以编码及解码，后来被 encodeURI()、decodeURI()、encodeURIComponent()、decodeURIComponent()取代。

## 12-4-3　eval()

eval()函数的用途是将字符串当成 JavaScript 程序代码执行，例如 eval("alert('Hello

World!');"); 的执行结果其实和 alert("Hello World!"); 一样，也就是在对话框中显示"Hello World!"。

## 12-4-4　isFinite()、isNaN()

isFinite()函数可以用来判断参数是否为有限值，是的话，就返回 true，否的话，就返回 false，例如：

```
isFinite(1/0);          // 返回 false，因为 1/0 为正无限大
isFinite(-1/0);         // 返回 false，因为 -1/0 为负无限大
isFinite(100);          // 返回 true，因为 100 为有限值
isFinite(-10);          // 返回 true，因为 -10 为有限值
```

isNaN()函数可以用来判断参数是否为 NaN（Not a Number），是的话，就返回 true，否的话，就返回 false，例如：

```
isNaN(NaN);             // 返回 true
isNaN("abc");           // 返回 false
isNaN(123);             // 返回 false
```

 **注意**

必须使用 isNaN()函数来判断数据是否为 NaN，而不要使用 == 或 === 运算符，因为 NaN == NaN 和 NaN === NaN 都会返回 false，只有 isNaN(NaN ) 会返回 true。

## 12-4-5　Number()、parseInt()、parseFloat()

Number()函数可以用来将参数转换为数字，例如：

```
"10.5" + "8";                      // 返回字符串 "10.58"
Number("10.5"）+ Number("8");      // 返回数字 18.5
Number("abc");                     // 返回 NaN
```

```
Number("123abc");                    // 返回 NaN
Number("123abc.456");                // 返回 NaN
Number("123.456");                   // 返回数字 123.456
```

parseInt()函数可以用来将参数转换为整数，例如：

```
parseInt(10.5);                      // 返回 10
parseInt("10.5");                    // 返回 10
parseInt("-7.56");                   // 返回 -7
parseInt("abc");                     // 返回 NaN
parseInt("123.456abc");              // 返回 123
parseInt("123abc.456");              // 返回 123
```

parseInt()函数还有另一种用途，它可以根据第二个参数所指定的进位系统，将第一个参数转换为十进制数，例如：

```
parseInt(10, 2);                     // 返回 2，因为二进制数 10 可以转换为 10 进位数字 2
parseInt(20, 8);                     // 返回 16，因为八进制数字 20 可以转换为 10 进位数字 16
parseInt(20, 16);                    // 返回 32，因为十六进制数字 20 可以转换为 10 进位数字 32
```

parseFloat()函数可以用来将参数转换为浮点数，例如：

```
parseFloat(10.5);                    // 返回 10.5
parseFloat("10.5");                  // 返回 10.5
parseFloat("-7.56");                 // 返回 -7.56
parseFloat("abc");                   // 返回 NaN
parseFloat("123.456abc");            // 返回 123.456
parseFloat("123abc.456");            // 返回 123
```

此外，JavaScript 也提供了能够将数字转换为字符串的函数 toString()，只是这个函数隶属于对象，必须通过对象才能访问。举例来说，假设以 var X = 20; 程序语句声明了一个值为 20 的数值变量 X，那么 X.toString()+ X.toString()将会返回字符串 "2020"。

也可以在 toString()的参数指定进位系统，例如 X.toString(2); 会返回 10100，因为十进制数 20 可以转换为二进制数 10100；同理，X.toString(8); 会返回 24，因为十进制数 20 可以转换为八进制数字 24，而 X.toString(16); 会返回 14，因为十进制数 20 可以转换为十六进制数字 14。请注意，此处是使用小数点（.）来访问对象的成员。

## 12-5　函数库

对于经常使用的函数，可以收集起来放在独立的函数库（扩展名为.js），日后就不用在程序中重复声明这些函数，以第 12-2 节的<\Ch12\func1.html>为例，可以将函数声明的部分放在独立的函数库，如下：

```
function Greeting()
{
    var UserName = prompt(" 请输入您的大名 ","");
    alert(UserName + " 您好！欢迎光临！ ");
}
```

&lt;\Ch12\MyLibrary.js&gt;

日后只要加入诸如&lt;script src="MyLibrary.js"&gt;&lt;/script&gt;的程序语句，就能直接调用函数库 MyLibrary.js 所提供的函数 Greeting()，如下：

```
<!doctype html>
<html>
  <head>
    <meta charset="utf-8">
    <title> 函数范例 </title>
    <script src="MyLibrary.js"></script>
    <script language="javascript">
      Greeting();
    </script>
  </head>
</html>
```

&lt;\Ch12\func8.html&gt;

# 一、选择题

( ) 1. 若函数有多个参数，必须以哪个符号隔开？

    A. ,               B. :               C. _               D. &

( ) 2. 若要标记函数的开头与结尾，必须使用哪个符号？

    A. &lt; &gt;               B. [ ]               C.()               D. { }

( ) 3. 若要从函数返回值，必须使用哪个关键字？

　　　　A. continue　　　　B. break　　　　　C. exit　　　　　　D. return
（　　）4. 下列哪个函数可以将参数字符串当成 JavaScript 程序代码执行？
　　　　A. encodeURI()　　B. escape()　　　　C. eval()　　　　　D. toString()
（　　）5. 下列哪个函数可以将参数转换为整数？
　　　　A. parseFloat()　　B. parseInt()　　　C. Number()　　　　D. isNaN()

# 二、实践题

　　1. 编写一个可以计算整数参数之四次方的函数，然后调用这个函数计算 16 的四次方，并将结果显示在对话框。

　　2. 编写一个可以返回数值参数之绝对值的函数，然后调用这个函数计算-1.23 的绝对值，并将结果显示在对话框。

　　3. 编写一个可以根据半径参数返回圆面积的函数，然后调用这个函数计算半径为 10 的圆面积，并将结果显示在对话框。

　　4. 编写一个可以返回比参数小 1 之整数的函数，然后调用这个函数计算比-9.9 小 1 的整数，并将结果显示在对话框。

　　5. 编写一个可以返回两个数值参数中比较大之参数的函数，然后调用这个函数返回-5 和-3 两个参数中比较大之参数，并将结果显示在对话框。

# 第13章

## 对象

# 13-1　认识对象

在开始介绍对象之前，我们先来说明面向对象的观念，面向对象（OO，Object Oriented）是软件开发过程中极具影响性的突破，愈来愈多程序设计语言强调其面向对象的特性，JavaScript 也不例外。

面向对象的优点是对象可以在不同的应用程序中被重复使用，Windows 操作系统本身就是一个面向对象的例子，您在 Windows 操作系统中所看到的东西，包括窗口、按钮、对话框、菜单、滚动条、窗体、控件、数据库等，均属于对象，可以将这些对象放进自己编写的应用程序，然后视实际情况变更对象的属性或字段（例如标题栏的文字、按钮的大小、窗口的大小与位置等），而不必再为了这些对象编写冗长的程序代码。

下面来解释几个相关的名词。

- 对象（object）或实例（instance）就像在日常生活中所看到的各个物体，例如计算机、冰箱、汽车、电视等，而对象可能又是由许多子对象所组成，例如，计算机是一个对象，而计算机又是由 CPU、主存储器、硬盘、主板等子对象所组成；又比方说，Windows 操作系统中的窗口是一个对象，而窗口又是由标题栏、菜单栏、工具栏、状态栏等子对象所组成。至于在 JavaScript 中，对象则是数据与程序代码的组合，它可以是整个应用程序或整个应用程序的一部分。

- 属性（property）或字段（field）是用来描述对象的特质，比方说，计算机是一个对象，而计算机的 CPU 等级、主存储器容量、硬盘容量、制造厂商等用来描述计算机的特质就是这个对象的属性；又比方说，Windows 操作系统中的窗口是一个对象，而它的大小、位置等用来描述窗口的特质就是这个对象的属性。

- 方法（method）是用来执行对象的动作，比方说，计算机是一个对象，而开机、关机、执行应用程序等动作就是这个对象的方法；又比方说，JavaScript 的 document 对象提供了 write() 方法，可以让网页设计人员将指定的字符串写入 HTML 文件。

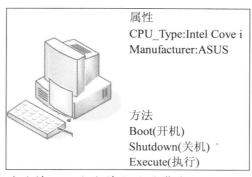

- 事件（event）是在某些情况下发出特定信号警告，例如，当发动汽车却没有关好车门时，汽车会发出哔哔声警告，这就是一个事件；又比方说，当用户单击网页上的按钮时，就会产生一个 click 事件，然后网页设计人员可以针对该事件编写处理程序，例

如将数据传回 Web 服务器。

- 类（class）是对象的分类，就像对象的蓝图，隶属于相同类的对象具有相同的属性、方法与事件，但属性的值则不一定相同。比方说，假设汽车是一个类，它有品牌、颜色、型号等属性及开门、关门、发动等方法，那么一辆白色 BMW 520 汽车就是隶属于汽车类的一个对象或案例，其品牌属性的值为 BMW，颜色属性的值为白色，型号属性的值为 520，而且除了这些属性之外，它还有开门、关门、发动等方法，至于其他车种（例如 BENZ），则为汽车类的其他对象或案例。

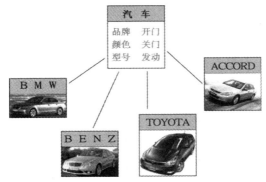

对 JavaScript 来说，对象是属性、方法与事件的集合，代表某个东西，例如网页上的窗体、图片、表格、超链接等元素，通过这些对象，网页设计人员就可以访问网页上某个元素的属性与方法。

举例来说，JavaScript 有一个名称为 window 的对象，代表一个浏览器窗口（window）、索引标签（tab）或框架（frame），而 window 对象有一个名称为 status 的属性，代表浏览器窗口的状态栏文字，假设要将状态栏文字设置为"欢迎光临~~~~"，那么可以写成 window.status = " 欢迎光临 ~~~~";，其中小数点（.）是用来访问对象的属性与方法。

```
<!doctype html>
<html>
  <head>
    <meta charset="utf-8">
    <title> 范例 </title>
    <script language="javascript">
    window.status = " 欢迎光临 ~~~~";
    </script>
  </head>
  <body>
  </body>
</html>
```

&lt;\Ch13\status.html&gt;

在前几章已经介绍过 JavaScript 的核心部分，包括类型、变量、运算符、流程控制、函数等，而在本章中，将着重于 JavaScript 在浏览器端的应用，也就是如何利用 JavaScript 让静态的 HTML 文件具有动态效果，其中最重要的就是 window 对象。

事实上，JavaScript 的对象均隶属于 window 对象，包括在前几章所声明的变量、函数及 alert()、prompt() 等函数亦隶属于 window 对象，由于它是"全局对象"（global object），同时也是默认对象，因此，window 关键字可以省略不写，举例来说，当调用 alert()、prompt() 等函数时，可以只写出 alert()、prompt()，而不必写出 window.alert()、window.prompt()，这类的函数就是所谓的"全局函数"（global function）。

window 对象包含许多子对象，这些子对象可以归纳为下列三种类型。

- 核心对象：这指的是真正属于 JavaScript 所内置的对象，与网页、浏览器或其他环境无关，也就是说，无论使用 JavaScript 做任何应用（不限定是网页程序设计），都可以通过这些对象访问数据或进行运算，包括 Array、Boolean、Date、Error、Function、Global、Math、Number、Object、RegExp、String 等对象。
- 环境对象：可以通过环境对象访问浏览器或用户屏幕的信息，包括 location、screen、navigator、history 等对象。
- document 对象：这个对象代表的是 HTML 文件本身，可以通过它访问 HTML 文件的元素，包括窗体、图片、表格、超链接等。

---

 **备注** JavaScript 与 HTML 5 API

　　除了内置的对象之外，JavaScript 还可以通过 HTML 5 提供的 API（Application Programming Interface，应用程序编程接口），编写出许多强大的功能，例如绘图、影音多媒体、拖放操作、地理定位等，进一步的说明可以参阅本书第 4 篇—HTML5 API 篇。

---

## 13-2　window 对象

如前一节所言，window 对象代表一个浏览器窗口（window）、索引标签（tab）或框架

（frame），JavaScript 的对象均隶属于 window 对象，可以通过这个对象访问浏览器窗口的相关信息，例如状态栏的文字、窗口的位置、框架数目等，同时也可以通过这个对象进行开启窗口、关闭窗口、移动窗口、滚动窗口、调整窗口大小、启动定时器、打印网页等操作。

window 对象常用的属性如下表。

| 属性 | 说明 |
| --- | --- |
| closed | 窗口是否已经关闭，true 表示是，false 表示否 |
| defaultStatus | 窗口的状态栏默认文字 |
| length | 窗口的框架数目 |
| name | 窗口的名称 |
| opener | 指向开启窗口的调用者 |
| parent | 指向父框架 |
| self | 指向 window 对象本身 |
| status | 窗口的状态栏文字 |
| top | 指向顶层框架 |
| window | 指向 window 对象本身，和 self 属性相同 |
| frames | 指向 window 对象本身，这是由框架所组成的数组对象 |
| pageXOffset | 文件在窗口内向右滚动多少像素 |
| pageYOffset | 文件在窗口内向下滚动多少像素 |
| screenX | 窗口左上角在屏幕上的 X 轴坐标 |
| screenY | 窗口左上角在屏幕上的 Y 轴坐标 |
| innerHeight | 窗口内文件显示区域的高度（以像素为单位） |
| innerWidth | 窗口内文件显示区域的宽度（以像素为单位） |
| outerHeight | 窗口的总高度，包括工具栏、滚动条、窗口边框等（以像素为单位） |
| outerWidth | 窗口的总宽度，包括工具栏、滚动条、窗口边框等（以像素为单位） |

window 对象常用的方法如下表。

| 方法 | 说明 |
| --- | --- |
| alert(*msg*) | 显示包含参数 *msg* 所指定之文字的警告对话框<br> |

（续表）

| 方法 | 说明 |
|---|---|
| prompt(*msg*, [*input*]) | 显示包含参数 *msg* 所指定之文字的输入对话框，参数 *input* 为默认的输入值，可以省略不写<br> |
| confirm(*msg*) | 显示包含参数 *msg* 所指定之文字的确定对话框。若用户按 [ 确定 ]，就返回 true；若用户按 [ 取消 ]，就返回 false<br> |
| moveBy(*x*, *y*) | 移动窗口位置，X 轴位移为 *x*，Y 轴位移为 *y* |
| moveTo(*x*, *y*) | 移动窗口至屏幕上坐标为（*x*, *y*）的位置 |
| resizeBy(*x*, *y*) | 调整窗口大小，宽度变化量为 *x*，高度变化量为 *y* |
| resizeTo(*x*, *y*) | 调整窗口至宽度为 *x*，高度为 *y* |
| scrollBy(*x*, *y*) | 调整滚动条，X 轴位移为 *x*，Y 轴位移为 *y* |
| scrollTo(*x*, *y*) | 调整滚动条，令网页内坐标为（*x*, *y*）的位置显示在左上角 |
| open(*uri*, *name*, *features*) | 开启一个内容为 *uri*，名称为 *name*，外观为 *features* 的窗口，返回值为新窗口的 window 对象 |
| close() | 关闭窗口 |
| focus() | 令窗口获取焦点 |
| print() | 打印网页 |
| setInterval(*exp*, *time*) | 启动定时器，以参数 *time* 所指定的时间周期性地执行参数 *exp* 所指定的表达式，参数 *time* 的单位为千分之一秒 |
| clearInterval() | 停止 setInterval()所启动的定时器 |
| setTimeOut(*exp*, *time*) | 启动定时器，当参数 *time* 所指定的时间到达时，执行参数 *exp* 所指定的表达式，参数 *time* 的单位为千分之一秒 |
| clearTimeOut() | 停止 setTimeOut()所启动的定时器 |

open()方法的外观参数如下表。

| 外观参数 | 说明 |
|---|---|
| copyhistory=1 或 0 | 是否复制浏览历程记录 |
| directories=1 或 0 | 是否显示导航条 |

（续表）

| 外观参数 | 说明 |
|---|---|
| fullscreen=1 或 0 | 是否全屏幕显示 |
| location=1 或 0 | 是否显示网址栏 |
| menubar=1 或 0 | 是否显示菜单栏 |
| status=1 或 0 | 是否显示状态栏 |
| toolbar=1 或 0 | 是否显示工具栏 |
| scrollbars=1 或 0 | 当文件内容超过窗口时，是否显示滚动条 |
| resizable=1 或 0 | 是否可以改变窗口大小 |
| height=$n$ | 窗口的高度，$n$ 为像素数 |
| width=$n$ | 窗口的宽度，$n$ 为像素数 |

下面举一个例子<\Ch13\window.html>，当用户单击"开启新窗口"超链接时，会开启一个新窗口，而且新窗口的内容为<\Ch13\new.html>，高度为 200 像素、宽度为 400 像素；当用户点选"关闭新窗口"超链接时，会关闭刚才开启的新窗口；当用户单击"关闭本窗口"超链接时，会关闭原来的窗口。

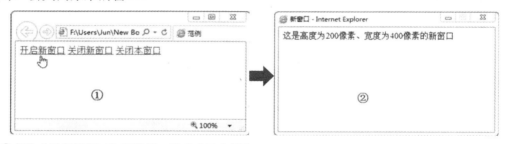

①点选"开启新窗口"超链接；②成功开启新窗口

```
<!doctype html>
<html>
  <head>
    <meta charset="utf-8">
    <title> 范例 </title>
    <script language="javascript">
      var myWin = null;    // 此变量将存放 open()所返回的 window 对象，即新窗口
      function openNewWindow()    // 开启新窗口
      {
        myWin = window.open("new.html", "myWin", "height=200, width=400");
                                    将 open()所返回的 window 对象赋值给 myWin
      }
      function closeNewWindow()    // 关闭新窗口
      {
```

```
          if（myWin && myWin.open && !myWin.closed）myWin.close();
        }
      Function CloseWindow()          //关闭新窗口
      {
        window.close();
      }
  </script>
</head>
<body>
    <a href="javascript:window.openNewWindow();"> 开启新窗口 </a>
    <a href="javascript:window.closeNewWindow();"> 关闭新窗口
    </a> <a href="javascript:window.closeWindow();"> 关闭本窗口 </a>
</body>
</html>
```

关闭新窗口前先确认它存
在、已经开启且尚未关闭

设置超链接所链接的函数

&lt;\Ch13\window.html&gt;

```
<!doctype html>
<html>
  <head>
    <meta charset="utf-8">
    <title> 新窗口 </title>
  </head>
  <body> 这是高度为 200 像素、宽度为 400 像素的新窗口 </body>
</html>
```

&lt;\Ch13\new.html&gt;

# 13-3　核心对象

## 13-3-1　Number 对象

可以通过 Number 对象建立数值类型的变量，例如下面的程序语句是使用 new 关键字建立一个名称为 X、值为 123.456 的变量。

```
var X = new Number(123.456);
```

事实上，这种写法并不常见，通常会直接写成如下方式，除非是为了要使用 Number 对象的属性或方法，才会采用上面写法。

```
var X = 123.456;
```

Number 对象的属性如下表。

| 属性 | 说明 |
|------|------|
| MAX_VALUE | 返回 JavaScript 的最大数值，约 1.7976931348623157e+308 |
| MIN_VALUE | 返回 JavaScript 的最小数值，约 5e-324 |
| NaN | 返回 NaN（Not a Number） |
| NEGATIVE_INFINITY | 返回-Infinity |
| POSITIVE_INFINITY | 返回 Infinity |

Number 对象的方法如下表。

| 方法 | 说明 |
|------|------|
| toExponential() | 转换为科学表示法 |
| toFixed(*num*) | 将小数点后面的精确位数设置为参数 *num* 所指定的位数 |
| toString() | 转换为字符串 |
| toPrecision(*num*) | 将精确位数设置为参数 *num* 所指定的位数 |
| valueOf() | 取值 |

下面举一个例子，它除了会在浏览器显示 Number 对象各个属性的值，还会示范如何调用各个方法。请注意，window.document.write()方法的用途是将参数所指定的字符串写入 HTML 文件，然后显示在浏览器，由于 window 是默认的对象，因此，window 关键字可以省略不写。

```
<!doctype html>
<html>
  <head>
    <meta charset="utf-8">
    <title> 范例 </title>
    <script language="javascript">
    window.document.write(Number.MAX_VALUE + "<br>");
    window.document.write(Number.MIN_VALUE + "<br>");
    window.document.write(Number.NaN + "<br>");
    window.document.write(Number.NEGATIVE_INFINITY + "<br>");
    window.document.write(Number.POSITIVE_INFINITY + "<br>");
    var X = new Number(123.456);
    window.document.write(X + " 转换为科学表示法得到" + X.toExponential()+ "<br>");
    window.document.write(X + " 取到小数点后面二位得到" + X.toFixed(2) + "<br>");
    window.document.write(X + " 转换为字符串得到" + X.toString()+ "<br>");
    window.document.write(X + " 设置为 8 位精确位数得到" + X.toPrecision(8）+ "<br>");
    window.document.write(X + " 取值得到  " + X.valueOf()+ "<br>");
    </script>
```

```
    </head>
    <body>
    </body>
</html>
```

&lt;\Ch13\number.html&gt;

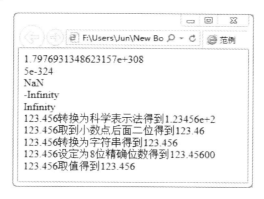

## 13-3-2　Boolean 对象

可以通过 Boolean 对象建立布尔类型的变量，例如下面的程序语句是使用 new 关键字建立一个名称为 X、值为 false 的变量。

```
var X = new Boolean(false);
```

同样的，这种写法并不常见，通常会直接写成如下形式。

```
var X = false;
```

当以第一种方式建立布尔类型的变量时，只有在参数为 false、0、null 或 undefined 的情况下，会得到值为 false 的变量，否则都会得到值为 true 的变量。

## 13-3-3　String 对象

可以通过 String 对象建立字符串类型的变量，例如下面的程序语句是使用 new 关键字建立一个名称为 X、值为"JavaScript 程序设计"的变量。

```
var X = new String("JavaScript 程序设计 ");
```

同样的，这种写法并不常见，通常会直接写成如下形式。

```
var X = "JavaScript 程序设计 ";
```

String 对象只有一个属性 length，表示字符串的长度，以变量 X 为例，它的值为"JavaScript 程序设计"，因此，它的长度 X.length 会返回 14，如下：

alert(X.length);

String 对象常用的方法如下表。

| 方法 | 说明 |
|------|------|
| charAt(*index*) | 返回字符串中索引为 *index* 的字符，举例来说，假设变量 X 的值为"JavaScript 程序设计 "，则 X.charAt（0）会返回字符 J，X.charAt（5）会返回字符 c |
| charCodeAt(*index*) | 返回字符串中索引为 *index* 的字符字码，举例来说，假设变量 X 的值为 "JavaScript 程序设计 "，则 X.charAt（0）会返回字符 J 的字码 74，X.charAt（5）会返回字符 c 的字码 99 |
| indexOf(*str, start*) | 从索引为 *start* 处开始寻找子字符串 *str*，找到的话，就返回索引，否则返回 -1，若 *start* 省略不写，就从头开始寻找 |
| lastIndexOf(*str*) | 寻找子字符串 *str* 最后的索引 |
| match(*str*) | 寻找子字符串 *str*，返回值为字符串，不是索引 |
| search(*str*) | 用途和 indexOf()相同，找到的话，就返回索引，否则返回-1。举例来说，假设变量 X 的值为 "JavaScript 程序设计 "，则 X.indexOf（"a"）会返回 1，X.lastIndexOf（"a"）会返回 3，X.match（"a"）会返回 "a"，X.search（"a"）会返回 1 |
| concat(*str*) | 将字符串本身与参数 *str* 所指定的字符串连接，举例来说，假设变量 X 的值为 "JavaScript 程序设计 "，则 X.concat（" 一级棒 "）会返回 "JavaScript 程序设计一级棒 " |
| replace(*str1, str2*) | 将寻找到的子字符串 *str1* 取代为 *str2* |
| split(*str*) | 根据参数 *str* 做分割，将字符串转换为 Array 对象，举例来说，假设变量 X 的值为 "JavaScript 程序设计 "，则 X.split（"a"）会返回 J,v,Script 程序设计 |
| substr(*index, length*) | 从索引 *index* 处提取长度为 *length* 的子字符串 |
| substring(*i1, i2*) | 提取索引 *i1* 到 *i2* 之间的子字符串 |
| toLowerCase() | 将字符串转换为小写英文字母 |
| toUpperCase() | 将字符串转换为大写英文字母 |

除了前述方法之外，String 对象也提供了如下表的格式编排方法，可以将字符串输出为对应的 HTML 元素，其中 *str* 为字符串对象的内容。

| 方法 | 说明 |
|---|---|
| anchor() | 返回 <a>*str*</a> 标签字符串 |
| big() | 返回 <big>*str*</big> 标签字符串 |
| blink() | 返回 <blink>*str*</blink> 标签字符串 |
| bold() | 返回 *str* 标签字符串 |
| fixed() | 返回 <tt>*str*</tt> 标签字符串 |
| fontcolor(*color*) | 返回 <font color="*color*">*str*</font> 标签字符串 |
| fontsize(*size*) | 返回 <font size="*size*">*str*</font> 标签字符串 |
| italics() | 返回 <i>*str*</i> 标签字符串 |
| link(*uri*) | 返回 <a href="*uri*">*str*</a> 标签字符串 |
| small() | 返回 <small>*str*</small> 标签字符串 |
| strike() | 返回 <strike>*str*</strike> 标签字符串 |
| sub() | 返回 <sub>*str*</sub> 标签字符串 |
| sup() | 返回 <sup>*str*</sup> 标签字符串 |

下面举一个例子，它会示范如何调用 String 对象的方法，然后在浏览器显示设置结果。

```
<!doctype html>
<html>
  <head>
    <meta charset="utf-8">
    <title> 范例 </title>
    <script language="javascript">
    var X = new String("JavaScript 程序设计 ");
    window.document.write("anchor(): " + X.anchor()+ "<br>");
    window.document.write("big(): " + X.big()+ "<br>");
    window.document.write("blink(): " + X.blink()+ "<br>");
    window.document.write("bold(): " + X.bold()+ "<br>");
    window.document.write("fixed(): " + X.fixed()+ "<br>");
    window.document.write("fontcolor('red'): " + X.fontcolor("red") +      ①
    window.document.write("fontsize(7): " + X.fontsize(7) +      ②
    window.document.write("italics(): " + X.italics()+ "<br>");
    window.document.write("link('http://www.baidu.com'): " +
        X.link("http://www.baidu.com") + "<br>");     ③
    window.document.write("small(): " + X.small()+ "<br>");
    window.document.write("strike(): " + X.strike()+ "<br>");
    window.document.write("sub(): " + X.sub()+ "<br>");
    window.document.write("sup(): " + X.sup()+ "<br>");
    </script>
  </head>
```

```
  <body>
  </body>
</html>
```

<\Ch13\string.html>

①设置字体颜色为红色；②设置字号为 7 级；③设置链接至百度；

④此文字为红色；⑤此为链接至百度的超链接（紫色）

## 13-3-4　Function 对象

可以通过 Function 对象建立用户自定义函数，例如下面的程序语句是使用 new 关键字建立一个名称为 Sum、有两个参数 X 与 Y 的函数，这个函数会返回参数 X 与 Y 的总和。

```
var Sum = new Function("X", "Y", "return(X + Y)");
```

同样的，这种写法并不常见，通常会直接写成如下形式。

```
function Sum(X, Y)
{
  return(X + Y);
}
```

事实上，任何 JavaScript 函数都是一个 Function 对象。

## 13-3-5　Object 对象

可以通过 Object 对象建立用户自定义对象，例如下面的程序语句是使用 new 关键字建立一个名称为 objEmployee 的对象，然后新增 Name、Age 两个属性并设置其值为"小丸子 "、25。

var objEmployee = new Object(); objEmployee.Name = " 小丸子 "; objEmployee.Age = 25;

## 13-3-6　Math 对象

Math 对象提供了和数学运算相关的属性与方法，比较特别的是当要使用 Math 对象的属性与方法时，并不需要先以 new 关键字建立 Math 对象，举例来说，Math 对象有一个名称为 PI 的属性，表示圆周率，若要访问这个属性，直接写出 Math.PI 即可，无须建立 Math 对象。

| 属性 | 说明 |
|---|---|
| Math.E | 自然数 e = 2.718281828459045 |
| Math.LN2 | e 为底的对数 2，ln2 = 0.6931471805599453 |
| Math.LN10 | e 为底的对数 10，ln10 = 2.302585092994046 |
| Math.LOG2E | 2 为底的对数 e，$\log_2 e$ = 1.4426950408889633 |
| Math.LOG10E | 10 为底的对数 e，$\log_{10} e$ = 0.4342944819032518 |
| Math.PI | 圆周率 π= 3.141592653589793 |
| Math.SQRT1_2 | 1/2 的平方根 = 0.7071067811865476 |
| Math.SQRT2 | 2 的平方根 = 1.4142135623730951 |
| Math.abs(num) | 返回参数 num 的绝对值 |
| Math.acos(num) | 返回参数 num 的反余弦函数 |
| Math.asin(num) | 返回参数 num 的反正弦函数 |
| Math.atan(num) | 返回参数 num 的反正切函数 |
| Math.ceil(num) | 返回大于等于参数 num 的整数 |
| Math.cos(num) | 返回参数 num 的余弦函数，num 为弧度 |
| Math.exp(num) | 返回自然数 e 的 num 次方 |
| Math.floor(num) | 返回小于等于参数 num 的整数 |
| Math.log(num) | 返回 e 为底的对数 |
| Math.max(n1,n2) | 返回较大值 |
| Math.min(n1,n2) | 返回较小值 |
| Math.pow(n1,n2) | 返回 n1 的 n2 次方 |
| Math.random() | 返回 0～1.0 之间的随机数 |
| Math.round(num) | 返回参数 num 的四舍五入值 |
| Math.sin(num) | 返回参数 num 的正弦函数，num 为弧度 |
| Math.sqrt(num) | 返回参数 num 的平方根 |
| Math.tan(num) | 返回参数 num 的正切函数，num 为弧度 |

下面举一个例子，它会示范如何访问 Math 对象的属性与方法。

```html
<!doctype html>
<html>
  <head>
    <meta charset="utf-8">
    <title> 范例 </title>
    <script language="javascript">
      window.document.write("E 的值为  " + Math.E + "<br>");
      window.document.write("LN2 的值为  " + Math.LN2 + "<br>");
      window.document.write("LN10 的值为  " + Math.LN10 + "<br>");
      window.document.write("LOG2E 的值为  " + Math.LOG2E + "<br>");
      window.document.write("LOG10E 的值为  " + Math.LOG10E + "<br>");
      window.document.write("PI 的值为  " + Math.PI + "<br>");
      window.document.write("SQRT1_2 的值为  " + Math.SQRT1_2 + "<br>");
      window.document.write("SQRT2 的值为  " + Math.SQRT2 + "<br>");
      window.document.write("-100 的绝对值为" + Math.abs(-100）+ "<br>");
      window.document.write("5 和 25 的较大值为  " + Math.max(5,25）+ "<br>");
      window.document.write("5 和 25 的较小值为  " + Math.min(5,25）+ "<br>");
      window.document.write("2 的 10 次方为  " + Math.pow(2,10) + "<br>");
      window.document.write("1.56 的四舍五入值为" + Math.round(1.56）+ "<br>");
      window.document.write("2 的平方根为  " + Math.sqrt(2）+ "<br>");
    </script>
  </head>
  <body>
  </body>
</html>
```

&lt;\Ch13\math.html&gt;

## 13-3-7　Date 对象

Date 对象提供了和日期时间运算相关的方法，如下表，只是在访问这些方法之前，必须先使用 new 关键字建立 Date 对象。

| 方法 | 说明 |
|---|---|
| getDate() | 返回日期 1 ~ 31 |
| getDay() | 返回星期 0 ~ 6，表示星期日到星期六 |
| getMonth() | 返回月份 0 ~ 11，表示一到十二月 |
| getYear() | 返回年份，若介于 1900 ~ 1999，就返回末两码，否则返回四码 |
| getFullYear() | 返回完整年份（四码） |
| getHours() | 返回小时 0 ~ 23 |
| getMinutes() | 返回分钟 0 ~ 59 |
| getSeconds() | 返回秒数 0 ~ 59 |
| getMilliseconds() | 返回千分之一秒数 0 ~ 999 |
| getTime() | 返回自 1970/1/1 起的千分之一秒数 |
| getUTCDate() | 返回国际标准时间（UTC）的日期 1 ~ 31 |
| getUTCDay() | 返回国际标准时间（UTC）的星期 0 ~ 6，表示星期日到星期六 |
| getUTCMonth() | 返回国际标准时间（UTC）的月份 0 ~ 11，表示一到十二月 |
| getUTCFullYear() | 返回国际标准时间（UTC）的完整年份（四码） |
| getUTCHours() | 返回国际标准时间（UTC）的小时 0 ~ 23 |
| geUTCtMinutes() | 返回国际标准时间（UTC）的分钟 0 ~ 59 |
| getUTCSeconds() | 返回国际标准时间（UTC）的秒数 0 ~ 59 |
| getUTCMilliseconds() | 返回国际标准时间（UTC）的千分之一秒数 0 ~ 999 |
| getTimezoneOffset() | 返回系统时间与国际标准时间（UTC）的时间差 |
| setDate(x) | 设置日期 1 ~ 31 |
| setDay(x) | 设置星期 0 ~ 6，表示星期日到星期六 |
| setMonth(x) | 设置月份 0 ~ 11，表示一到十二月 |
| setYear(x) | 设置年份，若介于 1900 ~ 1999，只需末两码，否则需要四码 |
| setFullYear(x) | 设置完整年份（四码） |
| setHours(x) | 设置小时 0 ~ 23 |
| setMinutes(x) | 设置分钟 0 ~ 59 |
| setSeconds(x) | 设置秒数 0 ~ 59 |
| setMilliseconds(x) | 设置千分之一秒数 0 ~ 999 |
| setTime(x) | 设置自 1970/1/1 起的千分之一秒数 |
| setUTCDate(x) | 设置国际标准时间（UTC）的日期 1 ~ 31 |

（续表）

| 方法 | 说明 |
|------|------|
| setUTCDay(x) | 设置国际标准时间（UTC）的星期 0～6，表示星期日到星期六 |
| setUTCMonth(x) | 设置国际标准时间（UTC）的月份 0～11，表示一到十二月 |
| setUTCFullYear(x) | 设置国际标准时间（UTC）的完整年份（四码） |
| setUTCHours(x) | 设置国际标准时间（UTC）的小时 0～23 |
| setUTCMinutes(x) | 设置国际标准时间（UTC）的分钟 0～59 |
| setUTCSeconds(x) | 设置国际标准时间（UTC）的秒数 0～59 |
| setUTCMilliseconds(x) | 设置国际标准时间（UTC）的千分之一秒数 0～999 |
| toGMTString() | 按照格林威治标准时间（GMT）格式，将时间转换为字符串 |
| toLocalString() | 按照当地时间格式，将时间转换为字符串 |
| toString() | 将时间转换为字符串 |
| toUTCString() | 按照国际标准时间（UTC）格式，将时间转换为字符串 |

下面举一个例子，它会示范如何通过 Date 对象获取目前日期时间的相关信息。

```
<!doctype html>
<html>
  <head>
    <meta charset="utf-8"> <title> 范例 </title>
    <script language="javascript">
      // 建立一个名称为 objDate 的 Date 对象，默认值为系统目前日期时间
      var objDate = new Date();
      // 在浏览器显示 objDate 对象的值
      document.write(" 目前日期时间为 " + objDate + "<br>");
      // 调用 Date 对象的方法并显示结果
      document.write("getDate()的返回值为 " + objDate.getDate()+ "<br>");
      document.write("getDay()的返回值为 " + objDate.getDay()+ "<br>");
      document.write("getMonth()的返回值为 " + objDate.getMonth()+ "<br>");
      document.write("getYear()的返回值为 " + objDate.getYear()+ "<br>");
      document.write("getFullYear()的返回值为 " + objDate.getFullYear()+ "<br>");
      document.write("getHours()的返回值为 " + objDate.getHours()+ "<br>");
      document.write("getMinutes()的返回值为 " + objDate.getMinutes()+ "<br>");
      document.write("getSeconds()的返回值为 " + objDate.getSeconds()+ "<br>");
      document.write("getMilliseconds()的返回值为" + objDate.getMilliseconds()+ "<br>");
      document.write("getTime()的返回值为 " + objDate.getTime()+ "<br>");
    </script>
  </head>
  <body>
  </body>
```

```
</html>
```

&lt;\Ch13\date.html&gt;

下面是另一个例子，它会建立一个 Date 对象，然后将该对象的日期时间设置为 2015 年 2
月 14 日 12:10:25。

```
<!doctype html>
<html>
  <head>
    <meta charset="utf-8">
    <title> 范例 </title>
    <script language="javascript">
      var objDate = new Date();              // 建立一个名称为 objDate 的 Date 对象
      objDate.setDate(14);                   // 将日期设置为 14 日
      objDate.setMonth(1);                   // 将月份设置为 2 月
      objDate.setYear(2015);                 // 将年份设置为 2015 年
      objDate.setHours(12);                  // 将小时设置为 12 点
      objDate.setMinutes(10);                // 将分钟设置为 10 分
      objDate.setSeconds(25);                // 将秒数设置为 25 秒
      document.write(" 我们设置的日期时间为  " + objDate + "<br>"); </script>
    </head>
  <body>
  </body>
</html>
```

&lt;\Ch13\date2.html&gt;

或许您已经注意到执行结果内的 GMT+0800 等文字，GMT 为国际标准时间，也就是格林威治标准时间 GMT（Greenwich Mean Time），而 GMT+0800 表示当地时间为格林威治标准时间加上 8 小时。

## 13-3-8  Array 对象

❖　**一维数组**

可以通过 Array 对象建立数组，数组和变量一样是用来存放数据的，不同的是数组虽然只有一个名称，却可以用来存放连续的多个数据。

数组所存放的每个数据叫做元素（element），至于数组是如何区分它所存放的多个数据的呢？答案是藉由下标（index、subscript），下标是一个数字，JavaScript 默认是以下标 0 代表数组的第一个元素，下标 1 代表数组的第二个元素，依此类推，下标 n-1 则代表数组的第 n 个元素。

当数组的元素个数为 n 时，表示数组的长度（length）为 n，而且除了一维数组（one-dimension、one-rank）之外，JavaScript 也允许使用多维数组（multi-dimension、multi-rank）。

可以使用如下语法声明一个包含 5 个元素的一维数组，然后分别给各个元素赋值：

```
var UserNames = new Array(5); UserNames[0] = " 小丸子 "; UserNames[1] = " 花轮 ";
UserNames[2] = " 小玉 ";
UserNames[3] = " 美环 ";
UserNames[4] = " 丸尾 ";
```

或者，也可以在声明一维数组的同时给各个元素的赋值。

```
var UserNames = new Array(" 小丸子 "," 花轮 "," 小玉 "," 美环 "," 丸尾 ");
```

另外，JavaScript 还允许使用如下语法声明一维数组。

```
var UserNames = [" 小丸子 "," 花轮 "," 小玉 "," 美环 "," 丸尾 "];
```

**随堂练习**

编写一个 JavaScript 程序，令它使用一个包含 7 个元素的数组来存放饮料的名称("卡布奇诺咖啡"、"拿铁咖啡"、"血腥玛莉"、"长岛冰茶"、"爱尔兰咖"、"蓝色夏威夷"、"英式水果冰茶")，然后以表格形式显示出来，下面的执行结果以供参考(提示：可以通过 Array 对象的 length 属性获取数组的元素个数）。

解答：

```
<!doctype html>
```

```
<html>
  <head>
    <meta charset="utf-8">
    <title> 范例 </title>
  </head>
  <body>
    <table border="1">
    <script language="javascript">
      var DrinkNames = new Array(" 卡布奇诺咖啡 "," 拿铁咖啡 "," 血腥玛莉 ",
        " 长岛冰茶 "," 爱尔兰咖啡 "," 蓝色夏威夷 "," 英式水果冰茶 ");
      for(var i = 0; i < DrinkNames.length; i++)
      {
        document.write("<tr><td> 饮料 " + （i+1） + "</td>");
        document.write("<td>" + DrinkNames[i] + "</td></tr>");
      }
    </script>
    </table>
  </body>
</html>
```

&lt;\Ch13\array1.html&gt;

# 随堂练习

编写一个 JavaScript 程序，令它使用一个包含 10 个元素的数组来存放学生的分数（99、58、76、92、60、88、81、95、85、87），然后在浏览器显示最高分及最低分，下面的执行结果以供参考。

解答：

```
<!doctype html>
<html>
  <head>
```

```
<meta charset="utf-8"> <title> 范例 </title>
<script language="javascript">
var Scores = new Array(99,58,76,92,60,88,81,95,85,87);
    var MaxScore = 0;
    var MinScore = 100;
    // 使用循环找出最高分
    for(var i = 0; i < Scores.length; i++)
        if（Scores[i] > MaxScore）MaxScore = Scores[i];
    // 使用循环找出最低分
    for(var i = 0; i < Scores.length; i++)
        if（Scores[i] < MinScore）MinScore = Scores[i];
    // 将结果显示在网页上
    document.write(" 最高分为  " + MaxScore + "<br>");
    document.write(" 最低分为  " + MinScore + "<br>");
    </script>
  </head>
  <body>
  </body>
</html>
```

<\Ch13\array2.html>

❖ **多维数组**

前面所介绍的数组属于一维数组，事实上，还可以声明多维数组，而且最常见的就是二维数组。以下面的成绩单为例，由于总共有 m 行、n 列，因此，可以声明一个 m×n 的二维数组来存放这个成绩单，如下：

| | 第 0 列 | 第 1 列 | 第 2 列 | …… | 第 n-1 列 |
|---|---|---|---|---|---|
| 第 0 行 | | 国文 | 英文 | …… | 数学 |
| 第 1 行 | 王小美 | 85 | 88 | …… | 77 |
| 第 2 行 | 孙大伟 | 99 | 86 | …… | 89 |
| …… | …… | …… | …… | …… | …… |
| 第 m-1 行 | 张婷婷 | 75 | 92 | …… | 86 |

m×n 二维数组有两个下标，第一个下标是从 0 到 m-1（共 m 个），第二个下标是从 0 到 n-1（共 n 个），若要存取二维数组，必须同时使用这两个下标，以上面的成绩单为例，可以使用二维数组的两个下标表示成如下。

|  | 第 0 列 | 第 1 列 | 第 2 列 | …… | 第 n-1 列 |
|---|---|---|---|---|---|
| 第 0 行 | [0][0] | [0][1] | [0][2] | …… | [0][n-1] |
| 第 1 行 | [1][0] | [1][1] | [1][2] | …… | [1][n-1] |
| 第 2 行 | [2][0] | [2][1] | [2][2] | …… | [2][n-1] |
| …… | …… | …… | …… | …… | …… |
| 第 m-1 行 | [m-1][0] | [m-1][1] | [m-1][2] | …… | [m-1][n-1] |

由上表可知，"王小美"这笔数据是存放在二维数组内下标为[1][0]的位置，而"王小美"的数学分数是存放在二维数组内下标为[1][n-1]的位置；同理，"张婷婷"这笔数据是存放在二维数组内下标为[m-1][0]的位置，而"张婷婷"的数学分数是存放在二维数组内下标为[m-1][n-1]的位置。

虽然 JavaScript 没有直接支持多维数组，但允许 Array 对象的元素为另一个 Array 对象，所以还是能够顺利使用二维数组，下面举一个例子。

```
<!doctype html>
<html>
  <head>
    <meta charset="utf-8">
    <title> 范例 </title>
  </head>
  <body>
    <table border="1">
    <script language="javascript">
      var Students = new Array(5);
      for(var i = 0; i < Students.length; i++)
          Students[i] = new Array(2);          // 声明 Array 对象的元素为另一个 Array 对象
      Students[0][0] = " 小丸子 ";             // 一一给二维数组赋值
      Students[1][0] = " 花轮 ";
      Students[2][0] = " 小玉 ";
      Students[3][0] = " 美环 ";
      Students[4][0] = " 丸尾 ";
      Students[0][1] = 80;
      Students[1][1] = 95;
      Students[2][1] = 92;
      Students[3][1] = 88;
      Students[4][1] = 85;
      for(var i = 0; i < Students.length; i++)  // 使用嵌套循环显示二维数组的值
```

```
    {
        document.write("<tr>");
        for(var j = 0; j < Students[i].length; j++)
            document.write("<td>" + Students[i][j] + "</td>");
        document.write("</tr>");
    }
    </script>
    </table>
  </body>
</html>
```

      <\Ch13\array3.html>

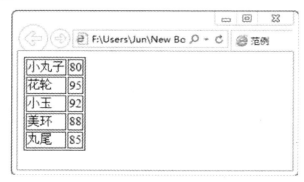

### ❖ Array 对象的方法

- concat(arr)

返回一个新数组，该数组包含原来的数组及参数 *arr* 所指定的数组，例如：

```
<!doctype html> <html>
<head>
<meta charset="utf-8"> <title> 范例 </title>
<script language="javascript">
var Arr1 = new Array("a", "b", "c");
var Arr2 = new Array("d", "e"); var Arr3 = Arr1.concat(Arr2); for(var i = 0; i < Arr3.length; i++)
document.write(Arr3[i] + "<br>"); </script>
</head>
</html>
```

      <\Ch13\array4.html>

- join(str)

返回一个字符串，该字符串以参数 *str* 所指定的字符串连接数组的元素，例如：

```
<!doctype html>
<html>
  <head>
    <meta charset="utf-8">
    <title> 范例 </title>
    <script language="javascript">
      var Arr = new Array("a", "b", "c");
      var Result = Arr.join("--");
       document.write(Result);
    </script>
  </head>
</html>
```

<\Ch13\array5.html>

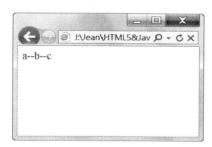

- pop()

删除数组的最后一个元素并返回该元素，例如：

```
<!doctype html>
<html>
  <head>
    <meta charset="utf-8">
    <title> 范例 </title>
    <script language="javascript">
```

```
    var Arr = new Array("a", "b", "c");
    var Result = Arr.pop();
    document.write(Result);
  </script>
  </head>
</html>
```

&lt;\Ch13\array6.html&gt;

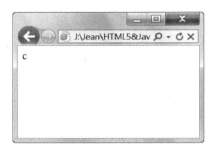

- push(data)

将参数 *data* 加入数组的最后，例如：

```
<!doctype html>
<html>
  <head>
    <meta charset="utf-8">
    <title> 范例 </title>
    <script language="javascript">
    var Arr = new Array("a", "b", "c");
    Arr.push("d");
    for(var i = 0; i < Arr.length; i++)
    document.write(Arr[i] + "<br>");
  </script>
  </head>
</html>
```

&lt;\Ch13\array7.html&gt;

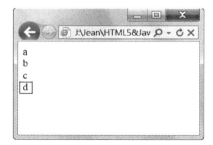

- shift()

删除数组的第一个元素并返回该元素，例如：

```
<!doctype html>
<html>
  <head>
    <meta charset="utf-8">
    <title> 范例 </title>
    <script language="javascript">
    var Arr = new Array("a", "b", "c");
    var Result = Arr.shift();
    document.write(Result);
    </script>
  </head>
</html>
```

<\Ch13\array8.html>

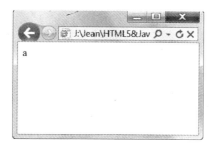

- unshift(data)

将参数 *data* 加入数组的前端，例如：

```
<!doctype html>
<html>
  <head>
    <meta charset="utf-8">
    <title> 范例 </title>
    <script language="javascript">
    var Arr = new Array("a", "b", "c");
    Arr.unshift("d");
    for(var i = 0; i < Arr.length; i++)
        document.write(Arr[i] + "<br>");
    </script>
  </head>
</html>
```

&lt;\Ch13\array9.html&gt;

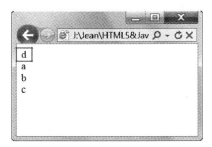

- reverse()

将数组的元素顺序颠倒过来，例如：

```
<!doctype html>
<html>
  <head>
    <meta charset="utf-8">
    <title> 范例 </title>
    <script language="javascript">
       var Arr = new Array("a", "b", "c");
       Arr.reverse();
      for(var i = 0; i < Arr.length; i++）
      document.write(Arr[i] + "<br>");
    </script>
  </head>
</html>
```

&lt;\Ch13\array10.html&gt;

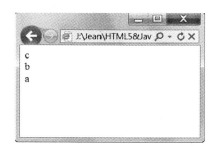

- slice(start, end)

返回下标 *start* 到下标 *end*-1 之元素所形成的新数组，例如：

```
<!doctype html>
<html>
  <head>
    <meta charset="utf-8">
```

```
    <title> 范例 </title>
    <script language="javascript">
      var Arr1 = new Array("a", "b", "c", "d", "e");
      var Arr2 = Arr1.slice(1, 3);
      for(var i = 0; i < Arr2.length; i++）
      document.write(Arr2[i] + "<br>");
    </script>
  </head>
</html>
```

&lt;\Ch13\array11.html&gt;

- sort()

将数组的元素重新排序（由小到大），例如：

```
<!doctype html>
<html>
  <head>
    <meta charset="utf-8">
    <title> 范例 </title>
    <script language="javascript">
      var Arr = new Array(50, 40, 80, 90, 60);
      Arr.sort();
    for(var i = 0; i < Arr.length; i++）
    document.write(Arr[i] + "<br>");
    </script>
  </head>
</html>
```

&lt;\Ch13\array12.html&gt;

- toString()

将数组的元素转换为字符串，例如：

```
<!doctype html>
<html>
  <head>
    <meta charset="utf-8">
    <title> 范例 </title>
    <script language="javascript">
    var Arr = new Array("a", "b", "c");
    var Result = Arr.toString();
    document.write(Result);
    </script>
  </head>
</html>
```

<\Ch13\array13.html>

最后，借由下面的例子示范如何将数组当成参数传递给函数。

```
01:<!doctype html>
02:<html>
03:  <head>
04:    <meta charset="utf-8">
05:    <title>范例</title>
06:    <script language="javascript">
07:        var Data1 = new Array(1, 2, 3, 4, 5);
```

```
08:        var Data2 = new Array(10, 20, 30, 40, 50);
09:        var Data3 = ArrAdd(Data1, Data2);
10:        //在浏览器显示数组 Data3 的元素
11:        for(var i = 0; i < Data3.length; i++)
12:           document.write(Data3[i] + "<br>");
13:        //声明一个名称为 ArrAdd、有两个数组参数的函数
14:        function ArrAdd(Arr1, Arr2)
15:        {
16:           var Arr3 = new Array();
17:           for(var i = 0; i < Arr1.length; i++)
18:              Arr3[i] = Arr1[i] + Arr2[i];
19:           return Arr3;
20:        }
21:     </script>
22:  </head>
23:</html>
```

<\Ch13\array 14.html>

数组 Data3 的元素按序为数组 Data1、Data2 内相同下标之元素之和

- 第 07、08 行：声明数组 Data1、Data2 并设置初始值。
- 第 09 行：声明数组 Data3 并设置其值为 ArrAdd()函数的返回值。
- 第 11~12 行：在浏览器显示数组 Data3 的元素。
- 第 14~20 行：声明一个名称为 ArrAdd、有两个数组参数 Arr1、Arr2 的函数，该函数可以将数组 Arr3 的各个元素按序设置为数组参数 Arr1、Arr2 内相同下标之元素的和，例如 Arr3[0]等于 Arr1[0]加 Arr2[0]，最后再返回数组 Arr3。

## 13-3-9　Error 对象

常见的 JavaScript 程序错误有下列三种类型：

- 语法错误（syntax error）：这是在编写程序时所发生的错误，例如拼错字、误用关键字或变量、遗漏大括号、小括号等。对于语法错误，可以按照浏览器的提示进行修正，举例来说，假设在编写程序时遗漏函数的大括号，那么在执行网页时，状态栏会出现警告图标，只要在该图标双击，就会出现对话框说明原因。
- 加载阶段错误（load time error）：这是在程序编写完毕并执行时所发生的错误，导致加载阶段错误的并不是语法问题，而是一些看起来似乎正确却无法执行的程序语句，

举例来说，可能编写了一行语法正确的程序语句来进行两个变量相加，可是却忘了定义其中一个变量的值，使得程序在执行时发生变量未经定义的错误。对于加载阶段错误，可以藉由重新编写程序，然后加以执行来做修正。

- 逻辑错误（logical error）：这是程序在使用时所发生的错误，例如用户输入不符合预期的数据，或在编写循环时没有充分考虑到结束条件，导致陷入无限循环。逻辑错误是最难修正的错误类型，因为不见得了解发生错误的真正原因。

JavaScript 提供了 try...catch...finally 结构用来进行错误处理，其语法如下：

```
try
{
    try_statements;
}
catch(error_name)
{
    catch_statements;
}
finally
{
    finally_statements;
}
```

- try、try_statements: try 区块必须放在可能发生错误的程序语句周围，而 try_statements 就是可能发生错误的程序语句。
- catch(error_name)、catch_statements: catch 区块用来捕捉可能发生的错误，可以同时存在着多个 catch 区块，其中 error_name 为捕捉到的 Error 对象，一旦捕捉到指定的错误对象，就执行 catch_statements 程序语句。
- finally、finally_statements: finally 区块包含一定要执行的程序语句或用来清除错误情况的程序语句 finally_statements。

JavaScript 的 Error 对象提供了发生错误的信息，其属性如下表。

| 属性 | 说明 |
| --- | --- |
| number | 错误码 |
| message | 错误信息 |
| description | 错误描述 |

现在，借由下面的例子示范如何使用 try...catch...finally 和 Error 对象进行错误处理。

```
01:<!doctype html>
02:<html>
03:  <head>
```

```
04:        <meta charset="utf-8">
05:        <title> 范例 </title>
06:        <script language="javascript">
07:          var X = 100;
08:          try                            // 错误处理的开头
09:          {
10:            X = Y;                       // Y 未经定义将导致此程序语句发生错误
11:          }
12:          catch(e)                       // 捕捉到 Error 对象 e
13:          {
14:              document.write(" 捕捉到的 Error 对象错误码为 " + e.number + "<br>");
15:              document.write(" 捕捉到的 Error 对象错误信息为 " + e.message + "<br>");
16:              document.write(" 捕捉到的 Error 对象错误描述为" + e.description + "<br>");
17:          }
18:          finally                        //finally 区块的程序语句一定会执行
19:          {
20:              document.write("X 的值为 " + X);
21:          }                              // 错误处理的结尾
22:        </script>
23:     </head>
24:</html>
```

<\Ch13\error.html>

这个例子的执行结果如下图。

由于这个程序可能发生错误的地方为第 10 行的 X=Y; 程序语句，所以将 try...catch...finally 放在此程序语句的周围，其中第 08 行的 try 语句必须放在程序代码区块的最前面，以标记错误处理的开头；第 12 行的 catch 语句用来捕捉 Error 对象，因为捕捉到了，所以就执行第 14~16 行，在浏览器显示 Error 对象的 number、message、description 等属性的值；第 18 行的 finally 语句包含一定要执行的程序语句，也就是第 20 行，在浏览器显示变量 X 的值。

# 13-4　环境对象

可以通过环境对象存取浏览器或用户屏幕的信息，包括 location、screen、navigator、history 等对象，以下各小节有进一步的说明。

## 13-4-1　location 对象

location 对象包含目前开启之网页的网址信息（URI），可以通过该对象获取或控制浏览器的网址、重载网页或导向到其他网页。

location 对象的属性如下表。

| 属性 | 说明 |
|------|------|
| hash | URI 网址中 # 符号后面的数据 |
| host | URI 网址中的主机名与通讯端口 |
| hostname | URI 网址中的主机名 |
| href | URI 网址，如欲将浏览器导向到其他网址，可以变更此属性的值 |
| pathname | URI 网址中的文件名与路径 |
| port | URI 网址中的通讯端口 |
| protocol | URI 网址中的通讯协议 |
| search | URI 网址中 ? 符号后面的数据 |

location 对象的方法如下表。

| 方法 | 说明 |
|------|------|
| reload() | 重载目前开启的网页，相当于按下浏览器的 [ 重新整理 ] 按钮 |
| replace(uri) | 令浏览器加载并显示参数 uri 所指定的网页，取代目前开启的网页在浏览历程记录中的位置 |
| assign(uri) | 令浏览器加载并显示参数 uri 所指定的网页，相当于将 href 属性设置为参数 uri |

下面举一个例子，它会显示 location 对象各个属性的值，并提供 "重载" 和 "导向到百度网站" 两个按钮，单击前者会重载当前开启的网页，单击后者会导向到百度网站。

```
<!doctype html>
<html>
  <head>
    <meta charset="utf-8">
    <title> 范例 </title>
    <script language="javascript">
```

Ⓐ 显示 location 对象各个属性的值
Ⓑ 设置按此钮就调用 location.reload()方法
Ⓒ 设置按此钮就调用 location.replace()方法

```
Ⓐ ┌ for(var Property in window.location)
   └     window.document.write(Property + ":" + window.location[Property] + "<br>");
     </script>
   </head>
   <body>
     <input type="button" value=" 重载 "
Ⓑ onclick="javascript:window.location.reload();">
     <input type="button" value=" 导向到百度网站 "
Ⓒ onclick="javascript:window.location.replace('http://www.baidu.com');">
   </body>
</html>
```

<\Ch13\location.html>

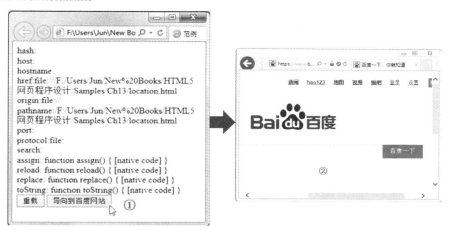

①点选此钮；②导向到百度网站

## 13-4-2　screen 对象

在设计网页时，除了要考虑浏览器的类型，用户的屏幕信息也很重要，因为屏幕分辨率越高，就能显示越多网页内容，但用户的屏幕分辨率却不见得相同，此时，可以通过 screen 对象获取屏幕信息，然后视实际情况调整网页内容，screen 对象的属性如下表，这些属性只能读取无法写入。

| 属性（只读） | 说明 |
| --- | --- |
| height | 屏幕的高度，以像素为单位 |
| width | 屏幕的宽度，以像素为单位 |
| availHeight | 屏幕的可用高度，此高度不包括一直存在的桌面功能，例如任务栏 |
| availWidth | 屏幕的可用宽度，此宽度不包括一直存在的桌面功能，例如任务栏 |
| colorDepth | 屏幕的颜色深度，也就是每个像素使用几位存储颜色 |

下面举一个例子，它会显示 screen 对象各个属性的值。

```
<!doctype html>
<html>
  <head>
    <meta charset="utf-8">
    <title> 范例 </title>
    <script language="javascript">
      window.document.write("height 属性的值为" + screen.height + "<br>");
      window.document.write("width 属性的值为 " + screen.width + "<br>");
      window.document.write("availHeight 属性的值为" + screen.availHeight + "<br>");
      window.document.write("availWidth 属性的值为 " + screen.availWidth + "<br>");
      window.document.write("colorDepth 属性的值为" + screen.colorDepth + "<br>");
    </script>
  </head>
</html>
```

<\Ch13\screen.html>

## 13-4-3　navigator 对象

navigator 对象包含浏览器的相关描述与系统信息，常用的属性如下表，要注意的是这些属性只能读取无法写入。

| 属性（只读） | 说明 |
| --- | --- |
| appCodeName | 浏览器的程序代码名称，例如 "Mozilla" |
| appName | 浏览器的名称，例如 "Microsoft Internet Explorer" |
| appMinorVersion | 浏览器的子版本 |
| cpuClass | CPU 的类型，例如 "x86" |
| cookieEnabled | 浏览器是否启用 Cookie 功能，true 表示是，false 表示否 |
| javaEnabled | 浏览器是否能够执行 Java Applet，true 表示是，false 表示否 |
| platform | 操作系统与硬件平台，例如 "Win32"、"MacPPC"、"Linux i586" |
| plugins | 插件 |
| userProfile | 用户 |

（续表）

| 属性（只读） | 说明 |
|---|---|
| systemLanguage | 系统默认的语言，例如 "zh-tw" 表示繁体中文 |
| userLanguage | 用户设置的语言 |
| browserLanguage | 浏览器设置的语言 |
| appVersion | 浏览器的版本与操作系统的名称，例如 "5.0（compatible; MSIE 9.0; Windows NT 6.1; Trident/5.0; SLCC2; .NET CLR 2.0.50727; .NET CLR 3.5.30729; .NET CLR 3.0.30729; Media Center PC 6.0; .NET4.0C; .NET4.0E）" |
| userAgent | HTTP Request 中 user-agent 标头的值，例如 "Mozilla/5.0 (compatible; MSIE 9.0; Windows NT 6.1; Trident/5.0; SLCC2; .NET CLR 2.0.50727; .NET CLR 3.5.30729; .NET CLR 3.0.30729; Media Center PC 6.0; .NET4.0C; .NET4.0E）" |
| onLine | 当前系统是否在在线，true 表示是，false 表示否 |
| geolocation | 浏览器当前的地理位置信息 |

下面举一个例子，它会显示 navigator 对象各个属性的值。

```
<!doctype html>
<html>
  <head>
    <meta charset="utf-8">
    <title> 范例 </title>
    <script language="javascript">
        for(var Property in window.navigator)
            window.document.write(Property + ":" + window.navigator[Property] + "<br>");
    </script>
  </head>
  <body>
  </body>
</html>
```

<\Ch13\navigator.html>

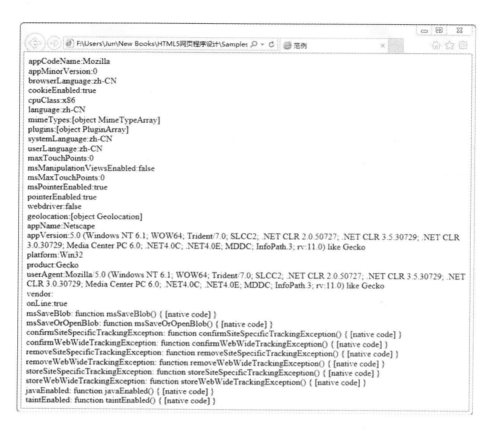

## 13-4-4　history 对象

history 对象包含浏览器的浏览历程记录，只有一个只读属性 length（记录笔数）和下表的几个方法。下面举一个例子，它会显示 history 对象各个属性的值，并提供两个按钮，单击前者会回到上一页，单击后者会移到下一页。

| 方法 | 说明 |
| --- | --- |
| back() | 回到上一页 |
| forward() | 移到下一页 |
| go(*num*) | 回到上几页（*num* 小于 0）或移到下几页（*num* 大于 0） |

```
<!doctype html>
  <html>
    <head>
    <meta charset="utf-8">
    <title> 范例 </title>
    <script language="javascript">
        for(var Property in window.history)
```

```
        window.document.write(Property + ":" + window.history[Property] + "<br>");
    </script>
  </head>
  <body>                                              Ⓐ
     <input type="button" value="  上一页" onclick="javascript:window.history.back();">
     <input type="button" value="  下一页" onclick="javascript:window.history.forward();">
  </body>                                             Ⓑ
</html>
```

<\Ch13\history.html>

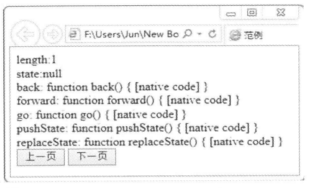

Ⓐ 设置单击此钮就调用 history.back()方法；
Ⓑ 设置单击此钮就调用 history.forward()方法

## 13-5　document 对象

document 对象是 window 对象的子对象，window 对象代表的是一个浏览器窗口、索引标签或框架，而 document 对象代表的是 HTML 文件本身，可以通过它访问 HTML 文件的元素，包括窗体、图片、表格、超链接等。

### ❖ DOM（文件对象模型）

在说明如何访问 document 对象之前，先来解释何谓 DOM（Document Object Model，文件对象模型），这个架构主要是用来表示与操作 HTML 文件。当浏览器在解析一份 HTML 文件时，它会建立一个由多个对象所构成的集合，称为 DOM Tree，每个对象代表 HTML 文件的元素，而且每个对象有各自的属性、方法与事件，能够通过 JavaScript 来操作，以营造动态网页效果。以下面的 HTML 文件为例，浏览器在解析该文件后，将会产生如下图的 DOM Tree。

```
<html>
  <head>
```

```
    <title> 新网页 </title>
  </head>
  <body>
    <h1> 宋词欣赏 </h1>
    <h2> 蝶恋花 </h2>
  </body>
</html>
```

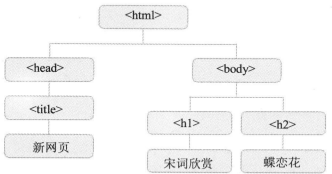

DOM Tree 里的每个节点都是一个隶属于 Node 类的对象，而 Node 类又包含数个子类，其类层级结构如下图，HTMLDocument 子类代表 HTML 文件，HTMLElement 子类代表 HTML 元素，而 HTMLElement 子类又包含数个子类，代表特殊类的 HTML 元素，例如 HTMLInputElement 代表输入类的元素，HTMLTableElement 代表表格类的元素。

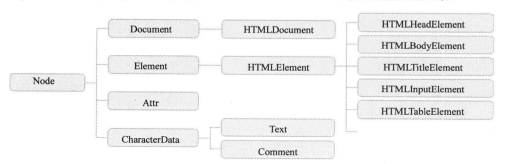

❖ **document 对象的属性与方法**

可以通过 document 对象的属性与方法访问 HTML 文件的元素，比较常用的如下表。

| 属性 | 说明 |
| --- | --- |
| charset | HTML 文件的字符编码方式 |
| characterSet | HTML 文件的字符编码方式，此为只读属性 |
| cookie | HTML 文件专属的 cookie |
| defaultCharset | 浏览器默认的字符编码方式，此为只读属性 |

（续表）

| 属性 | 说明 |
|---|---|
| Domain | 文件来源服务器的域名 |
| lastModified | HTML 文件最后一次修改的日期时间 |
| referer | 链接至此 HTML 文件之文件的网址 |
| url | HTML 文件的网址 |
| title | HTML 文件中<title>元素的文字 |

| 方法 | 说明 |
|---|---|
| open(*type*) | 根据参数 *type* 所指定的 MIME 类型开启新的文件，若参数 *type* 为 "text/html" 或省略不写，表示开启新的 HTML 文件 |
| close() | 关闭以 open()方法开启的文件数据流，使缓冲区的输出显示在浏览器 |
| getElementById(*id*) | 获取 HTML 文件中 id 属性为 *id* 的元素 |
| getElementsByName(*name*) | 获取 HTML 文件中 name 属性为 *name* 的元素 |
| getElementsByClassName(*name*) | 获取 HTML 文件中 class 属性为 *name* 的元素 |
| getElementsByTagName(*name*) | 获取 HTML 文件中标签名称为 *name* 的元素 |
| write(*data*) | 将参数 *data* 所指定的字符串输出至浏览器 |
| writeln(*data*) | 将参数 *data* 所指定的字符串和换行输出至浏览器 |
| createComment(*data*) | 根据参数 *data* 所指定的字符串建立并返回一个新的 Comment 节点 |
| createElement(*name*) | 根据参数 *name* 所指定的元素名称建立并返回一个新的、空的 Element 节点 |
| createText(*data*) | 根据参数 *data* 所指定的字符串建立并返回一个新的 Text 节点 |
| exec Command(command[,showUI [, value]]) | 执行第一个参数指定的指令，其他参数则会随着所指定的指令而定，例如下面的程序语句是设置当用鼠标双击<br><h1 ondblclick="document.execCommand('italic')"> 送别</h1><br>HTML 5 针对第一个参数定义了下列指令：<br><br>bold　　　　　　　　insertParagraph<br>createLink　　　　　　insertText<br>delete　　　　　　　italic<br>formatBlock　　　　　redo<br>forwardDelete　　　　selectAll<br>insertImage　　　　　subscript<br>insertHTML　　　　　superscript<br>insertLineBreak　　　　undo<br>insertOrderedList　　　unlink<br>insertUnorderedList　　unselect |

下面举一个例子，当用户单击"开启新文件"按钮时，将会清除原来的文件，重新开启

MIME 类型为"text/html"的新文件，并显示"这是新的 HTML 文件"，要注意的是新文件会显示在原来的索引标签，不会开启新的索引标签。

```html
<!doctype html>
<html>
  <head>
    <meta charset="utf-8">
    <title> 范例 </title>
    <script language="javascript">
    function openDocument()
    {
      window.document.open("text/html");                // 开启新的 HTML 文件
      window.document.write(" 这是新的 HTML 文件 ");      // 在新文件中显示此字符串
      window.document.close();                          // 关闭新文件数据流
      }
    </script>
  </head>
  <body>
    <input type="button" value=" 开启新文件" onclick="javascript:openDocument();">
  </body>
</html>
```

&lt;\Ch13\open1.html&gt;

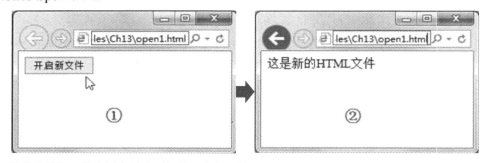

①单击此钮；②在原来的索引标签开启新文件

若要将新文件显示在新的索引标签，可以将程序改写如下。

```html
<!doctype html>
<html>
  <head>
    <meta charset="utf-8">
    <title> 范例 </title>
    <script language="javascript">
    function openDocument()
```

```
   {
      var newWin = window.open("", "newWin");              // 开启新的索引标签
      newWin.document.open("text/html");                   // 在新的索引标签开启新文件
      newWin.document.write(" 这是新的 HTML 文件 ");          // 在新文件中显示此字符串
      newWin.document.close();                             // 关闭新文件数据流
   }
  </script>
  </head>
  <body>
  <input type="button" value=" 开启新文件" onclick="javascript:openDocument();">
  </body>
</html>
```

\<\Ch13\open2.html\>

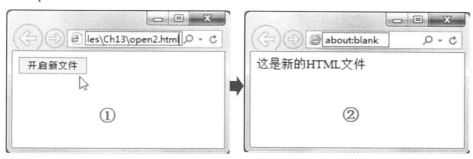

①单击此按钮；②在新的索引标签开启新文件

接着，示范如何利用 getElementById()、getElementsByName()、getElementsByTagName() 等方法获取 HTML 文件的元素，假设 HTML 文件中有下面几个元素：

```
<input type="checkbox" name="phone" id="CB1" value="hTC">
<input type="checkbox" name="phone" id="CB2" value="Apple">
<input type="checkbox" name="phone" id="CB3" value="ASUS">
```

那么下面第一个程序语句将获取 id 属性为"CB1"的元素，也就是第一个复选框，第二个程序语句将获取 name 属性为"phone"的元素，也就是这三个复选框，第三个程序语句将获取标签名称为"input"的元素，也就是下面这三个复选框。

```
var Element1 = document.getElementById("CB1");
var Element2 = document.getElementsByName("phone");
var Element3 = document.getElementsByTagName("input");
```

这些 HTML 元素都是 element 对象，可以通过 element 对象访问 HTML 元素的属性，下面是一些例子，第 13-6 节有进一步的介绍。

```
Element1.value              // 返回第一个复选框的 value 属性值 "hTC"
```

```
Element1.id              // 返回第一个复选框的 id 属性值 "CB1"
Element1.type            // 返回第一个复选框的 type 属性值 "checkbox"
Element1.tagName         // 返回第一个复选框的标签名称 "input"
Element2.length          // 返回 name 属性为 "phone" 的元素个数为 3
Element2[0].value        // 返回第一个复选框的 value 属性值 "hTC"
Element2[1].value        // 返回第二个复选框的 value 属性值 "Apple"
Element2[2].value        // 返回第三个复选框的 value 属性值 "ASUS"
Element2[0].id           // 返回第一个复选框的 id 属性值 "CB1"
Element2[0].type         // 返回第一个复选框的 type 属性值 "checkbox"
Element2[0].tagName      // 返回第一个复选框的标签名称 "input"
Element3.length          // 返回标签名称为 "input" 的元素个数为 3
Element3[0].value        // 返回第一个复选框的 value 属性值 "hTC"
Element3[1].value        // 返回第二个复选框的 value 属性值 "Apple"
Element3[2].value        // 返回第三个复选框的 value 属性值 "ASUS"
```

❖ **document 对象的子对象与集合**

document 对象只有一个子对象 body，代表 HTML 文件的主体，即<body>元素，其属性如下表。

| 属性 | 说明 |
|---|---|
| link | 对应 <body> 元素的 link 属性，表示尚未浏览的超链接文字颜色 |
| alink | 对应 <body> 元素的 alink 属性，表示被选取的超链接文字颜色 |
| vlink | 对应 <body> 元素的 vlink 属性，表示已经浏览的超链接文字颜色 |
| background | 对应 <body> 元素的 background 属性，表示背景图片的相对或绝对网址 |
| bgColor | 对应 <body> 元素的 bgcolor 属性，表示网页的背景颜色 |
| text | 对应 <body> 元素的 text 属性，表示网页的文字颜色 |

举例来说，下面的程序语句可以将网页的背景颜色设置为黄色：

```
document.body.bgColor = "yellow";
```

此外，document 对象还提供如下表的集合。

| 集合 | 说明 |
|---|---|
| all | HTML 文件中的所有对象 |
| anchors | HTML 文件中具备 name 属性的 <a> 元素 |
| links | HTML 文件中具备 href 属性的 <a> 与 <area> 元素，但不包括 <link>元素 |
| forms | HTML 文件中的窗体 |
| frames | HTML 文件中的框架 |

（续表）

| 集合 | 说明 |
|------|------|
| Images | HTML 文件中的图片 |
| styleSheets | HTML 文件中使用 \<link\> 与 \<style\> 元素嵌入的样式表单 |
| embeds | HTML 文件中使用 \<embed\> 元素嵌入的资源 |
| applets | HTML 文件中的 Java Applets |
| plugins | HTML 文件中的插件 |

举例来说，假设 HTML 文件中有下面两个窗体，name 属性分别为 myForm1、myForm2。

```
<form name="myForm1">
    <input type="button" id="B1" value=" 按钮  1"> <input type="button" id="B2" value=" 按钮  2">
</form>

<form name="myForm2">
    <input type="button" id="B3" value=" 按钮  3">
    <input type="button" id="B4" value=" 按钮  4">
</form>
```

那么可以通过 document 对象的 forms 集合访问窗体中的元素，例如：

```
document.forms[0].B1.value              // 返回第一个窗体中 id 属性为 B1 之元素的 value 值
document.forms.myForm1.B1.value         // 返回第一个窗体中 id 属性为 B1 之元素的 value 值
document.forms[1].B3.value              // 返回第二个窗体中 id 属性为 B3 之元素的 value 值
document.forms.myForm2.B3.value         // 返回第二个窗体中 id 属性为 B3 之元素的 value 值
```

同理，假设 HTML 文件中有下面两张图片，name 属性分别为 myGif1、myGif2。

```
<img name="myGif1" src="maru1.gif">
<img name="myGif2" src="maru2.gif">
```

那么可以通过 document 对象的 images 集合存取图片，例如。

```
document.images[0].src                  // 返回第一张图片的 src 属性值
document.images.myGif1.src              // 返回第一张图片的 src 属性值
document.images[0].border=10;           // 将第一张图片的 border 属性设置为 10 像素
document.images[1].align="left";        // 将第二张图片的 align 属性设置为 "left"
```

## 13-6　element 对象

element 对象代表的是 HTML 文件中的一个元素，隶属于 HTMLElement 类，而 HTMLElement 子类又包含数个子类，代表特殊类的 HTML 元素，例如 HTMLInputElement

代表输入类的元素，HTMLTableElement 代表表格类的元素。

　　凡是利用 getElementById()、getElementsByName()、getElementsByTagName()、getElementsByClassName() 等方法所获取的 HTML 元素都是 element 对象，由于 HTML 元素包含标签与属性两个部分，所以代表 HTML 元素的 element 对象也有对应的属性，举例来说，假设 HTML 文件中有一个 id 属性为"image"的\<img\>元素，那么下面的第一个程序语句会先获取该元素，而第二个程序语句会将该元素的 src 属性设置为 "car.gif"。

```
var img = document.getElementById("image");
img.src = "car.gif";
```

　　除了对应至 HTML 元素的属性之外，element 对象还提供了许多属性，下表是一些常用的属性。要注意的是 HTML 不会区分英文字母的大小写，但 JavaScript 会，因此，在将 HTML 元素的属性对应至 element 对象的属性时，必须转换为小写，若属性是由多个单词所组成，那么第一个单词后面的每个单词要前缀大写，例如 contentEditable、tabIndex 等。

| 属性 | 说明 |
|---|---|
| attributes | HTML 元素的属性，这是一个数组对象 |
| className | HTML 元素的 class 属性值 |
| tagName | HTML 元素的标签名称 |
| isContentEditable | HTML 元素的内容能否被编辑，true 表示是，false 表示否 |
| innerHTML | HTML 元素的标签与内容 |
| outerHTML | 对象与该对象所包含之 HTML 元素的标签与内容 |
| textContent | HTML 元素的内容（不包含标签） |

　　innerHTML、outerHTML、textContent 三个属性的差别如下图。

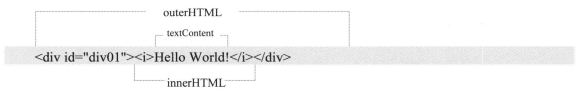

　　下面举一个例子，当用户单击[显示信息]按钮时，就会调用 showMsg()函数，通过 innerHTML 属性设置\<p\>元素的内容，进而显示在浏览器。

```
<!doctype html>
<html>
  <head>
    <meta charset="utf-8">
    <title> 范例 </title>
    <script language="javascript">
      function showMsg()
```

```
    {
        var msg = document.getElementById("message");        // 获取 <p> 元素
        msg.innerHTML = "Hello World!";                       // 设置 <p> 元素的内容
    }
    </script>
  </head>
  <body>
    <input type="button" value=" 显示信息 " onclick="javascript:showMsg();">
    <p id="message"></p>
  </body>
</html>
```

&lt;\Ch13\show.html&gt;

①单击此按钮；②获取并设置段落内容

# 一、选择题

（　　）1. 下列哪一个是用来描述对象的特质？

     A. 属性　　　　　　B. 类　　　　　　　C. 事件　　　　　　　D. 方法

（　　）2. 下列哪一个是用来执行对象的动作？

     A. 属性　　　　　　B. 类　　　　　　　C. 事件　　　　　　　D. 方法

（　　）3. 下列哪个对象代表的是浏览器窗口或索引标签？

     A. document　　　B. screen　　　　C. navigator　　　　D. window

（　　）4. window 对象的哪个属性代表状态栏的文字？

     A. status　　　　　B. top　　　　　　C. length　　　　　　D. name

（　　）5. window 对象的哪个方法可以显示确定对话框？

     A. confirm()　　　B. alert()　　　　C. prompt()　　　　D. open()

（　　）6. window 对象的哪个方法可以设置定时器？

A. moveBy()      B. setInterval()      C. clearTimeOut()      D. resizeTo()

（    ）7. Math 对象的哪个方法可以返回小于等于参数的整数？

A. round()      B. pow()      C. floor()      D. ceil()

（    ）8. Array 对象的哪个方法可以删除数组的最后一个元素并返回该元素？

A. concat()      B. pop()      C. push()      D. shift()

（    ）9. 若要将网页重新导向，可以利用哪个环境对象？

A. screen      B. history      C. location      D. navigator

（    ）10. 若要获取浏览者的屏幕信息，可以利用哪个环境对象？

A. screen      B. history      C. location      D. navigator

（    ）11. document 对象的哪个方法可以将参数所指定的字符串输出至浏览器？

A. writeln()      B. write()      C. put()      D. open()

（    ）12. document 对象的哪个集合可以用来访问 HTML 文件中的窗体？

A. anchors      B. images      C. forms      D. frames

（    ）13. document 对象的哪个方法可以根据标签名称获取 HTML 文件中的元素？

A. getElementById()      B. getElementsByClassName()

C. getElementsByName()      D. getElementsByTagName()

（    ）14. element 对象的哪个属性可以设置 HTML 元素的标签与内容？

A. text      B. title      C. value      D. innerHTML

（    ）15. 我们可以通过 document 对象的哪个子对象设置网页的背景颜色？

A. body      B. head      C. frames      D. images

## 二、实践题

1. 假设网页上有一个名称为 myForm 的窗体，而窗体内有一组名称为 mySelect 的单选钮，试编写一行 JavaScript 程序语句将第 3 个单选钮的值显示在对话框。

2. 编写一个 JavaScript 程序，令它声明一个包含 5、8、2、3、7、6、9、1、 4、8、3、0 等元素的数组，然后计算这些元素的平均值，并显示其结果。

3. 编写一个 JavaScript 程序，令它使用二维数组存放下列元素，然后在二维数组搜索最大值及最小值，并显示其下标。

| 21 | 22 | 23 | 24 | 25 | 26 |
|----|----|----|----|----|----|
| 11 | 12 | 13 | 14 | 15 | 16 |
| 1  | 2  | 3  | 4  | 5  | 6  |

4. 假设在县市长选举中，候选人 A~D 于选区 1~5 的得票数如下，试编写一个 JavaScript 程序，令它重复出现对话框要求用户输入每位候选人在各个选区的得票数，输入完毕后再显示每位候选人的总得票数。

| | 第 1 选区 | 第 2 选区 | 第 3 选区 | 第 4 选区 | 第 5 选区 |
|---|---|---|---|---|---|
| 候选人 A | 1521 | 3002 | 789 | 2120 | 1786 |
| 候选人 B | 522 | 765 | 1200 | 2187 | 955 |
| 候选人 C | 2514 | 2956 | 1555 | 1036 | 4012 |
| 候选人 D | 1226 | 1985 | 1239 | 3550 | 781 |

# 第14章

## 事件处理与实用范例

# 14-1　事件驱动模式

在 Windows 操作系统中，每个窗口都有一个唯一的代码，而且系统会持续监控每个窗口，当有窗口发生事件（event）时，例如用户单击按钮、改变窗口大小、移动窗口、加载网页等，该窗口就会传送信息给系统，然后系统会处理信息并将信息传送给其他关联的窗口，这些窗口再根据信息做出适当的处理，此种工作模式称为事件驱动（event driven）。

浏览器端 Scripts 也是采用事件驱动的运转模式，当有浏览器、HTML 文件或 HTML 元素发生事件时，例如浏览器在加载网页时会触发 load 事件、在离开网页时会触发 unload 事件、在用户单击 HTML 元素时会触发 click 事件等，此时就可以通过事先编写好的 JavaScript、VBScript 等程序来处理事件。

以 JavaScript 为例，它会自动进行低级的信息处理工作，因此，只要针对可能发生或想要捕捉的事件定义处理程序即可，届时一旦发生指定的事件，就会执行该事件的处理程序，待处理程序执行完毕后，再继续等待下一个事件或结束程序。

将触发事件的对象称为"事件发送者"（event sender、event generator）或"事件来源"（event source），而接收事件的对象称为"事件接收者"（event reciever、event consumer），诸如 window、document、element 等对象或用户自定义的对象都可以是事件发送者，换句话说，除了系统所触发的事件之外，程序设计人员也可以视实际需要加入自定义的事件，至于用来处理事件的程序则称为"事件处理程序"（event handler）或"事件监听程序"（event listener）。

虽然有些事件会有默认的操作，例如在用户输入窗体数据并单击[提交]按钮后，默认会将窗体数据返回 Web 服务器，不过，还是可以针对这些事件另外编写处理程序，例如将窗体数据以 E-mail 形式传送给指定的收件人或写入数据库。

注：传统的过程序（procedual）程序并不是采用事件驱动的工作模式，其执行流程是根据程序设计人员事先规划的流程顺序执行，而不是系统或程序设计人员所触发的事件。

# 14-2　事件的类型

在 Web 发展的初期，事件的类型并不多，可能就是 load、unload、click、mouseover 等简单的事件，不过，随着 Web 平台与相关的 API 快速发展，事件的类型日趋多元化，常见的如下，以下各小节有进一步的说明。

- 传统的事件
- HTML 5 事件
- DOM 事件
- 触控事件

## 14-2-1　传统的事件

"传统的事件"指的是早已经存在并受到广泛支持的事件，包括以下几种。

- window 事件：这是与浏览器本身相关的事件，而不是浏览器所显示之文件或元素的事件，常见的如下：
  - ➤ load：当浏览器加载网页或所有框架时会触发此事件。
  - ➤ unload：当浏览器删除窗口或框架内的网页时会触发此事件。
  - ➤ focus：当焦点移到浏览器窗口时会触发此事件。
  - ➤ blur：当焦点从浏览器窗口移开时会触发此事件。
  - ➤ error：当浏览器窗口发生错误时会触发此事件。
  - ➤ scroll：当浏览器窗口滚动时会触发此事件。
  - ➤ resize：当浏览器窗口改变大小时会触发此事件。
  
  请注意，focus、blur、error 等事件也可能在其他元素上触发，而 scroll 事件也可能在其他可滚动的元素上触发。
- 键盘事件：这是与用户操作键盘相关的事件，常见的如下：
  - ➤ keydown：当用户在元素上按下按键时会触发此事件。
  - ➤ keyup：当用户在元素上放开按键时会触此事件。
  - ➤ keypress：当用户在元素上按下再放开按键时会触发此事件。
- 鼠标事件：这是与用户操作鼠标相关的事件，常见的如下：
  - ➤ mousedown：当用户在元素上按下鼠标按键时会触发此事件。
  - ➤ mouseup：当用户在元素上放开鼠标按键时会触发此事件。
  - ➤ mouseover：当用户将鼠标移过元素时会触发此事件。
  - ➤ mousemove：当用户将鼠标在元素上移动时会触发此事件。
  - ➤ mouseout：当用户将鼠标从元素上移开时会触发此事件。
  - ➤ mousewheel：当用户在元素上滚动鼠标滚轮时会触发此事件。
  - ➤ click：当用户在元素上单击鼠标按键时会触发此事件。
  - ➤ dblclick：当用户在元素上双击鼠标按键时会触发此事件。
- 窗体事件：这是与用户操作窗体相关的事件，常见的如下：
  - ➤ submit：当用户传送窗体时会触发此事件。
  - ➤ reset：当用户清除窗体时会触发此事件。
  - ➤ select：当用户在文字字段选取文字时会触发此事件。
  - ➤ change：当用户修改窗体字段时会触发此事件。
  - ➤ focus：当焦点移到窗体字段时会触发此事件。
  - ➤ blur：当焦点从窗体字段移开时会触发此事件。

## 14-2-2　HTML 5 事件

HTML 5 不仅提供功能强大的 API，同时也针对这些 API 新增许多相关的事件，比方说，HTML 5 针对用来播放视频与音频的 Video/Audio API 新增 loadstart、progress、suspend、abort、 error、emptied、stalled、loadedmetadata、loadeddata、canplay、canplaythrough 等事件，通过这些事件，就可以掌握媒体数据的播放情况，例如开始搜索媒体数据、正在读取媒体数据、开始播放等。

又比方说，HTML 5 针对用来进行拖放操作的 Drag and Drop API 新增 dragstart、drag、dragend、dragenter、dragleave、dragover、drop 等事件，通过这些事件，就可以知道用户何时开始拖动、正在拖动或结束拖动。有关 HTML 5 事件的规格，可以参考官方文件 http://www.w3.org/TR/html5/。

## 14-2-3　DOM 事件

"DOM 事件"指的是 W3C 提出的 Document Object Model（DOM）Level 3 Events Specification，除了将传统的事件标准化之外，还新增一些新的事件，例如 focusin、focusout、mouseenter、mouseleave、textinput、wheel 等，由于该规格目前为工作草案阶段，浏览器尚未广泛提供具体实现。

## 14-2-4　触控事件

随着配备触控屏幕的移动设备与平板电脑快速普及，W3C 开始着手制订触控规格 Touch Events version 1，里面主要有 touchstart、touchmove、touchend、touchcancel 等事件，当手指触碰到屏幕时会触发 touchstart 事件，当手指在屏幕上移动时会触发 touchmove 事件，当手指离开屏幕时会触发 touchend 事件，而当取消触控或触控点离开文件窗口时会触发 touchcancel 事件。

Touch Events version 1 目前为候选推荐（Candidate Recommendation）阶段，有兴趣的读者可以参考官方文件 http://www.w3.org/TR/touch-events/。另外像 Apple iPhone、iPad 所支持的 gesture（手势）、touch（触控）、orientationchanged（旋转方向）等事件，可以参考 Apple Developer Center（http://developer.apple.com/）。

# 14-3　事件处理程序

在本节中，示范如何设置事件处理程序，下面举一个例子，它会利用 HTML 元素的事件属性设置事件处理程序。原则上，事件属性的名称就是在事件的名称前面加上 on，而且要全部小写，即便事件的名称是由多个单词所组成，例如 mousewheel、keydown、canplaythrough 等。

这个例子的重点在于第 08 行将按钮的 onclick 事件属性设定为 "javascript:window.alert('Hello World!');"，如此一来，当用户单击按钮时，将会触发 click 事件，进而执行 window.alert('Hello World!'); 程序语句，在对话框中显示 Hello World!。

01:<!doctype html>

```
02:<html>
03:  <head>
04:    <meta charset="utf-8">
05:    <title> 范例 </title>
06:  </head>
07:  <body>
08:    <input type="button" id="b1" value=" 显示信息 "
        onclick="javascript:window.alert('Hello World!');">
09:  </body>        将按钮 onclick 事件属性设置为事件处理程序
10:</html>
```

<\Ch14\event1.html>

①单击此按钮；②此对话框

虽然可以直接将事件处理程序写入 HTML 元素的事件属性，但有时却不太方便，因为事件处理程序可能会有很多行程序语句，此时，可以将事件处理程序编写成 JavaScript 函数，然后将 HTML 元素的事件属性设置为该函数，举例来说，<\Ch14\event1.html>可以改写成如下所示。

```
01:<!doctype html>
02:<html>
03:  <head>
04:  <meta charset="utf-8">
05:  <title> 范例 </title>
06:  <script language="javascript">
07:    function showMsg()
08:    {
09:      window.alert('Hello World!');        ❶
10:    }
11:  </script>
12:  </head>
13:  <body>
14:    <input type="button" id="b1" value=" 显示信息 "
        onclick="javascript:showMsg();">
                ❷
```

```
15:    </body>
16:</html>
```

&lt;\Ch14\event2.html&gt;

①将事件处理程序编写成 showMsg()函数；②将按钮的 onclick 事件属性设置为 showMsg()函数

请注意，第 14 行是将按钮的 onclick 事件属性设置为"javascript:showMsg();"，这是一个 JavaScript 函数调用，而不是一般的 JavaScript 程序语句，至于 showMsg()函数则是定义在第 06~11 行的 JavaScript 程序代码区块。

这个程序的执行结果和&lt;\Ch14\event1.html&gt;一样，当用户单击按钮时，将会触发 click 事件，进而调用 showMsg()函数，而该函数会执行 window.alert('Hello World!'); 程序语句，在对话框中显示 Hello World!。

除了前述的做法，也可以在 JavaScript 程序代码区块中设置事件处理程序，举例来说，&lt;\Ch14\event1.html&gt;可以改写成如下所示。

```
01:<!doctype html>
02:<html>
03:    <head>
04:      <meta charset="utf-8">
05:      <title> 范例 </title>
06:    </head>
07:    <body>
08:  ❶      <input type="button" id="b1" value=" 显示信息 ">
09:        <script language="javascript">
10:  ❷    var b1 = document.getElementById("b1");
11:  ❸    b1.onclick = showMsg;
12:
13:        function showMsg()
14:        {                              ❹
15:          window.alert('Hello World!');
16:        }
17:      </script>
18:    </body>
19:</html>
```

&lt;\Ch14\event3.html&gt;

①删除按钮的 onclick 事件属性；②获取代表按钮的对象；③将该对象的 onclick 事件属性设置为 showMsg()函数；④将事件处理程序编写成 showMsg()函数

这个程序的执行结果和&lt;\Ch14\event1.html&gt;一样，只是这次没有在 HTML 程序代码区块中设置 HTML 元素的事件属性，改成在 JavaScript 程序代码区块中利用 getElementById()方法获取代表按钮的对象（第 10 行），然后将该对象的 onclick 事件属性设置为 showMsg()函数

（第 11 行）。

告诉您一个小秘诀，第 09~17 行其实可以简写如下：

```
<script language="javascript">
  var b1 = document.getElementById("b1");
  b1.onclick = function(){window.alert('Hello World!');};
</script>
```

最后，示范如何在 JavaScript 程序代码区块中使用 addEventListener()方法捕捉事件并设置事件处理程序，其语法如下，参数 *event* 是要捕捉的事件，参数 *function* 是要执行的函数，而可选参数 *useCapture* 是布尔值，默认为 false，表示当内层和外层元素都有发生参数 *event* 指定的事件时，先从内层元素开始执行处理程序。

addEventListener(*event*, *function* [, *useCapture*])

可以使用 addEventListener()方法将<\Ch14\event1.html>改写如下，执行结果将维持不变：

```
01:<!doctype html> 02:<html>
03:    <head>
04:       <meta charset="utf-8">
05:     <title> 范例 </title>
06:   </head>
07:   <body>
08:     ①<input type="button" id="b1" value=" 显示信息 ">
09:       <script language="javascript">
10:        ②var b1 = document.getElementById("b1");
11:        ③b1.addEventListener("click", showMsg, false);
12:
13:       function showMsg()
14:       {
15:          window.alert('Hello World!');     ④
16:       }
17:     </script>
18:   </body>
19:</html>
```

① 删除按钮的onclick 事件属性
② 取得代表按钮的对象
③ 捕捉 click 事件并设置事件处理程序
④将事件处理程序编写成 showMsg()函数

&lt;\Ch14\event4.html&gt;

同样的，第 09~17 行也可以简写成如下所示。

```
<script language="javascript">
    var b1 = document.getElementById("b1");
    b1.addEventListener("click", function(){window.alert('Hello World!');}, false);
</script>
```

这种做法和前述几种做法的差别在于 addEventListener()方法可以针对同一个对象的同一种事件类设置多个处理程序,例如下面的程序语句是针对按钮的click事件设置两个处理程序,执行结果将按序出现两个对话框，如下图。

①单击此按钮；②显示第一个对话框，请单击[确定]；③显示第二个对话框，请单击[确定]

```
<!doctype html>
<html>
  <head>
    <meta charset="utf-8">
    <title> 范例 </title>
  </head>
  <body>
    <input type="button" id="b1" value=" 显示信息">
    <script language="javascript">
      var b1 = document.getElementById("b1");
      b1.addEventListener("click", function(){window.alert('Hello World!');}, false);
      b1.addEventListener("click", function(){window.alert(' 欢迎光临!');}, false);
    </script>
  </body>
</html>
```
针对按钮的 click 事件设置两个处理程序

&lt;\Ch14\event5.html&gt;

注：addEventListener()方法有一个成对的 removeEventListener()方法，用来删除对象某个事件的处理程序，其语法如下，参数的意义和 addEventListener()方法相同，此处不再重复讲解：

removeEventListener(*event*, *function* [, *useCapture*])

# 随堂练习

编写一个网页，令其执行结果如下图，当浏览器加载网页时，会出现显示着"欢迎光临！"的对话框，而当浏览器退出网页时，会出现显示着"谢谢光临！"的对话框。

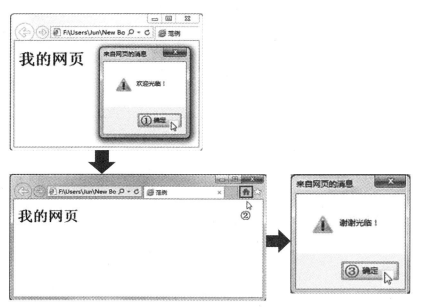

①载入网页时会出现"欢迎光临！"对话框，请单击[确定]；②单击此钮离开
网页并导向到主页；③出现"谢谢光临！"对话框，请单击[确定]

提示：<\Ch14\prac14-1.html>

```
<body onload="javascript:alert(' 欢迎光临！');" onunload="javascript:alert(' 谢谢光临！');">
  <h1> 我的网页 </h1>
</body>
```

# 14-4　JavaScript 实用范例

在本节中，将介绍几个 JavaScript 实用范例，让您对 JavaScript 的应用有更进一步的体会。

## 14-4-1　打印网页

可以利用 window 对象的 print() 方法提供打印网页的功能，下面举一个例子。

```
<!doctype html>
<html>
  <head>
    <meta charset="utf-8">
    <title> 范例 </title>
  </head>
  <body>
```

```
<h1> 我的网页 </h1>
<a href="javascript:window.print();"> 打印网页 </a> </body>
</html>
```

<\Ch14\Sample14-1.html>

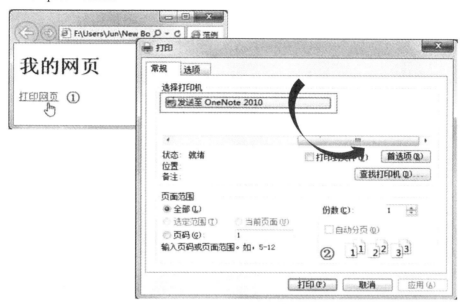

①单击此超链接；②出现[打印]对话框

## 14-4-2　随机变换背景图片

是否觉得一成不变的背景图片太老套，下面的例子可以让网页随机变换事先准备的背景图片。

```
<!doctype html>
<html>
  <head>
    <meta charset="utf-8">
    <title> 范例 </title>
  </head>
  <body>
    <script language="javascript">
    var bg = new Array();
    bg[0] = "bg1.gif";
    bg[1] = "bg2.gif";
    bg[2] = "bg3.gif";
    bg[3] = "bg4.gif";
```

```
    var num = Math.floor(Math.random()* bg.length);  B
    document.body.background = bg[num];  C
  </script>
 </body>
</html>
```

&lt;\Ch14\Sample14-2.html&gt;

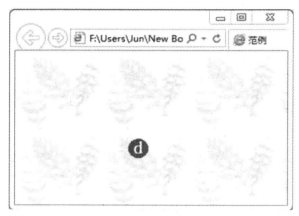

Ⓐ声明名称为 bg 的数组并设置各个元素所代表的图片；Ⓑ产生 0~3 之间的随机数并存放在变量 num；
Ⓒ将背景图片设置为 bg[num]的图片；Ⓓ每次加载网页时会随机变换背景图片。

## 14-4-3　网页跑马灯

在第 7-7-1 节介绍过状态栏跑马灯，现在来看看网页跑马灯如何制作。

```
<!doctype html>
<html>
  <head>
    <meta charset="utf-8">
    <title> 范例 </title>
    <script language="javascript">
❶ ar info=" 欢迎光临翠墨资讯！            ";
❷ var interval=200;
    var empty="";
    var sin=0;
    function Scroll()
    {
        document.myForm.myText.value = info.substring(sin, info.length）
        empty + info.substring(0, info.length);
        sin++;
        sin++;
        if（sin > info.length）sin = 0;
```

```
    ❸ window.setTimeout("Scroll();", interval);
      }
    </script>
  </script>
  </head>
  ❹
  <body onload="javascript:Scroll();">
  <form name="myForm">
      <input type="text" name="myText" size="30">
  </form>
  </body>
</html>
```

<\Ch14\Sample14-3.html>

❶跑马灯文字，可以自行设置；❷跑马灯的文字移动速度，数字愈大，移动就愈慢；
❸设置定时器；❹当浏览器载入网页时，就会调用 Scroll()函数；❺网页跑马灯

## 14-4-4　半透明效果

可以设置当鼠标指针移到图片时，图片会变成半透明，而当鼠标指针离开图片时，图片
又会恢复成不透明，下面举一个例子，由于它使用 Internet Explorer 提供的滤镜功能，所以只
有 Internet Explorer 才看得到半透明效果。

```
<!doctype html>
<html>
  <head>
    <meta charset="utf-8">
    <title> 范例 </title>
    <script language="javascript">
      function Change(obj）{
         obj.filters.alpha.opacity = 50;
      }
      function Restore(obj){
```

```
    obj.filters.alpha.opacity = 100;
    }
  </script>
</head>
<body>
                                            ❶
<img src="piece1.jpg" width="200" style="filter:alpha(opacity=100)"
onmouseover="javascript:Change(this);" onmouseout="javascript:Restore(this);">
</body>                                     ❷
</html>
```

<\Ch14\Sample14-4.html>

❶使用 alpha 滤镜，参数 100、50 分别表示不透明和半透明；❷由于函数调用放在<img>元素内，所以 this 指的是图片对象；❸鼠标指针移到图片时变成半透明；❹鼠标指针离开图片时变成不透明

## 14-4-5　具有超链接功能的下拉菜单

可以在网页上放置具有超链接功能的下拉菜单，下面举一个例子。

```
<!doctype html>
<html>
  <head>
    <meta charset="utf-8">
    <title> 范例 </title>
    <script language="javascript">
      function GO(){
            newWin = open(); newWin.location.href =
        document.myForm.mySelect.options[document.myForm.mySelect.selectedIndex].value;
      }
    </script>        在新窗口或新索引标签开启所选择的网站
  </head>
  <body>
```

```
    <form name="myForm">
    <select name="mySelect" size="1">
        <option value="http://www.sina.com.cn"> 新浪
        <option value="http://www.yam.com"> 地瓜藤
        <option value="http://www.baidu.com"> 百度
    </select>
    <input type="button" value="GO!" onclick="javascript:GO();">
    </form>
  </body>
</html>
```

<\Ch14\Sample14-5.html>

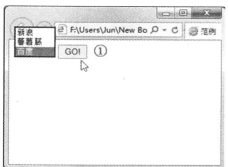

①选择网站后按[GO!]；②开启所选择的网站

## 14-4-6　显示进入时间

可以在用户加载网页时，显示进入的时间，下面举一个例子。

```
<!doctype html>
<html>
  <head>
    <meta charset="utf-8">
    <title> 范例 </title>
    <script language="javascript">
    function showEntryTime()
    {
        var now = Date();
        document.myForm.myField.value = now.toString();
    }
  </script>
</head>
<body onload="showEntryTime();">
```

```
  <form name="myForm">
    <input type="text" name="myField" size="40">
  </form>
 </body>
</html>
```

<\Ch14\Sample14-6.html>

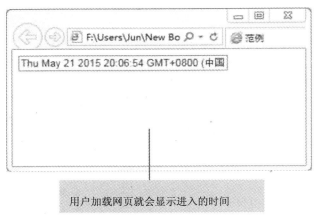

用户加载网页就会显示进入的时间

## 14-4-7　显示停留时间

可以在网页上显示用户的停留时间，下面举一个例子。

```
<!doctype html>
<html>
 <head>
  <meta charset="utf-8">
  <title> 范例 </title>
  <script language="javascript">
      var miliseconds = 0, seconds = 0;
      document.myForm.myField.value = "0";
      function showStayTime()
      {
        if（miliseconds >= 9）
        {
            miliseconds = 0; seconds += 1;
          }
        else miliseconds += 1;
        document.myForm.myField.value = seconds + "." + miliseconds;
        setTimeout("showStayTime()",100);
      }
```

启动定时器，每隔 0.1 秒调用一次 showStayTime()函数

```
  </script>
  </head>
  <body onload="showStayTime();">
    <form name="myForm">
      您的停留时间为 <input type="text" name="myField" size="5"> 秒
    </form>
  </body>
</html>
```

&lt;\Ch14\Sample14-7.html&gt;

每隔 0.1 秒更新一次停留时间

## 14-4-8　显示在线时钟

可以在网页上显示在线时钟，下面举一个例子。

```
<!doctype html>
<html>
  <head>
    <meta charset="utf-8">
    <title> 范例 </title>
    <script language="javascript">
    function showClock()
    {
      var today = Date();
      document.myForm.myField.value = today.toString();
      setTimeout("showClock()", 100);
                   |
    }           启动定时器，每隔 0.1 秒调用一次 showClock()函数
    </script>
  </head>
  <body onload="showClock();">
    <form name="myForm">
      <input type="text" name="myField" size="40">
    </form>
```

```
</body>
</html>
```

<\Ch14\Sample14-8.html>

每隔 0.1 秒更新一次线上时间

## 14-4-9 自动切换成 PC 版网页或移动版网页

可以根据上网的设备自动切换成 PC 版网页或移动版网页，下面举一个例子，当用户通过 PC 版浏览器开启 detect.html 时，将会导向到 PC 版网页 pc.html，如下图（一），而当用户通过移动版浏览器开启 detect.html 时，将会导向到移动版网页 mobile.html，如下图（二）。

图（一）

图（二）

```
01:<!doctype html>
02:<html>
```

```
03:   <head>
04:       <meta charset="utf-8">
05:       <title> 自动导向 </title>
06:       <script language="javascript">
07:    var mobile_device = navigator.userAgent.match(/iPad|iPhone|android|htc|sony|padfone/i);
08:       if(mobile_device == null）document.location.replace("pc.html");
09:           else document.location.replace("mobile.html");
10:       </script>
11:   </head>
12:</html>
```

&lt;\Ch14\detect.html&gt;

- 07 行: 先通过 navigator 对象的 userAgent 属性获取 HTTP Request 中 user-agent 标头的值，再调用 match()方法比对该值中有无移动设备相关的字符串，例如 iPad、iPhone、android 等，由于市面上有越来越多移动设备的品牌与型号，可以视实际情况自行增加其他字符串。

- 08~09 行: 若 match()方法返回 null，表示不是移动设备，就调用 location 对象的 replace()方法导向到 PC 版网页，否则导向到移动版网页。

```
<!doctype html>
<html>
  <head>
    <meta charset="utf-8">
    <title>PC 版网页 </title>
  </head>
  <body>
      <h1>Hello! Welcome To PC 版网页 !</h1>
  </body>
</html>
```

&lt;\Ch14\pc.html&gt;

```
<!doctype html>
<html>
    <head>
        <meta charset="utf-8">
        <title> 移动版网页 </title>
    </head>
    <body>
        <h1>Hello! Welcome To 移动版网页 !</h1>
    </body>
</html>
```

<\Ch14\mobile.html>

学习评估

1. 编写一个网页，令其执行结果如下图，刚开始网页上会显示图片 piece1.jpg，当用户将鼠标指针移到图片时，会变换成另一张图片 piece2.jpg，而当用户将鼠标指针离开图片时，又会变换回原来的图片 piece1.jpg。<\Ch14\ex14-1.html>

①鼠标指针离开图片时会显示此图片；②鼠标指针移到图片时会显示此图片

2. 编写一个网页，令其执行结果如下图，这是一组具有超链接功能的单选按钮。<\Ch14\ex14-2.html>

①选择网站后单击[Go!]；②在新窗口或新索引标签开启所选择的网站

# 第15章

## CSS

# 15-1 CSS 的演进

CSS（Cascading Style Sheets，层叠样式表单）是由 W3C 所提出，主要的用途是控制网页的外观，也就是定义网页的编排、显示、格式化及特殊效果，有部分功能与 HTML 重叠。

或许您会问，"既然 HTML 提供的标签与属性就能将网页格式化，那为何还要使用 CSS？"，没错，HTML 确实提供一些格式化的标签与属性，但其变化有限，而且为了进行格式化，往往会使得 HTML 原始文件变得非常复杂，内容与外观的依赖性过高而不易修改。

为此，W3C 于是鼓励网页设计人员使用 HTML 定义网页的内容，然后使用 CSS 定义网页的外观，将网页的内容与外观分隔开来，如此便能通过 CSS 从外部控制网页的外观，同时 HTML 原始文件也会变得精简，有助于后续的维护与更新。

事实上，W3C 已经将不少涉及网页外观的 HTML 标签与属性列为 Deprecated（建议勿用），并鼓励改用 CSS 来取代它们，例如<font>...</font>、<basefont>、<dir>...</dir>等标签，或 background、bgcolor、align、link、vlink、color、face、size 等属性。

我们简单将 CSS 的演进摘要如下。

- CSS Level 1（CSS 1）：W3C 于 1996 年公布 CSS Level 1 推荐标准（Recommendation），约有 50 个属性，包括字体、文字、颜色、背景、列表、表格、定位方式、框线、边界等，详细的规格可以参考 CSS 1 官方文件 http://www.w3.org/TR/CSS1/。

- CSS Level 2（CSS 2）：W3C 于 1998 年公布 CSS Level 2 推荐标准，约有 120 个属性，新增一些字体属性，并加入相对定位、绝对寻址、固定位置、媒体类型的概念。

- CSS Level 2 Revision 1（CSS 2.1）：W3C 经过数年的讨论，于 2011 年公布 CSS Level 2 Revision 1 推荐标准，除了维持与 CSS 2 的向下兼容性，还修正 CSS 2 的错误、删除一些 CSS 2 尚未实现的功能并新增数个属性，详细的规格可以参考 CSS 2.1 官方文件 http://www.w3.org/TR/CSS2/。

- CSS Level 3（CSS 3）：相较于 CSS 2.1 是将所有属性整合在一份规格书中，CSS 3 则是根据属性的分类区分成不同的模块（module）来进行规格化，例如 CSS Color Level 3、Selectors Level 3、Media Queries、CSS Namespaces、CSS Snapshot 2010、CSS Style Attributes 等模块已经成为推荐标准（Recommendation），而 CSS Backgrounds and Borders Level 3、CSS Image Values and Replaced Content Level 3、CSS Masking、CSS Multi-column Layout、CSS Speech、CSS Values and Units Level 3、CSS Mobile Profile 2.0、CSS Font Level 3、CSS Shapes 等模块是候选推荐（Candidate Recommendation）。

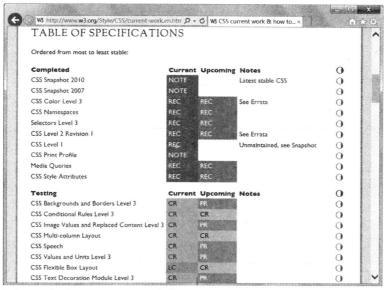

这个网站会详细列出 CSS 3 各个模块目前的规格化进度及规格书之超链接

- CSS Level 4（CSS 4）：W3C 于 2009 年提出 CSS Level 4 工作草案，目前正在研拟中，主要的浏览器尚未提供具体实现。

# 15-2　CSS 样式规则与选择器

CSS 样式表单是由一条一条的样式规则（style rule）所组成，而样式规则包含选择器（selector）与声明（declaration）两个部分：

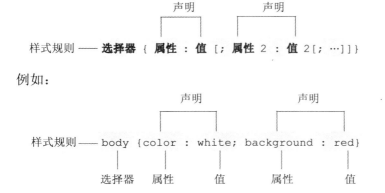

例如：

- 选择器（selector）：选择器是用来指定样式规则所要套用的对象，也就是 HTML 元素。以上面的样式规则为例，选择器 body 表示要套用样式规则的对象是<body>元素，即网页主体。

- 声明（declaration）：声明是用来指定 HTML 元素的样式，以大括号括起来，里面包含属性（property）与值（value），中间以冒号（:）连接，同时样式规则的声明个数可以不只一个，中间以分号（;）隔开。以上面的样式规则为例，color:white 声明是指定 color 属性的值为 white，即前景颜色为白色，而 background:red 声明是指定 background 属性的值为 red，即背景颜色为红色，这两个声明中间以分号隔开。

请注意，若属性的值包含英文字母、阿拉伯数字（0~9）、减号（-）或小数点（.）以外的字符（例如空白、换行），那么属性的值前后必须加上双引号或单引号（例如 font-family:"Times New Roman"），否则双引号（"）或单引号（'）可以省略不写。

下面举一个例子，它会以标题 1 默认的样式显示"暮光之城"，通常是黑色、细明体。

```
<!doctype html>
<html>
  <head>
    <meta charset="utf-8">
    <title>新网页 1</title>
  </head>
  <body>
    <h1>暮光之城</h1>
  </body>
</html>
```

<\Ch15\sample1.html>

接着，以 CSS 来指定样式，此例是在<head>元素里面使用<style>元素嵌入 CSS 样式表单（第 06~08 行），将标题 1 指定为红色、标楷体，至于其他链接 HTML 文件与 CSS 样式表单的方式，可以参阅第 15-3 节。

```
01:<!doctype html>
02:<html>
03:  <head>
04:    <meta charset="utf-8">
05:    <title>新网页 1</title>
06:    <style type="text/css">
07:        h1 {color:red; font-family: 标楷体 }
08:    </style>
```

```
09:</head>
10:    <body>
11:        <h1> 暮光之城 </h1>
12:    </body>
13:</html>
```

&lt;\Ch15\sample2.html&gt;

❖　CSS 注意事项

当使用 CSS 时，请注意下列事项。

- 若属性的值包含英文字母、阿拉伯数字（0~9）、减号（-）或小数点（.）以外的字符（例如空白、换行），那么属性的值前后必须加上双引号或单引号（例如 font-family:"Times New Roman"），否则双引号（"）或单引号（'）可以省略不写。
- CSS 会区分英文字母的大小写，这点和 HTML 不同，为了避免混淆，在为 HTML 元素的 class 属性或 id 属性命名时，请保持一致的命名规则，一般建议是采用字中大写，例如 myPhone、firstName 等。
- CSS 的注释符号为 /* */，如下所示，这点也和 HTML 不同，HTML 的注释为&lt;!-- --&gt;。

```
h1     {color:blue}              /* 将标题 1 的文字颜色指定为蓝色 */
p      {font-size:10px}          /* 将段落的文字大小指定为 10 像素 */
```

- 样式规则的声明个数可以不只一个，中间以分号（;）隔开，以下面的样式规则为例，里面包含三个声明，用来指定段落的样式为首行缩排 50 像素、行高 1.5 行、左边界 20 像素。

```
p {text-indent:50px; line-height:150%; margin-left:20px}
```

- 若样式规则包含多个声明，为了方便阅读，可以将声明分开放在不同行，排列整齐即可，例如：

```
P {
    text-indent:50px;
    line-height:150%;
    margin-left:20px
}
```

```
}
```

- 若遇到具有相同声明的样式规则，可以将之合并，使程序代码变得更为精简。以下面的程序代码为例，这四条样式规则是将标题 1、标题 2、标题 3、段落的文字颜色指定为蓝色，声明均为 color:blue：

```
h1 {color:blue}
h2 {color:blue}
h3 {color:blue}
p {color:blue}
```

既然声明均相同，可以将这四条样式规则合并成一条。

```
h1, h2, h3, p {color:blue}
```

- 若遇到针对相同选择器所设计的样式规则，可以将之合并，使程序代码变得更为精简。以下面的程序代码为例，这三条样式规则是将标题 1 的文字颜色指定为蓝色、文字对齐方式指定为置中、字体指定为"Arial Black"，选择器均为 h1。

```
h1 {color:blue}
h1 {text-align:center}
h1 {font-family:"Arial Black"}
```

既然是针对相同选择器，可以将这三条规则合并成一条。

```
h1 {color:blue; text-align:center; font-family:"Arial Black"}
```

下面的写法亦可。

```
h1{
    color:blue;
    text-align:center;
    font-family:"Arial Black"
}
```

# 15-3　链接 HTML 文件与 CSS 样式表单

链接 HTML 文件与 CSS 样式表单的方式如下，以下各小节有详细的说明。

- 在 HTML 文件的<head>元素里面嵌入样式表单。
- 使用 HTML 元素的 style 属性指定样式表单。
- 将样式表单放在外部文件，然后使用@import 指令导入 HTML 文件。
- 将样式表单放在外部文件，然后使用<link>元素链接至 HTML 文件。

## 15-3-1　在&lt;head&gt;元素里面嵌入样式表单

可以在 HTML 文件的&lt;head&gt;元素里面使用&lt;style&gt;元素嵌入样式表单，由于样式表单位于和 HTML 文件相同的文件，因此，任何时候想要变更网页的外观，直接修改 HTML 文件的源代码即可，无须变更多个文件。下面举一个例子，它会通过嵌入样式表单的方式将 HTML 文件的文字颜色指定为白色，背景颜色指定为紫色。

```
<!doctype html>
<html>
  <head>
    <meta charset="utf-8">
    <title> 新网页 1</title>
    <style>
      body {color:white; background:purple}
    </style>
  </head>
  <body>
    <h1> 欢迎光临！ </h1>
  </body>
</html>
```

&lt;\Ch15\linkcss1.html&gt;

这个例子的浏览结果如下图。

## 15-3-2　使用 HTML 元素的 style 属性指定样式表单

也可以使用 HTML 元素的 style 属性指定样式表单，比方说，前一节的例子可以改写如下，一样是将 HTML 文件的文字颜色指定为白色，背景颜色指定为紫色，浏览结果将维持不变。

```
<!doctype html>
<html>
  <head>
    <meta charset="utf-8">
    <title> 新网页 1</title>
  </head>
  <body style="color:white; background:purple">
    <h1> 欢迎光临！ </h1>
  </body>
</html>
```

<\Ch15\linkcss2.html>

## 15-3-3　将外部的样式表单导入 HTML 文件

前两节所介绍的方式都是将样式表单嵌入 HTML 文件，虽然简便，却不适合多人共同开发网页，尤其是当网页的内容与外观交由不同人负责时，此时可以将样式表单放在外部文件，然后导入或链接至 HTML 文件，而且这么做还有一个好处，就是样式表单文件可以让多个 HTML 文件共享，如下图，这样就不会因为重复定义样式表单，导致源代码过于冗长。

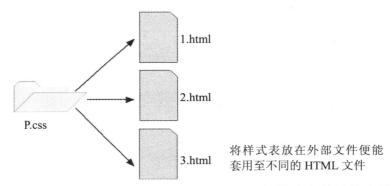

将样式表放在外部文件便能套用至不同的 HTML 文件

下面举一个例子，它将<\Ch15\linkcss1.html>所定义的样式表单另外存储在纯文本文件<body.css>，注意扩展名为.css。

```
body {
    color:white;
    background:purple
}
```

将样式表单放在外部文件

<\Ch15\body.css>

有了样式表单文件，我们可以在 HTML 文件的<head>元素里面使用<style>元素和@import url("*文件名*.css"); 指令导入样式表单，若要导入多个样式表单文件，只要多写几个@import url("*文件名*.css"); 指令即可，此时，<\Ch15\linkcss1.html> 可以改写如下，浏览结果将维持不变。

```
<!doctype html>
<html>
  <head>
    <meta charset="utf-8">
    <title> 新网页 1</title>
    <style>
      @import url("body.css");          使用  @import  指令导入样式表文
    </style>                            件，也可写成  @import "body.css";
  </head>
  <body>
    <h1> 欢迎光临！ </h1>
  </body>
</html>
```

<\Ch15\linkcss3.html>

## 15-3-4　将外部的样式表单链接至 HTML 文件

除了导入样式表单的方式，也可以将样式表单链接至 HTML 文件，下面举一个例子，它会链接与前一个例子相同的样式表单文件<body.css>，不同的是这次不再使用<style>元素，而是改用<link>元素，浏览结果将维持不变。

```
<!doctype html>
<html>
  <head>
    <meta charset="utf-8">
    <title> 新网页  1</title>
    <link rel="stylesheet" href="body.css" type="text/css">   使用 <link> 元素链接样式表单文件，
  </head>                                                      若要链接多个样式表单文件，只要多写
  <body>                                                       几个 <link> 元素即可
    <h1> 欢迎光临！ </h1>
  </body>
</html>
```

<\Ch15\linkcss4.html>

# 15-4　选择器的类型

选择器（selector）是用来指定样式规则所要套用的对象，而且根据不同的对象又有不同的类型，下面来作一下说明。

## 15-4-1　类型选择器

类型选择器（type selector）是以某个 HTML 元素做为要套用样式规则的对象，故名称必须和指定的 HTML 元素符合，以下面的样式规则为例，里面有一个类型选择器 h1，表示要套用样式规则的对象是<h1>元素。

```
h1 {font-family:" 标楷体 "; font-size:30px; color:blue}
```

## 15-4-2　后裔选择器

后裔选择器（descendant selector）是以某个 HTML 元素的子元素做为要套用样式规则的对象，以下面的样式规则为例，里面有两个类型选择器 h1、i 和一个后裔选择器 h1 i，前两者表示要套用样式规则的对象是<h1>元素和<i>元素，而后裔选择器 h1 i 表示要套用样式规则的对象是<h1>元素的<i>子元素。

```
h1   {color:blue}                      /* 类型选择器 h1    */
i {color:green}                        /* 类型选择器 i */
h1   i {color:red}                     /* 后裔选择器 h1    i */
```

## 15-4-3　万用选择器

万用选择器（universal selector）是以 HTML 文件中的所有元素做为要套用样式规则的对象，其命名格式为星号（*），通常用来为所有元素加上共同的样式。以下面的样式规则为例，里面有一个万用选择器，它可以为所有元素去除浏览器默认的留白与边界。

```
* {padding:0; margin:0}
```

## 15-4-4　类选择器

类选择器（class selector）是以隶属于指定类的 HTML 元素做为要套用样式规则的对象，其命名格式为"*.XXX"或".XXX"，星号（*）可以省略不写。使用类选择器定义样式规则的语法如下所示。

以下面的样式规则为例，里面有一个类选择器 heading，表示要套用样式规则的对象是 heading 类，也就是 class 属性为"heading"的 HTML 元素。

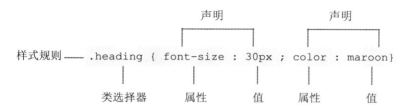

下面举一个例子，它将示范如何在 HTML 文件中使用类选择器。

- 06~09：在&lt;head&gt;元素里面使用&lt;style&gt;元素嵌入样式表单，里面定义了 heading 和 content 两个类选择器。
- 13、15：将所有用来显示唐诗名称之&lt;p&gt;元素的 class 属性指定为"heading"，表示所有唐诗名称都要套用 heading 样式规则，即字体为华康粗黑体、文字大小为 30 像素、文字颜色为褐色（maroon）。
- 14、16：将所有用来显示唐诗内容之&lt;p&gt;元素的 class 属性指定为"content"，表示所有唐诗内容都要套用 content 样式规则，即字体为标楷体、文字大小为 25 像素、文字颜色为橄榄色（olive）。

```
01:<!doctype html> 02:<html>
03:  <head>
04:     <meta charset="utf-8">
05:     <title> 唐诗欣赏 </title>
06:     <style>
07:        .heading {font-family: 华康粗黑体 ; font-size:30px; color:maroon}
08:        .content {font-family: 标楷体 ; font-size:25px; color:olive}
09:     </style>              类选择器
10:  </head>
11:  <body>
12:     <h1> 唐诗欣赏 </h1>
13:     <p class="heading"> 春晓 </p>
14:     <p class="content"> 春眠不觉晓，处处闻啼鸟。夜来风雨声，花落知多少？ </p>
15:     <p class="heading"> 竹里馆 </p>
16:     <p class="content"> 独坐幽篁里，弹琴复长啸。深林人不知，明月来相照。</p>
17:  </body>
18:</html>
```

<\Ch15\poem1.html>

①唐诗名称套用 heading 样式规则；②唐诗内容套用 content 样式规则

除了指定类，还可以同时限制 HTML 元素的类型，以下面的样式规则为例，里面有一个类选择器 p.heading，表示要套用样式规则的对象是隶属于 heading 类的\<p>元素，即 class 属性为"heading"的\<p>元素，此时就算 HTML 文件中有其他元素的 class 属性也是"heading"，也不会套用 heading 样式规则：

下面举一个例子，这次将\<poem1.html>的第 12 行改写如下，令此\<h1>元素也隶属于 heading 类，然后另存新文件为\<poem2.html>：

12:　　\<h1 class="heading"> 唐诗欣赏 \</h1>

浏览结果变成如下图，由于此\<h1>元素隶属于 heading 类，故会套用 heading 样式规则。

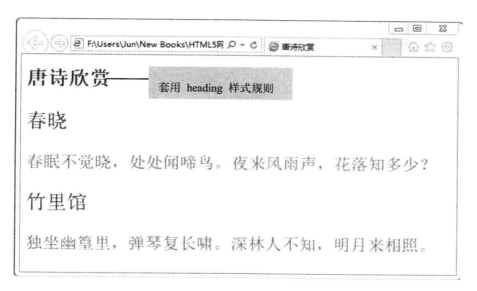

若要维持此<h1>元素仍隶属于 heading 类，但又希望只有隶属于 heading 类的<p>元素才能套用 heading 样式规则，那么可以将第 07 行改写如下，限制类选择器只能套用于<p>元素，浏览结果变成如下图所示。

```
07:      p.heading {font-family: 华康粗黑体 ; font-size:30px; color:maroon}
```

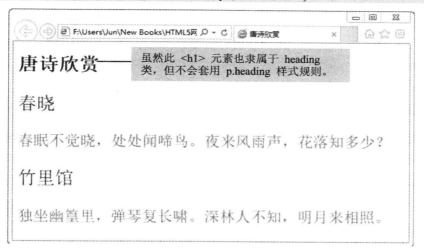

最后要来示范如何利用<div>和<span>元素套用样式规则，<div>元素用来将某个范围的内容和元素群组成一个区块，属于区块层级的元素，而<span>元素用来将某个范围的内容和元素群组成一行，属于行内层级的元素。

```
01:<!doctype html>
02:<html>
03:    <head>
04:        <meta charset="utf-8">
```

```
05:     <title> 蝶恋花 </title>
06:     <style>
07:       .content {font-family: 标楷体 ; font-size:25px; color:olive}
08:       .note {color:red}
09:     </style>
10:   </head>
11:   <body>
12:     <div class="content">
13:     <p> 庭院深深深几许？杨柳堆烟，帘幕无重数。
14:             玉勒雕鞍游冶处，楼高不见章台路。雨横风狂三月暮，门掩黄昏，
15:             无计留春住。泪眼问花花不语，乱红飞过秋千去。</p>
16:           注释 1：<span class="note">"章台路"</span> 意指歌妓聚居之所。<br>
17:           注释 2：<span class="note">"冶游生春露"</span> 意指春游。
18:     </div>
19:   </body>
20:</html>
```

&lt;\Ch15\poem3.html&gt;

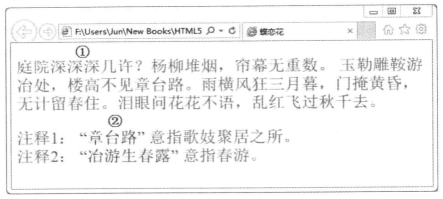

①整个区块套用 content 样式类；②套用 note 样式类。

- 第 07、08 行：定义 content 和 note 两个样式规则。
- 第 12、18 行：使用<div>元素将宋词内容和注释群组成一个区块，并套用 content 样式规则（标楷体、25 像素、橄榄色）。
- 第 16 行：使用<span>元素将"章台路"群组成一行，并套用 note 样式规则（红色）。
- 第 17 行：使用<span>元素将"冶游生春露"群组成一行，并套用 note 样式规则（红色）。

## 15-4-5　ID 选择器

ID选择器（ID selector）是以符合指定ID（标识符）的HTML元素做为要套用样式规则的对象，

其命名格式为"*#XXX"或"#XXX"，星号（*）可以省略不写。使用ID选择器定义样式规则的语法如下：

样式规则 —— #ID **选择器** { **属性** : **值** [; **属性** 2 : **值** 2[; …]]}

以下面的样式规则为例，里面有一个 ID 选择器 button1，表示要套用样式规则的对象是 id 属性为"button1"的 HTML 元素：

下面举一个例子，它将示范如何在 HTML 文件中使用 ID 选择器。

- 第 06~09 行：在<head>元素里面使用<style>元素嵌入样式表单，里面定义了 button1 和 button2 两个 ID 选择器。
- 第 14 行：将"提交"按钮的 id 属性指定为"button1"，表示窗体的"提交"按钮要套用 button1 样式规则，即文字大小为 30 像素、文字颜色为红色。
- 第 15 行：将"重新输入"按钮的 id 属性指定为"button2"，表示窗体的"重新输入"按钮要套用 button2 样式规则，即文字大小为 30 像素、文字颜色为绿色。

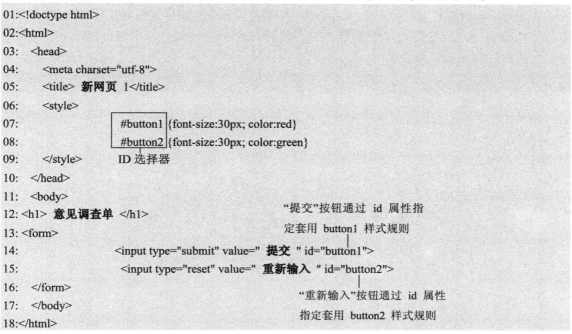

```
01:<!doctype html>
02:<html>
03:  <head>
04:    <meta charset="utf-8">
05:    <title> 新网页 1</title>
06:    <style>
07:        #button1 {font-size:30px; color:red}
08:        #button2 {font-size:30px; color:green}
09:    </style>
10:  </head>
11:  <body>
12:<h1> 意见调查单 </h1>
13:<form>
14:        <input type="submit" value=" 提交 " id="button1">
15:        <input type="reset" value=" 重新输入 " id="button2">
16:</form>
17:</body>
18:</html>
```

ID 选择器

"提交"按钮通过 id 属性指定套用 button1 样式规则

"重新输入"按钮通过 id 属性指定套用 button2 样式规则

<\Ch15\button1.html>

①套用 button1 样式规则；②套用 button2 样式规则

除了指定 ID，还可以同时限制 HTML 元素的类型，以下面的样式规则为例，里面有一个 ID 选择器 input#button1，表示要套用样式规则的对象是 id 属性为"button1"的<input>元素，此时就算 HTML 文件中有其他元素的 id 属性被误指定为"button1"，也不会套用 button1 样式规则。

理论上，在单一 HTML 文件中，HTML 元素的 id 属性是唯一的，但有时仍可能误指定相同的 id 属性，此时若有限制 HTML 元素的类型，就可以避免误用样式规则。下面举一个例子，这次将<button1.html>的第 12 行改写如下，令此<h1>元素的 id 属性误指定为"button1"，然后另存新文件为<button2.html>。

12:　　　<h1 id="button1"> 意见调查单 </h1>

浏览结果变成如下图，由于此<h1>元素的 id 属性误指定为"button1"，故会误用 button1 样式规则。

若要避免误用样式规则，最好的办法就是在定义 ID 选择器的同时限制 HTML 元素的类型，例如将<button2.html>的第 07、08 行改写如下，限制 button1、button2 两个 ID 选择器只能套用于<input>元素，然后另存新文件为<button3.html>，浏览结果变成下图。

```
07:          input#button1 {font-size:30px; color:red}
08:          input#button2 {font-size:30px; color:green}
```

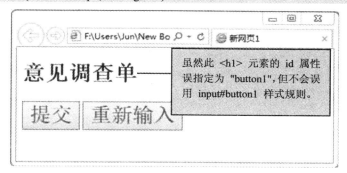

**注意**

　　"ID 选择器和类选择器究竟有何不同？"，其实两者主要的差别是在单一 HTML 文件中，HTML 元素的 id 属性是唯一的，而 class 属性不一定是唯一的，换句话说，在单一 HTML 文件中，隶属于相同类的 HTML 元素可能有好几个，但符合指定 ID 的 HTML 元素只有一个。

　　类适合用来辨识内容或性质类似的一群元素，好比说是以类选择器 p.hotNews 表示做为发烧新闻的段落，而单一 HTML 文件中可能会有数个发烧新闻，那么就可以将这些发烧新闻的 class 属性指定为"hotNews"；相反的，ID 适合用来辨识唯一的元素，好比说是以 ID 选择器 textarea#userIntro 表示用户在多行文本框内输入的自我介绍。正因如此，在您替 HTML 元素的 class 属性或 id 属性命名时，请根据元素的本质或用途来命名，例如 hotNews、userIntro 等，而不要以外观来命名，例如 redText。

## 15-4-6　属性选择器

　　属性选择器（attributes selector）指的是将样式规则套用在有指定某个属性的元素，下面举一个例子，它会将样式规则套用在有指定 class 属性的元素。

```
01:<!doctype html>
02:<html>
03:  <head>
04:    <meta charset="utf-8">
05:    <title> 新网页 1</title>
```

```
06:    <style>
07:      [class] {color:blue}    ①
08:    </style>
09: </head>
10: <body>
11:    <ul>
12:      <li class="apple"> 苹果牛奶</li>
13:      <li class="apple-banana"> 香蕉苹果牛奶</li>      ]
14:      <li class="grape apple banana"> 特调牛奶</li>     } ②
15:      <li class="kiwifruit apple"> 特调果汁</li>        ]
16:    </ul>
17: </body>
18:</html>
```

<\Ch15\fruit1.html>

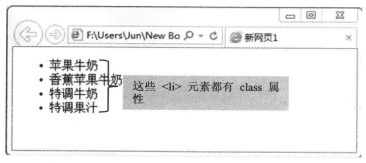

①针对 class 属性定义样式规则；②凡有 class 属性的元素
均会套用该样式规则，而呈现蓝色，此例为<li>元素。

## 15-4-7　伪类选择器（:link、:visited、:hover、:focus、:active、enabled、:disabled...）

伪类选择器（pseudo-class selector）可以用来选择不位于文件树状结构中的信息，或其他简单的选择器所无法表达的信息。CSS 提供了数个伪类选择器，如下所示，通常是以冒号（:）开头，后面跟着伪类名称，有些后面还会加上括号，其中标记 🎜 者为 CSS 3 新增的伪类。

- 链接伪类（link pseudo-classes）：包括:link 和:visited。
- 用户动作伪类（user action pseudo-classes）：包括:hover、:focus 和:active。
- 语言伪类（language pseudo-class）：包括:lang。
- 目标伪类（target pseudo-class）🎜：包括:target。
- UI 元素状态伪类（UI element states pseudo-classes）🎜：包括:enabled、:disabled、:checked、:indeterminate。
- 结构化虚拟类（structural pseudo-classes）🎜：包括:root、:nth-child()、:nth-last-child()、

:nth-of-type()、:nth-last-of-type()、:first-child、:last-child、:first-of-type、:last-of-type、:only-child、:only-of-type、:empty。

- 否定伪类（negation pseudo-class）：包括:not()。

接下来我们会先示范几个常见的伪类：

- :link: 套用到尚未浏览的超链接。
- :visited: 套用到已经浏览的超链接。
- :hover: 套用到鼠标指针所指到但尚未点选的元素。
- :focus: 套用到获取焦点的元素。
- :active: 套用到所点选的元素。

下面举一个例子。

```
01:<!doctype html>
02:<html>
03:  <head>
04:    <meta charset="utf-8">
05:    <title> 伪类 </title>
06:    <style>
07:    ①a:link {color:black}
08:    ②a:visited {color:green}
09:    ③a:hover {color:blue}
10:    ④a:focus {color:red}
11:    ⑤a:active {color:yellow}
12:    </style>
13:  </head>
14:  <body>
15:    <ul>
16:      <li><a href="novel1.html"> 射雕英雄传</a></li>
17:      <li><a href="novel2.html"> 神雕侠侣</a></li>
18:      <li><a href="novel3.html"> 倚天屠龙记</a></li>
19:      <li><a href="novel4.html"> 碧血剑</a></li>
20:    </ul>
21:  </body>
22:</html>
```

<\Ch15\pseudo1.html>

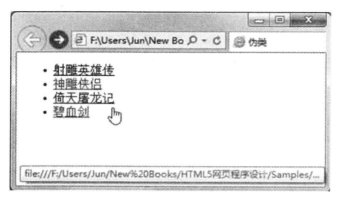

①尚未浏览的超链接为黑色；②已经浏览的超链接为绿色；③鼠标指针所指到的超链接为蓝色；
④取得焦点的超链接为红色；⑤被点选的超链接为黄色。

关于这个例子，有下列几点补充说明。

- :link 和:visited 属于链接伪类，只能套用到<a>元素。
- :hover、:focus 和:active 属于用户动作伪类，能够套用到<a>与其他元素。
- 越晚定义的样式表单，其串接顺序就越高，故在第 07~11 行中，a:hover 必须放在 a:link 和 a:visited 后面，否则会被覆盖；同理，a:active 必须放在 a:focus 后面，否则会被覆盖，当超链接被点选时，才会显示黄色，如下图。

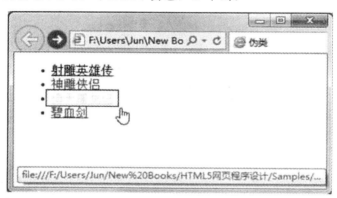

除了这几个伪类，CSS 3 也新增不少实用的伪类，例如：

- :enabled ▣：套用到窗体中启用的字段。
- :disabled ▣：套用到窗体中取消的字段。
- :checked ▣：套用到窗体中核选的单选钮或复选框。
- :indeterminate ▣：套用到窗体中不确定的单选钮或复选框，针对这两种字段，HTML 4.01 仅提供"核选"与"没有核选"两种状态，而 HTML 5 则允许网页设计人员通过类似如下的 JavaScript 程序代码将 ID 为"rb"之单选钮的 indeterminate IDL 属性设置为 true，表示"不确定"状态：

```
document.getElementById("rb").indeterminate=true;
```

# 15-5　常用的 CSS 属性

在本节中，我们将介绍一些常用的 CSS 属性，包括字体属性、文本属性、颜色属性、背景属性、框线属性等。

## 15-5-1　字体属性

常用的 CSS 字体属性（font property）如下所示。

- font-family：指定 HTML 元素的文字字体，例如下面的样式规则是将网页主体（即 <body>元素）的文字字体指定为"华康细圆体"，若客户端计算机没有安装此字体，就指定为第二顺位的"微软正黑体"，若客户端计算机仍没有安装此字体，就指定为系统默认的字体，通常为细明体。

body {font-family: **华康细圆体，微软正黑体** }

- font-size：指定 HTML 元素的文字大小，其设置值如下表所示。

| 设置值 | 说明 |
| --- | --- |
| 绝对长度 | 使用 px、pt、pc、em、ex、in、cm、mm 等度量单位指定文字大小，例如 h1 {font-size:30px} 是将标题 1 的文字大小指定为 30 像素 |
| 百分比 | 将文字大小指定为目前文字大小的百分比，例如 h1 {font-size:150%} 是将标题 1 的文字大小指定为目前文字大小的 150% |
| 绝对大小 | CSS 预先定义的绝对大小有 xx-small、x-small、small、medium（默认值）、large、x-large、xx-large 等 7 级大小 |
| 相对大小 | CSS 预先定义的相对大小有 smaller 和 larger 两个，分别表示比目前文字大小缩小一级或放大一级 |

- font-style：指定 HTML 元素的文字为 normal（正常）、oblique（粗体）或 italic（斜体），默认值为 normal，例如下面的样式规则是将段落的文字指定为斜体：

p {font-style:italic}

- font-variant：指定 HTML 元素的文字为 normal（正常）或 small-caps（小号大写字母），默认值为 normal，例如下面的样式规则是将标题 3 的文字指定为小号大写字母，即以较小但大写的方式来显示小号英文字母：

h3 {font-variant:small-caps}

- font-weight：指定 HTML 元素的文字粗细，其设置值如下表所示。

| 设置值 | 说明 |
|---|---|
| 绝对粗细 | normal 表示正常（默认值），bold 表示加粗，另外还有 100、200、300、400( 相当于 normal)、500、600、700（相当于 bold)、800、900 共 9 个等级，数字愈大，文字就愈粗，例如 h1 {font-weight:bold} 是将标题 1 的文字指定为加粗 |
| 相对粗细 | bolder 和 lighter 所呈现的文字粗细是相对于目前文字粗细而言，bolder 表示更粗，lighter 表示更细 |

- line-height: 指定 HTML 元素的行高，其设置值如下表所示。

| 设置值 | 说明 |
|---|---|
| normal | 例如 line-height:normal 表示正常行高，此为默认值 |
| 数字 | 使用数字指定几倍行高，例如 line-height:2 表示两倍行高 |
| 长度 | 使用 px、pt、pc、em、ex、in、cm、mm 等度量单位指定行高，例如 line-height:20px 表示行高为 20 像素 |
| 百分比 | 例如 line-height:150% 表示行高为目前行高的 1.5 倍 |

- font: 这是综合了前述字体属性的简便表示法，例如下面的样式规则是指定段落的文字大小为 12 像素、行高为 14 像素、文字字体为标楷体。

`p {font:12px/14px 标楷体 }`

又例如下面的样式规则是指定段落的文字样式和文字粗细均为 normal、小号大写字、目前文字大小的 120%、目前行高的 120%、文字字体为新细明体。

`p {font:normal small-caps 120%/120% 新细明体 }`

## 15-5-2　文本属性

常用的 CSS 文本属性（text property）如下：

- text-indent: 指定 HTML 元素的首行缩排，其设置值如下表所示。

| 设置值 | 说明 |
|---|---|
| 绝对长度 | 使用 px、pt、pc、em、ex、in、cm、mm 等度量单位指定首行缩排的长度，例如 p {text-indent:20px} 是将段落的首行缩排指定为 20 像素 |
| 百分比 | 使用百分比指定首行缩排占区块宽度的比例，例如 p {text-indent:10%} 是将段落的首行缩排为区块宽度的 10% |

- text-decoration: 指定 HTML 元素的文字装饰效果，其设置值如下表，默认值为 none（无）。

| 设置值 | 范例 |
|---|---|
| none（无） | 临江仙 |
| underline（下划线） | <u>临江仙</u> |
| overline（顶线） | 临江仙 |
| line-through（删除线） | 临江仙 |
| blink（闪烁） | 临江仙 |

- letter-spacing：指定 HTML 元素的字母间距，其设置值如下表，默认值为 normal（正常）。

| 设置值 | 说明 |
|---|---|
| normal（正常） | 例如 p {letter-spacing:normal} 是将段落的字母间距指定为正常 |
| 长度 | 使用 px、pt、pc、em、ex、in、cm、mm 等度量单位指定字母间距的长度，例如 p {letter-spacing:3px} 是将段落的字母间距指定为 3 像素 |

- word-spacing：指定 HTML 元素的文字间距，设置值和 letter-spacing 属性相同，例如下面的样式规则是将段落的文字间距指定为 3 像素。

p {word-spacing:3px}

请注意，“文字间距”是单词与单词之间的距离，而“字母间距”是字母与字母之间的距离，以 I am Jen 为例，I、am、Jen 为单词，而 I、a、m、J、e、n 则为字母。

- text-align：指定 HTML 元素的文字对齐方式为 left（靠左）、right（靠右）、center（置中）或 justify（左右对齐），默认值为 left，例如下面的样式规则是将标题 1 的文字对齐方式指定为置中、30 像素大小。

h1 {text-align:center; font-size:30px}

- text-transform：转换 HTML 元素的英文字母大小写，其设置值如下表，默认值为 none（无）。

| 设置值 | 说明 |
|---|---|
| None | 不做转换 |
| <h2 style="text-transform:none">I am Jen</h2>，浏览结果为 | |
| capitalize | 单词的第一个字母大写 |
| <h2 style="text-transform:capitalize">I am Jen</h2>，浏览结果为 | |
| uppercase | 全部大写 |
| <h2 style="text-transform:uppercase">I am Jen</h2>，浏览结果为 I AM JEN | |
| lowercase | 全部小写 |
| <h2 style="text-transform:lowercase">I am Jen</h2>，浏览结果为 i am jen | |

- text-shadow 🗲: 指定 HTML 元素的文字阴影，例如下面的样式规则是将标题 1 加上阴影，而且阴影的水平位移、垂直位移、模糊、颜色分别为 12px、8px、5px、橘色，这是 CSS 3 新增的属性:

```
h1 {text-shadow:12px 8px 5px orange}
```

## 15-5-3　颜色属性

CSS 提供了 color 属性用来指定 HTML 元素的前景颜色，其语法如下:

```
color: 颜色名称 | rgb(rr, gg, bb) | #rrggbb | rgba(rr, gg, bb, alpha)
```

- 颜色名称: 以诸如 black、blue、gray、green、lime、navy、olive、orange、purple、red、yellow 等浅显易懂的名称指定颜色，例如下面的样式规则是将标题 1 区块的前景颜色指定为红色（即文字颜色）。

```
h1 {color:red}
```

- rgb(rr, gg, bb): 以红、绿、蓝的混合比例指定颜色，例如下面的样式规则是将标题 1 区块的前景颜色指定为红 100%、绿 0%、蓝 0%，即红色。

```
h1 {color:rgb(100%, 0%, 0%)}
```

- 除了指定混合比例，我们也可以将红、绿、蓝三原色各自划分为 0~255 共 256 个级数，改以级数来表示颜色，例如上面的样式规则可以改写如下，由于红、绿、蓝分别为 100%、0%、0%，所以在转换成级数后会对应到 255、0、0，中间以逗号隔开。

```
h1 {color:rgb(255, 0, 0)}
```

- #rrggbb: 这是前一种指定方式的十六进制表示法，以#符号开头，后面跟着三组十六进制数字，分别代表颜色的红、绿、蓝级数，例如上面的样式规则可以改写如下，由于红、绿、蓝分别为 255、0、0，所以在转换成十六进制后会对应到 ff、00、00。

```
h1 {color:#ff0000}
```

- rgba(rr, gg, bb, alpha ) 🗲: 这是 CSS 3 新增的指定方式，参数 alpha 用来表示透明度，其值为 0.0~1.0，表示完全透明~完全不透明，例如下面的样式规则是将标题 1 区块的前景颜色指定为红色、透明度为 0.5。

```
h1 {color:rgba(255, 0, 0, 0.5)}
```

## 15-5-4　背景属性

常用的 CSS 背景属性（background property）如下:

- background-color: 指定 HTML 元素的背景颜色，其设置值如下，默认值为 transparent（透明）:

| 设置值 | 说明 |
|---|---|
| transparent | 没有背景颜色（即透明） |
| 颜色名称 | 指定方式和 color 属性的设置值相同，例如 p {color:green; background-color:yellow} 是将段落的前景颜色指定为绿色、背景颜色指定为黄色，"前景颜色"指的是系统目前默认的套用颜色，而"背景颜色"指的是基底影 像下默认的底图颜色 |

- background-image: 指定 HTML 元素的背景图片，例如下面的样式规则是将网页主体的背景图片指定为 a.jpg。

```
body {background-image:url(a.jpg)}
```

- background-repeat: 指定 HTML 元素的背景图片是否重复排列，由于背景图片通常不大，因此，浏览器默认会在水平及垂直方向重复排列背景图片，以填满指定的元素，其设置值如下表，默认值为 repeat。

| 设置值 | 说明 |
|---|---|
| Repeat | 在水平及垂直方向重复排列背景图片，以填满指定的元素 |
| repeat-x | 在水平方向重复排列背景图片，例如 body {background-image:url(a.jpg);background-repeat: repeat-x} 是将网页主体的背景图片指定为图文件 a.jpg，而且只在水平方向重复排列这张背景图片 |
| repeat-y | 在垂直方向重复排列背景图片 |
| no-repreat | 取消重复排列，背景图片原来有多大，就显示多大 |
| Space | 这是 CSS 3 新增的设置值，它会令背景图片在水平及垂直方向重复排列时调整彼此的间距，使之填满整个区块并完整显示出来 |
| Round | 这是 CSS 3 新增的设置值，它会令背景图片在水平及垂直方向重复排列时调整背景图片的大小，使之填满整个区块并完整显示出来 |

- background-attachment: 指定 HTML 元素的背景图片是否随网页内容滚动，设置值有 scroll（滚动）和 fixed（固定），默认值为 scroll，表示背景图片会随网页内容滚动；相反的，fixed 表示背景图片不会随网页内容滚动。
- background-position: 指定背景图片是要从 HTML 元素的哪个位置开始显示，其设置值如下表所示。

| 设置值 | 说明 |
|---|---|
| 长度 | 使用 px、pt、pc、em、ex、in、cm、mm 等度量单位指定背景图片从 HTML 元素的哪个位置开始显示，例如 <pre style="background-image:url(bg06.gif); background-position:6cm 3cm"> 是指定背景图片为 bg06.gif、从 <pre> 区块的水平方向 6 公分及垂直方向 3 公分处开始显示 |

（续表）

| 设置值 | 说明 |
|---|---|
| 百分比 | 使用窗口宽度与高度的百分比指定背景图片从 HTML 元素的哪个位置开始显示，例如 <pre style="background-image:url(bg06.gif);background-position:70% 0%"> 是指定背景图片为 bg06.gif，从 <pre>区块的水平方向 70% 及垂直方向 0% 处开始显示 |
| 水平方向起始点垂直方向起始点 | 使用 left、center、right 三个水平方向起始点和 top、center、bottom 三个垂直方向起始点指定背景图片从 HTML 元素的哪个位置开始显示，例如<pre style="background-image:url(bg.gif); background-position:right top"> 是指定背景图片为 bg06.gif、从 <pre> 区块的右上方处开始显示 |

- background：这是综合了前述背景属性的简便表示法，例如下面的样式规则是指定段落的背景图片为 bg02.gif、不重复排列、从段落区块的右下方处开始显示（即水平方向为靠右、垂直方向为靠下）。

```
p {background:url("bg02.gif") no-repeat right bottom}
```

又例如下面的样式规则是指定<div>区块的背景图片为 bg03.gif、不重复排列、从<div>区块的左上方处开始显示、背景图片的宽度与高度为 100 像素和 auto。

```
div {background:url("bg03.gif") no-repeat left top / 100px}
```

随堂练习

完成如下网页，其中外观的部分请使用 CSS 样式表单来指定。

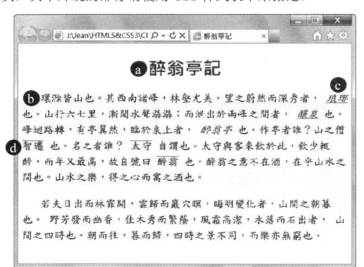

ⓐ标题 1、微软正黑体、置中、maroon 色；ⓑ段落、首行缩排 1 公分、1.5 倍行高、标楷体、文字大小 22 像素、背景颜色#ffffcc；ⓒ下划线、斜体、蓝色；ⓓ顶线、粗体、绿色

提示：

```
<style>
  h1 {text-align:center; font-family: 微软正黑体 ; color:maroon}
  P{text-indent:1cm; line-height:150%; font-family: 标楷体 ; font-size:22px; background-color:#ffffcc}
  .format1 {text-decoration:underline; font-style:italic; color:blue}
  .format2 {text-decoration:overline; font-weight:bold; color:green}
</style>
```

## 15-5-5　框线属性

常用的 CSS 框线属性（border property）如下：

- border-style: 指定 HTML 元素的四周框线样式，其设置值如下表，默认值为 none( 无 )。

| 设置值 | 说明 | 设置值 | 说明 |
|---|---|---|---|
| None | 不显示框线 | double | 双线框线 |
| hidden | 不显示框线（和 none 相同，但可避免和表格元素的框线设置冲突） | groove | 3D 立体内凹框线 |
| dotted | 虚线点状框线 | ridge | 3D 立体外凸框线 |
| dashed | 虚线框线 | inset | 内凹框线 |
| solid | 实线框线 | outset | 外凸框线 |

例如下面的程序语句是在图片四周加上实线框线：

```
<img src="flower.jpg" style="border-style:solid">
```

- border-top-style: 指定 HTML 元素的上框线样式。
- border-bottom-style: 指定 HTML 元素的下框线样式。
- border-left-style: 指定 HTML 元素的左框线样式。
- border-right-style: 指定 HTML 元素的右框线样式。
- border-color: 指定 HTML 元素的四周框线颜色，例如下面的程序语句是在图片四周加上红色实线框线。

```
<img src="flower.jpg" style="border-style:solid; border-color:red">
```

- border-top-color: 指定 HTML 元素的上框线颜色。
- border-bottom-color: 指定 HTML 元素的下框线颜色。
- border-left-color: 指定 HTML 元素的左框线颜色。
- border-right-color: 指定 HTML 元素的右框线颜色。
- border-width: 指定 HTML 元素的四周框线宽度，其设置值如下表，默认值为 medium:

| 设置值 | 说明 |
|---|---|
| thin | 细框线 |
| medium | 中等粗细框线 |
| thick | 粗框线 |
| 长度 | 使用 px、pt、pc、em、ex、in、cm、mm 等度量单位指定框线宽度 |

例如下面的程序语句是在图片四周加上宽度为 10 像素的实线框线。

```
<img src="flower.jpg" style="border-style:solid; border-width:10px">
```

- border-top-width：指定 HTML 元素的上框线宽度。
- border-bottom-width：指定 HTML 元素的下框线宽度。
- border-left-width：指定 HTML 元素的左框线宽度。
- border-right-width：指定 HTML 元素的右框线宽度。
- border-top：指定 HTML 元素的上框线样式、颜色与宽度。
- border-bottom：指定 HTML 元素的下框线样式、颜色与宽度。
- border-left：指定 HTML 元素的左框线样式、颜色与宽度。
- border-right：指定 HTML 元素的右框线样式、颜色与宽度。
- border：指定 HTML 元素的四周框线样式、颜色与宽度，例如下面的样式规则是将段落的四周框线指定为蓝色粗实线。

```
p {border:thick solid blue}
```

**选择题**

（　）1. 下列关于 HTML 与 CSS 的叙述哪一个是错误的？

    A．HTML 适合用来定义网页的内容，CSS 适合用来定义网页的外观

    B．CSS 样式表单是由一条一条的样式规则所组成

    C．HTML 不会区分英文字母的大小写

    D．CSS 不会区分英文字母的大小写

（　）2. CSS 的注释符号是哪个？

    A. <!-- -->        B. //        C. /* */        D'.

（　）3. body {color:white} 的套用对象为下列哪一个？

    A. 索引标签      B. 网页主体      C. 标题 1      D. 段落

（　）4. 假设有下列三条规则，试问，在段落内的超链接文字颜色是什么？

    p {color:blue}      a {color:green}      p a {color:red}

    A. 蓝色      B. 绿色      C. 红色      D. 黄色

（　）5. 类选择器的命名格式是以下列哪个符号开头？

    A. *　　　　　　　　B. .　　　　　　　　C. !　　　　　　　　D. #

（　）6. 下列哪种选择器适合用来为网页的所有元素加上共同的样式？

    A. 属性选择器　　　B. 万用选择器　　　C. 类选择器　　　　D. ID 选择器

（　）7. 我们可以在 <head> 元素里面使用下列哪个元素嵌入样式表单？

    A. <style>　　　　　B. <div>　　　　　　C. <span>　　　　　D. <link>

（　）8. 我们可以使用下列哪个在 HTML 文件导入样式表单文件？

    A. !important　　　　B. #using　　　　　　C. <link>　　　　　D. @import

（　）9. 下列哪一个伪类可以针对获取焦点的元素定义样式规则？

    A. :enabled　　　　　B. :hover　　　　　　C. :active　　　　　D. :focus

（　）10. 下列哪个伪类可以针对尚未浏览的超链接定义样式规则？

    A. :visited　　　　　B. :disabled　　　　　C. :link　　　　　　D. :not()

# 第 16 章

## XHTML

# 16-1　认识 XHTML

XHTML（eXtensible HyperText Markup Language）是一种类似 HTML，但语法更严格的标记语言。W3C 按照 XML 的基础，将 HTML 4 重新制定为 XHTML 1.0/1.1，HTML 的元素均能沿用，只要留意一些来自 XML 的语法规则即可，例如标签与属性必须是小写英文字母、非空元素必须有结束标签、属性值必须放在双引号中、不能省略属性的默认值等。

XHTML 1.0、XHTML 1.1 和第二版的 XHTML 1.0，分别于 2000 年、2001 年、2002 年成为 W3C 推荐标准。W3C 制定 XHTML 1.0/1.1 是为了鼓励网页设计人员编写结构健全、格式良好（well-formed）、没有错误的网页，但残酷的事实是现有的网页几乎都存在着或多或少的错误，只是浏览器通常会忽略这些错误，网页设计人员也就不会去修正。

之后 W3C 继续发展语法规则更严格的 XHTML 2，甚至计划打破向下兼容于目前浏览器的惯例，然此举却不被网页设计人员及浏览器厂商所接受，终于在 2009 年宣布停止发展 XHTML 2。不过，随着 HTML5 于 2014 年 10 月成为 W3C 推荐标准，W3C 亦会按照 XML 的基础，将 HTML 5 重新制定为 XHTML 5。

当以 XHTML 编写网页时，将能享有下列优点。

- XHTML 文件与 XML 兼容，您可以使用 XML 工具查看、编辑与验证 XHTML 文件。
- XHTML 文件可以在现有的 HTML 客户端代理程序（user agent）中使用，也可以在新的 XHTML 客户端代理程序中使用。
- 文件内容提供商与客户端代理程序经常会通过新的标签来表达其想法，而 XHTML 允许用户引入新的标签或增加新的属性。
- XHTML 文件可以使用依赖 HTML Document Object Model（DOM）或 XML Document Object Model 的应用程序（例如 Scripts、Applets）。
- 只要是遵循 XHTML 的文件，就能被任何遵循 XHTML 的客户端代理程序所读取，无论是 PC、移动设备或其他智能家电。

 **备注**　何谓 XML？

XML（eXtensible Markup Language）是由 W3C 所发展的一种标记语言，主要的用途是传送、接收与处理数据，提供跨平台、跨程序的数据交换格式。XML 可以扩大 HTML 的应用及适用性，例如 HTML 虽然有着较佳的网页显示功能，却不允许用户自定义标签与属性，而 XML 则允许用户这么做。

事实上，XML 除了提供几个和文件定义相关的标签，并不像 HTML 有预先规定一组标签并限制其用法；相反的，XML 的标签是由用户视实际需求所自定义，因此，若想制作一般的网页，使用 HTML 就够了，除非网页需要复杂的数据处理或链接数据库等，才可能会使用到 XML。

下面是一个简单的 XML 文件，以供做参考。

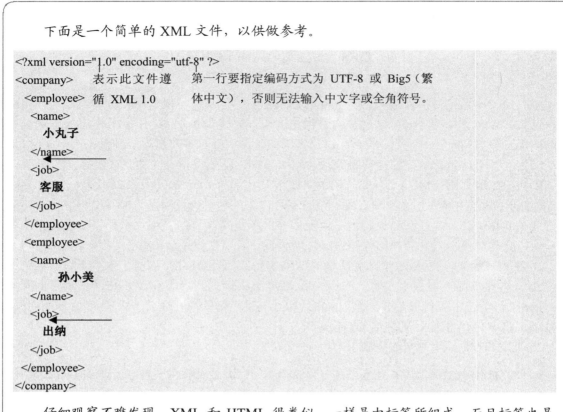

```
<?xml version="1.0" encoding="utf-8" ?>
<company>        表示此文件遵    第一行要指定编码方式为 UTF-8 或 Big5（繁
 <employee>      循 XML 1.0      体中文），否则无法输入中文字或全角符号。
  <name>
    小丸子
  </name>
  <job>
    客服
  </job>
 </employee>
 <employee>
  <name>
    孙小美
  </name>
  <job>
    出纳
  </job>
 </employee>
</company>
```

仔细观察不难发现，XML 和 HTML 很类似，一样是由标签所组成，而且标签也是有起始标签和结束标签之分，不过，XML 会区分英文字母的大小写。

# 16-2　XHTML 与 HTML 的区别

由于 XHTML 就是按照 XML 的基础，将 HTML 重新制定的一种标记语言，因此，HTML 的元素均能沿用，只要留意一些来自 XML 的语法规则即可，等掌握这些语法规则后，就等于学会了 XHTML。

❖　XHTML 文件必须是正规文件

正规文件（well-formed document）是 XML 导入的概念，指的是满足下列条件的文件：

● 包含一个或多个元素，但仅有一个根元素，而且 XHTML 文件的根元素一定是<html>元素。以下面的程序代码为例，虽然浏览器能够解析这个网页，但它并不是 XHTML 文件，因为它没有包含<html>元素做为根元素。

```
<head> ◄─────── 错误（没有包含 <html> 元素做为根元素）
 <title> 我的网页 </title>
```

```
</head>
<body>
   <p>HelloWorld!</p>
</body>
```

　　合法的 XHTML 文件必须写成如下。

```
<!doctype html>
<html>  ◄────────    正确（包含 <html> 元素做为根元素）
   <head>
      <title> 我的网页 </title>
   </head>
   <body>
      <p>HelloWorld!</p>
   </body>
</html>
```

- 所有元素均必须有结束标签，并遵守正确的嵌套顺序，不能有重叠的情况（尽管现有的浏览器普遍默许重叠的情况），例如：

```
<p><b>HelloWorld!</b></p>   ◄────────    正确的嵌套顺序
<p><b>HelloWorld!</p></b>   ◄────────    错误的嵌套顺序，有重叠的情况
```

❖ **标签与属性必须是小写英文字母**

　　由于 XML 会区分英文字母的大小写，为了统一起见，所有 XHTML 文件中的 HTML 标签与属性均必须是小写英文字母。以下面的程序代码为例，虽然浏览器能够解析这个网页，但它并不是 XHTML 文件，因为它的标签与属性混合了大小写英文字母。

```
<!doctype html>
<HTML>              ◄────────    错误（标签与属性混合了大小写英文字母）
   <head>
      <Title> 我的网页 </Title>
   </head>
   <body>
      <P>HelloWorld!</P>
   </body>
</html>
```

　　合法的 XHTML 文件必须写成如下所示。

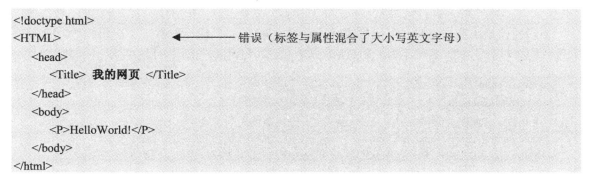

```
<!doctype html>


<html>              ◄────────    正确（标签与属性均为小写英文字母）
```

```
<head>
<title> 我的网页 </title> </head>
<body>
<p>HelloWorld!</p>
</body>
</html>
```

❖ **非空元素必须有结束标签**

在过去，浏览器普遍默许遗漏结束标签的情况，但 XHTML 规定任何非空元素均必须有结束标签，例如：

| | |
|---|---|
| `<p><b>HelloWorld!</b></p>` | ◀─── 正确 |
| `<p><b>HelloWorld!</b>` | ◀─── 错误（遗漏结束标签 `</p>`） |
| `<p><b>HelloWorld!</p>` | ◀─── 错误（遗漏结束标签 `</b>`） |

❖ **新的空元素语法**

所谓空元素指的是诸如<img>、<br>、<hr>、<frame>、<meta>、<basefont>等没有结束标签的元素，XHTML 规定空元素的后面都必须加上一个斜线（/），例如：

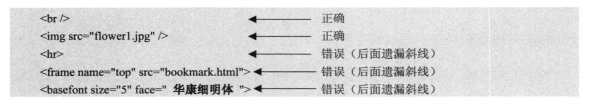

| | |
|---|---|
| `<br />` | ◀─── 正确 |
| `<img src="flower1.jpg" />` | ◀─── 正确 |
| `<hr>` | ◀─── 错误（后面遗漏斜线） |
| `<frame name="top" src="bookmark.html">` | ◀─── 错误（后面遗漏斜线） |
| `<basefont size="5" face="`华康细明体`">` | ◀─── 错误（后面遗漏斜线） |

❖ **属性值必须放在双引号中**

当属性值是由英文字母、阿拉伯数字（0~9）、减号（-）或小数点（.）所组成时，HTML 允许我们将双引号（"）省略不写，XHTML 则不允许，任何属性值都必须放在双引号中，例如：

| | |
|---|---|
| `<p align="right">...</p>` | ◀─── 正确 |
| `<img src="flower1.jpg" />` | ◀─── 正确 |
| `<h1 align= 'center'>...</h1>` | ◀─── 错误（属性值必须放在双引号中） |
| `<frame name=top src=bookmark.html />` | ◀─── 错误（属性值必须放在双引号中） |
| `<basefont size=5 face="`华康细明体`" />` | ◀─── 错误（size 属性值必须放在双引号中） |

❖ **不能省略属性的默认值**

对于有默认值的属性，例如<select>元素的 multiple 属性或<ul>、<ol>等元素的 compact 属性，HTML 允许我们将默认值省略不写，XHTML 则不允许，例如：

```
<select multiple="multiple">...</select>        ←——————  正确
<ul compact="compact">...</ul>                  ←——————  正确
<select multiple>...</select>                    ←——————  错误（不能省略 multiple 属性的默认值）
<ul compact>...</ul>                             ←——————  错误（不能省略 compact 属性的默认值）
```

❖　**文件中的 scripts 和样式表单组件必须声明为 CDATA**

XHTML 规定 Scripts 和样式表单组件的内容必须以<![CDATA[和]]>符号括来，让浏览器保留这段内容，避免里面的<、&等符号被误认为是标签的开头或特殊字符，例如。

```
<script language="javascript">
  <![CDATA[
  function ShowEntryTime(){
      var now = Date();
      document.myForm.myField.value = now.toString();
  }
  ]]>
</script>
```

❖　**十六进制参考字符**

由于 XML 接受十六进制参考字符，所以 XHTML 也接受十六进制参考字符，表示方式为&#x*nn*;，其中 x 必须为小写，例如空格符为&nbps;或 ，表示成十六进制参考字符则为 。

❖　**使用 id 属性取代 name 属性**

HTML 定义了<a>、<form>、<frame>、<iframe>、<img>、<map>等元素具有 name 属性，同时加入 id 属性，两者均是做为识别之用，然而 XML 只能接受 id 属性，因此，合法的 XHTML文件必须使用 id 属性取代 name 属性，例如。

```
<form id="myform">
...
</form>
```

❖　**默认值集合必须是小写英文字母**

XHTML 规定任何默认值集合都必须是小写英文字母，例如<p>元素的 align 属性就有预先定义的默认值集合"{left,center,right}"。

❖ **SGML 的元素限制**

SGML 所提供的 DTD（Doucument Type Definition，文件类型定义）可以禁止用户在一个元素内包含特定元素，例如 HTML 4.01 Strict DTD 便禁止<a>元素包含其他<a>元素，虽然 XML 无法支持类似的禁止，但有些元素确实不适用于嵌套结构，还是应该要避免，这些元素限制如下所列。

- <a>元素不能包含其他<a>元素。
- <pre>元素不能包含<img>、<object>、<big>、<sub>、<sup>等元素。
- <button>元素不能包含<input>、<select>、<textarea>、<label>、<button>、<form>、<fieldset>、<iframe>等元素。
- <label>元素不能包含其他<label>元素。
- <form>元素不能包含其他<form>元素。

# 16-3  严格遵循 XHTML 文件

一份严格遵循 XHTML 文件（strictly conforming XHTML document）必须满足下列几个条件：

- 必须遵循一种 DTD（Doucument Type Definition，文件类型定义），XHTML 的 DTD 类似 HTML 的 DTD，W3C 建议您在验证 XHTML 文件时，应该使用这些官方版本的 DTD：
  - ➢ XHTML 1.0 Strict DTD（严格版）：这个 DTD 改编自 HTML 4.01 Strict，不包含 Deprecated（建议勿用）元素和框架元素，声明方式如下，其中 EN 表示 DTD 的语言为 ENGLISH，http://www.w3.org/TR/xhtml1/DTD/xhtml1-strict.dtd 表示可以从此网址下载 XHTML 1.0 Strict DTD。

```
<!DOCTYPE html PUBLIC "-//W3C//DTD XHTML 1.0 Strict//EN"
"http://www.w3.org/TR/xhtml1/DTD/xhtml1-strict.dtd">
```

  - ➢ XHTML 1.0 Transitional DTD（过渡版）：这个DTD改编自HTML 4.01 Transitional，包含 Strict DTD 和 Deprecated 元素，声明方式如下所示。

```
<!DOCTYPE html PUBLIC "-//W3C//DTD XHTML 1.0 Transitional//EN"
"http://www.w3.org/TR/xhtml1/DTD/xhtml1-transitional.dtd">
```

  - ➢ XHTML 1.0 Frameset DTD（框架版）：这个DTD改编自HTML 4.01 Frameset，包含 Transitional DTD 和框架元素，声明方式如下所示。

```
<!DOCTYPE html PUBLIC "-//W3C//DTD XHTML 1.0 Frameset//EN"
"http://www.w3.org/TR/xhtml1/DTD/xhtml1-frameset.dtd">
```

➤　XHTML 1.1：声明方式如下：

```
<!DOCTYPE html PUBLIC "-//W3C//DTD XHTML 1.1//EN"
"http://www.w3.org/TR/xhtml11/DTD/xhtml11.dtd">
```

- 根元素必须为<html>元素。
- 根元素必须包含 xmlns 声明以指定 XHTML 命名空间，XHTML 命名空间定义在 http://www.w3.org/1999/xhtml，例如：

```
<html xmlns="http://www.w3.org/1999/xhtml" xml:lang="en" lang="en">
```

- 在根元素之前必须有一个 DOCTYPE 声明。
- DTD 子集不可用来覆盖（override）任何 DTD 中的参数实体（parameter entities）。

最后要说明的是并非所有 XML 文件都必须包含 XML 声明，但建议您在自己的 XHTML 文件中加入 XML 声明，当字符编码方式不是 UTF-8 或 UTF-16，且没有更高级的协议来决定字符编码方式时，就不能没有 XML 声明。

下面是一个 XHTML 文件范例，里面有包含 XML 声明。

```
<?xml version="1.0" encoding="utf-8" ?>
<!DOCTYPE html PUBLIC "-//W3C//DTD XHTML 1.1//EN"
"http://www.w3.org/TR/xhtml11/DTD/xhtml11.dtd">
<html xmlns="http://www.w3.org/1999/xhtml" xml:lang="en" lang="en"> <head>
<title>XHTML Example</title> </head>
<body>
<p>This is a simple XHTML document.</p> </body>
</html>
```

<\Ch16\Sample1.html>

# 16-4　验证 XHTML 文件

为了帮助用户检查自己的 XHTML 文件是否合乎语法，W3C 提供了验证服务，只要联网到 http://validator.w3.org/，然后按照如下步骤进行验证即可。

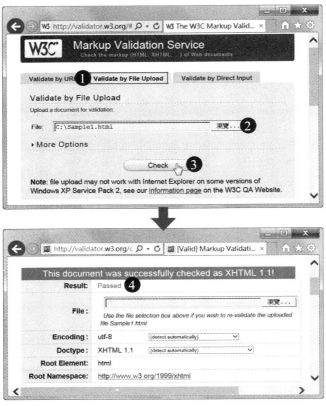

①单击此标签；②单击[浏览]以选择磁盘上的文件；
③单击[Check]；④出现验证结果，此例为 Passed（通过）

若验证结果有错误，则会出现相关信息，包括文件名、编码方式、DTD、根元素、根命名空间、错误个数、错误行数、错误原因等，可以按照画面上的提示进行修正，例如下图是故意遗漏结束标签</p>，所得到的验证结果。

最后，可以在验证通过的 XHTML 文件中加入下列程序代码，以显示 valid 图标，让浏览者知道网页通过了 XHTML 验证。

```
<p>
    <a href="http://validator.w3.org/check?uri=referer">
    <img src="http://www.w3.org/Icons/valid-xhtml11" alt="Valid XHTML 1.1" height="31" width="88" /></a>
</p>
```

注：也可以利用 W3C Markup Validation Service（http://validator.w3.org/）验证 HTML 5 文件，操作方式和验证 XHTML 文件相同。

# 第17章

## Ajax

# 17-1　认识动态网页技术

在 Internet 风行的早期，网页只是静态的图文组合，用户可以在网页上浏览资料，但无法做进一步的查询、发表文章或进行电子商务、实时通讯、在线游戏、会员管理等活动，而这显然不能满足人们日趋多元化的需求。

为此，开始有不少人提出动态网页的解决方案，"动态网页"指的是客户端和服务器可以互动，也就是服务器可以实时处理客户端的要求，然后将结果响应给客户端。动态网页通常是藉由"浏览器端 Scripts"和"服务器端 Scripts"两种技术来完成，以下就为您做说明。

## 17-1-1　浏览器端 Scripts

浏览器端 Scripts 指的是嵌入在 HTML 源代码内的小程序，由浏览器负责执行。JavaScript 和 VBScript 均能用来编写浏览器端 Scripts，其中以 JavaScript 为主流。

下图是 Web 服务器处理浏览器端 Scripts 的过程，当浏览器向 Web 服务器要求开启包含浏览器端 Scripts 的 HTML 网页时（扩展名为.htm 或.html），Web 服务器会从磁盘上读取该网页，然后传送给浏览器并关闭连接，不做任何运算，而浏览器一收到该网页，就会执行里面的浏览器端 Scripts 并将结果解析成画面。

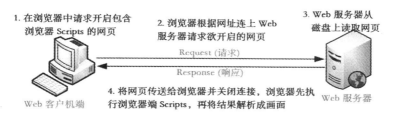

1. 在浏览器中请求开启包含浏览器 Scripts 的网页　2. 浏览器根据网址连上 Web 服务器请求欲开启的网页　3. Web 服务器从磁盘上读取网页

Request（请求）

Response（响应）

4. 将网页传送给浏览器并关闭连接，浏览器先执行浏览器端 Scripts，再将结果解析成画面

Web 客户机端　　　　Web 服务器

下面是一个包含浏览器端 Scripts 的网页（扩展名为.html 或.htm），<script>元素里面的程序代码就是以 JavaScript 所编写的浏览器端 Scripts，可以拿它和下一节所要介绍的服务器端 Scripts 做对照。

```
<!doctype html>
<html>
  <head>
    <meta charset="utf-8">
    <title> 我的第一个 JavaScript 程序 </title>
    <script language="javascript">
      <!--
        alert("Hello World!");                    JavaScript 程序代码区块
          //-->
    </script>
```

```
    </head>
    <body>
      <h1> 欢迎光临 !</h1>
    </body>
</html>
```

<\Ch17\hello.html>

①显示此对话框，请单击[确定]；②显示网页内容

## 17-1-2  服务器端 Scripts

虽然浏览器端 Scripts 已经能够完成许多工作，但有些工作还是得在服务器端执行 Scripts 才能完成，例如访问数据库。服务器端 Scripts 也是嵌入在 HTML 源代码内的小程序，但和浏览器端 Scripts 不同的是它由 Web 服务器负责执行。

下图是Web服务器处理服务器端Scripts的过程，当浏览器向Web服务器要求开启包含服务器端Scripts的网页时（扩展名为.php、.asp、.aspx、.jsp、.cgi等），Web服务器会从磁盘上读取该网页，先执行里面的服务器端Scripts，将结果转换成HTML网页（扩展名为.htm或.html），然后传送给浏览器并关闭连接，而浏览器一收到该网页，就会将之解析成画面。

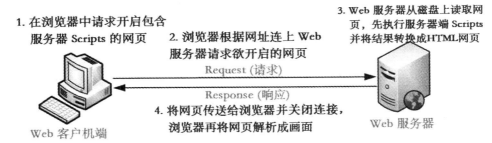

常见的服务器端 Scripts 有下列几种：

- CGI（Common Gateway Interface）：CGI 是在服务器端程序之间传送信息的标准接口，而 CGI 程序则是符合 CGI 标准接口的 Scripts，通常是由 Perl、Python 或 C 语言所编写（扩展名为.cgi）。

- ASP（Active Server Pages）/ASP.NET：ASP 程序是在 Microsoft IIS Web 服务器执行的 Scripts，通常是由 VBScript 或 JavaScript 所编写（扩展名为.asp），而新一代的 ASP.NET

程序则改由功能较强大的 Visual Basic、Visual C#、Microsoft J#、JScript.NET 等.NET 兼容语言所编写（扩展名为.aspx）。

- PHP（PHP:Hypertext Preprocessor）：PHP 程序是在 Apache、Microsoft IIS 等 Web 服务器执行的 Scripts，由 PHP 语言所编写，属于开放源代码，具有完全免费、稳定、快速、跨平台、易学易用、面向对象等优点。
- JSP（Java Server Pages）：JSP 是 Sun 公司所提出的动态网页技术，可以在 HTML 原始文件中嵌入 Java 程序并由 Web 服务器负责执行（扩展名为.jsp）。

下面是一个包含服务器端 Scripts 的网页（扩展名为.php），<?php...?>里面的程序码就是以 PHP 所编写的服务器端 Scripts。请注意，这个程序必须在 Web 服务器上执行，此例为 Apache HTTP Server，有关 PHP 的语法与应用，建议参阅《PHP&MySQL 跨设备网站开发实例精粹》一书。

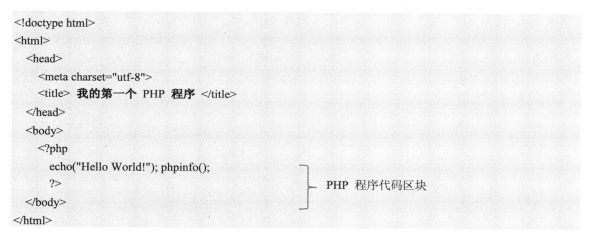

```
<!doctype html>
<html>
  <head>
    <meta charset="utf-8">
    <title> 我的第一个 PHP 程序 </title>
  </head>
  <body>
    <?php
      echo("Hello World!"); phpinfo();
    ?>
  </body>
</html>
```

PHP 程序代码区块

<\Ch17\hello.php>

显示 "Hello World!" 和 PHP 相关信息

# 17-2 认识 Ajax

Ajax 是 Asynchronous JavaScript And XML 的简写，代表 Ajax 具有异步、使用 JavaScript 与 XML 等技术的特性。虽然 Ajax 的概念早在 Microsoft 公司于 1999 年推出 Internet Explorer 5 时，就已经存在，但并不是很受重视，直到近年来被大量应用于 Google Maps、Gmail 等 Google 网页，才迅速窜红，例如用户可以在导入 Ajax 技术的 Google Maps 平顺拖曳整张地图，而不会有延迟，也不会因为点选地图的操作按钮，导致网页重新整理，而必须浪费时间等待；又例如导入 Ajax 技术的网络游戏与社群网站可以让用户拥有更实时的响应，减少操作延迟或画面重新刷新的情况。

为了了解导入 Ajax 技术的动态网页和传统的动态网页有何不同，先来说明传统的动态网页如何运行，其运行方式如下图，当浏览者变更下拉式菜单中选取的项目、点选按钮或做出任何与 Web 服务器互动的操作时，就会产生 Http Request，将整个网页内容传送到 Web 服务器，即使这次的操作只需要一个字段的数据，浏览器仍会将所有字段的数据都传送到 Web 服务器，Web 服务器在收到数据后，就会执行指定的操作，然后以 Http Response 的方式，将执行结果全部送回浏览器（包括完全没有变动过的数据、图片、JavaScript 等）。

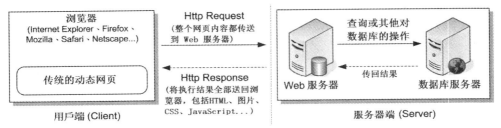

浏览器在收到数据时，便会将整个网页内容重新显示，所以浏览者通常都会看到网页闪一下，当网络太慢或网页内容太大时，浏览者看到的可能不是一闪，而是画面停格，完全无法与网页互动，相当浪费时间。

相反的，导入 Ajax 技术的动态网页运行方式则如下图，当浏览者变更下拉式菜单中选取的项目、点选按钮或做出任何与 Web 服务器互动的操作时，浏览器端会使用 JavaScript 通过 XMLHttpRequest 对象送出异步的 Http Request，此时只会将需要的字段数据传送到 Web 服务器（不是全部数据），然后执行指定的操作，并以 Http Response 的方式，将执行结果送回浏览器（不包括完全没有变动过的数据、图片、JavaScript 等），浏览器在收到数据后，可以使用 JavaScript 通过 DHTML 或 DOM（Document Object Model）模式来更新特定字段。

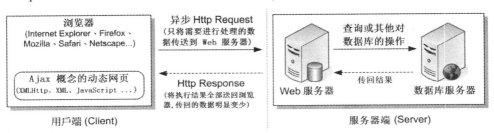

由于整个过程均使用异步技术，无论是将数据传送到服务器或接收服务器传回的执行结果并更新特定字段等操作，都是在后台运行，因此，浏览者不会看到网页闪一下，画面也不会停格，浏览者在这个过程中仍能进行其他操作。

由前面的讨论可知，Ajax 是客户端的技术，它让浏览器能够与 Web 服务器进行异步沟通，服务器端的程序写法不会因为导入 Ajax 技术而有太大差异。事实上，Ajax 功能已经被实现为 JavaScript 解释器（interpreter）原生的部分，导入 Ajax 技术的动态网页将享有下列效益：

- 异步沟通无须将整个网页内容传送到 Web 服务器，能够节省网络带宽。
- 由于只传送部分数据，所以能够减轻 Web 服务器的负荷。
- 不会像传统的动态网页产生短暂空白或闪动的情况。

## 17-3　编写导入 Ajax 技术的动态网页

为了让您对网页如何导入 Ajax 技术有初步的认识，我们将其运行过程描绘如下图，首先，使用 JavaScript 建立 XMLHttpRequest 对象；接着，通过 XMLHttpRequest 对象传送异步 Http Request，Web 服务器一收到 Http Request，就会执行预先写好的程序代码（后端程序可以是 JSP、PHP、ASP/ASP.NET 等），再将结果以纯文本或 XML 格式返回浏览器；最后，仍是使用 JavaScript 根据返回来的结果更新网页内容，整个过程都是异步并在后台运行，而且浏览器的所有操作均是通过 JavsScript 来完成。

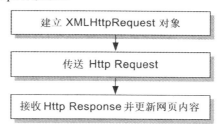

❖　一、建立 XMLHttpRequest 对象

在不同浏览器建立 XMLHttpRequest 对象的 JavaScript 语法不尽相同，主要分为下列三种：

- Internet Explorer 5 浏览器

```
var XHR = new ActiveXObject("Microsoft.XMLHTTP");
```

- Internet Explorer 6+浏览器

```
var XHR = new ActiveXObject("Msxml2.XMLHTTP");
```

- 其他非 Internet Explorer 浏览器

```
var XHR = new XMLHttpRequest();
```

由于我们无法事先得知浏览器的种类，于是针对前述的 JavaScript 语法编写如下的跨浏览器 Ajax 函数，它可以在目前主流的浏览器建立 XMLHttpRequest 对象。

```
function createXMLHttpRequest()
{
  try                                              // 其他非 IE 浏览器
  {
    var XHR = new XMLHttpRequest();
  }
    catch(e1)                                      // 若捕捉到错误，表示客户端不是非 IE 浏览器
    {
      try                                          //IE6+ 浏览器
      {
        var XHR = new ActiveXObject("Msxml2.XMLHTTP");
      }
      catch(e2)                                    // 若捕捉到错误，表示客户端不是 IE6+ 浏览器
    {
      try                                          //IE5 浏览器
      {
      var XHR = new ActiveXObject("Microsoft.XMLHTTP");
    }
      catch(e3)                                    // 若捕捉到错误，表示客户端不支持 Ajax
      {
      XHR = false;
      }
    }
  }
  return XHR;
}
```

&lt;\Ch17\utility.js&gt;

日后若网页需要建立 XMLHttpRequest 对象，就将 utility.js 文件 include 进来，然后调用 createXMLHttpRequest()函数即可，如下所示。

```
var XHR = createXMLHttpRequest();
```

❖ 二、传送 Http Request

成功建立 XMLHttpRequest 对象后，我们必须做下列设置才能传送异步 Http Request：

1. 首先，调用 XMLHttpRequest 对象的 open()方法，来设置要向 Web 服务器请求什么资源（文本文件、网页等），其语法如下，参数 *method* 用来指定建立 Http 连接的方式，例如 GET、POST、HEAD，参数 *URL* 为准备请求的文件地址，参数 *async* 用来指定是否使用异步

调用，默认值为 true。

```
open(string method, string URL, bool async)
```

例如下面的程序代码会向 Web 服务器以 GET 方式异步请求 poetry.txt 文件。

```
var XHR = createXMLHttpRequest();
XHR.open("GET", "poetry.txt", true);
```

2. 接着，在 Web 服务器收到数据，进行处理并传回结果后，XMLHttpRequest 对象的
readyState 属性会变更，进而触发 onreadystatechange 事件，因此，可以藉由 onreadystatechange
事件处理程序接收 Http Response，例如下面的程序语句表示当发生 onreadystatechange 事件时，
就执行 handleStateChange()函数，来获取 Web 服务器返回的结果：

```
XHR.onreadystatechange = handleStateChange;
```

3. 最后，调用 XMLHttpRequest 对象的 send()方法，来送出 Http Request，其语法如下，参
数 content 是欲传送给 Web 服务器的参数，例如"UserName=Jerry &PageNo=1"，当以 GET 方式传送
Request 时，由于不需要传送参数，故参数 content 为 null，而当以 POST 方式传送 Request 时，
则可以指定要传送的参数。

```
send(string content)
```

综合前面的讨论，可以整理成如下。

```
var XHR = createXMLHttpRequest();
XHR.open("GET", "poetry.txt", true);
XHR.onreadystatechange = handleStateChange;
XHR.send(null);
function handleStateChange()
{
    // 此处用来获取 Web 服务器返回的结果
}
```

## ❖　三、接收 Http Response 并更新网页内容

由于我们只能通过 XMLHttpRequest 对象的 onreadystatechange 事件了解 Http Request 的
执行状态，因此，接收 Http Response 的程序代码是写在 onreadystatechange 事件处理程序中，
也就是前面例子所指定的 handleStateChange()函数。

XMLHttpRequest 对象的 readyState 属性会记录当前是处于哪个阶段，返回值为 0~4 的数
字，其中 4 代表 Http Request 执行完毕，不过，Http Request 执行完毕并不等于执行成功，因
为有可能发生指定的资源不存在或执行错误，所以还得判断 XMLHttpRequest 对象的 status 属
性，只有当 status 属性返回 200 时，才代表执行成功，此时 statusText 属性会返回"OK"，若指
定的资源不存在，则 status 属性会返回 404，而 statusText 属性会返回"Object Not Found"。

当 Web 服务器返回的数据为文字时，可以通过 XMLHttpRequest 对象的 responseText 属性获取执行结果；当 Web 服务器返回的数据为 XML 文件时，可以通过 XMLHttpRequest 对象的 responseXML 属性获取执行结果。

此外，XMLHttpRequest 对象还提供了下列方法。

- abort()：停止 HTTP Reqeust。
- getAllResponseHeaders()：获取所有 HTTP 标头信息。
- getResponseHeader(string *Name*)：获取参数 *Name* 指定的标头信息。

现在，我们就来看个实际应用，这个例子的执行结果如下，当浏览者点选[显示诗句]按钮时，就会读取服务器端的 poetry.txt 文本文件，然后将文件内容显示在按钮下面。

①单击此按钮；②显示诗句

为了做比较，先采用传统的 PHP 写法，如下，由于这个网页尚未导入 Ajax 技术，所以在单击[显示诗句]按钮时，整个网页会重载而快速闪一下，然后在按钮下面显示诗句。

```
<!doctype html>
<html>
  <head>
    <meta charset="utf-8"> </head>
  <body>
  <form method="post" action="<?php echo $_SERVER['PHP_SELF']; ?>">
      <input type="submit" value=" 显示诗句 "><br><br>
  <?php if（!isset($_POST["Send"])）{ ?>
  <input type="hidden" name="Send" value="TRUE">
  <?php }
      else echo file_get_contents("poetry.txt");
   ?>
   </form>
  </body>
</html>
```

&lt;\Ch17\program1.php&gt;

至于下面的程序则是改成导入 Ajax 技术，注意网页的扩展名为.html。

```
01:<!doctype html>
02:<html>
03:  <head>
04:    <meta charset="utf-8">
05:    <script src="utility.js" type="text/javascript"></script>
06:    <script type="text/javascript">
07:      var XHR = null; 08:
09:      function startRequest()
10:      {
11:        XHR = createXMLHttpRequest();
12:        XHR.open("GET", "poetry.txt", true);
13:        XHR.onreadystatechange = handleStateChange;
14:        XHR.send(null);
15:      }
16:
17:      function handleStateChange()
18:      {
19:        if（XHR.readyState == 4）
20:        {
21:          if（XHR.status == 200）
22:              document.getElementById("span1").innerHTML = XHR.responseText;
23:          else
24:              window.alert(" 文件开启错误 !");
25:        }
26:      }
27:    </script>
28:  </head>
29:  <body>
30:    <form id="form1">
31:        <input id="button1" type="button" value="显示诗句" onclick="startRequest()">
32:      <br><br> <span id="span1"></span>
33:    </form>
34:  </body>
35:</html>
```

&lt;\Ch17\program2.html&gt;

这个网页的执行结果如下，和前面的&lt;\Ch17\program1.php&gt;相同，但扩展名为.html，表示它纯粹是一个在客户端执行的网页。

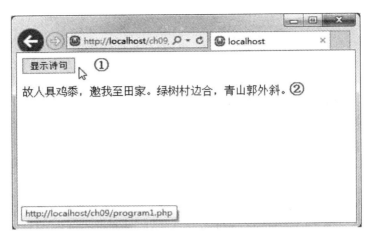

①单击此按钮；②显示诗句

- 第 05 行：将 utility.js 文件 include 进来，方便建立 XMLHttpRequest 对象。
- 第 06~27 行：这是客户端的 JavaScript 脚本，用来进行异步传输。
- 第 07 行：定义一个名称为 XHR 的全局变量，用来代表即将建立的 XMLHttpRequest 对象。
- 第 09~15 行：定义 startRequest()函数，这个函数会在浏览者单击[显示诗句]按钮时执行，第 11 行是建立 XMLHttpRequest 对象，第 12 行是指定以 GET 方式向服务器要求 poetry.txt 文字文件，第 13 行是指定在 XMLHttpRequest 对象的 readyState 属性变更时执行 handleStateChange()函数，第 14 行是送出异步请求。
- 第 17~26 行：定义 handleStateChange()函数，它会在 XMLHttpRequest 对象的 readyState 属性变更时执行，故会重复触发多次，第 19 行的 if 条件表达式用来判断 XMLHttpRequest 对象的 readyState 属性是否返回 4，是的话，表示异步传输完成，就执行第 20~25 行，而第 21 行的 if 条件表达式用来判断 XMLHttpRequest 对象的 status 属性是否返回 200，是的话，就执行第 22 行，将返回值显示在<span>元素的内容，否的话，就执行第 24 行，显示错误信息。

# 第18章

## Canvas API

# 18-1　HTML 5 的绘图功能

在第 5-4 节中有简单示范过如何使用<canvas>元素在网页上建立绘图区并进行绘图，而在本章中，我们将进一步介绍 HTML 5 提供的 Canvas API 及相关的程序设计技巧。由于 Canvas API 的功能非常丰富，包括线条样式、填满样式、文字样式、建立路径、绘制矩形、绘制图像、渐层、阴影等，因此，我们会介绍其中一些较具有代表性的 API，至于完整的 API 则要请您自行参考官方文件 HTML Canvas 2D Context（http://dev.w3.org/html5/2dcontext/）。

下面举一个例子，它会在网页上建立绘图区，然后填满一个矩形。

```
01:<!doctype html>
02:<html>
03:  <head>
04:      <meta charset="utf-8">
05:  <title> 绘图功能 </title>
06:  </head>
07:  <body>
08:      <canvas id="myCanvas" width="200" height="100"></canvas>
09:      <script>
10:        var canvas = document.getElementById("myCanvas");
11:        var context = canvas.getContext("2d");
12:        context.fillRect(0,0,200,100);
13:      </script>
14:  </body>
15:</html>
```

<\Ch18\canvas1.html>

- 第 08 行：使用<canvas>元素在网页上插入一块宽度为 200 像素、高度为 100 像素绘图区（注：若没有指定大小，则绘图区默认的宽度为 300 像素、高度为 150 像素）。
- 第 11 行：调用<canvas>元素的 getContext（"2d"）方法获取 2D 绘图环境。
- 第 12 行：调用绘图环境的 fillRect（0,0,200,100）方法将左上角坐标为（0, 0）、宽度为 200 像素、高度为 100 像素的矩形填满颜色（默认为黑色），而此举正好会填满整个绘图区，因为我们故意将矩形的大小设置成绘图区的大小。

将在绘图区进行绘图的步骤归纳如下。

1. 使用<canvas>元素在网页上插入绘图区。
2. 调用<canvas>元素的 getContext（"2d"）方法获取 2D 绘图环境。
3. 调用绘图环境的各种方法进行绘图。

在进行绘图之前，还要了解一下绘图区的坐标系统，原则上，坐标（0, 0）位于绘图区的左上角，水平方向为 X 轴，垂直方向为 Y 轴，水平方向的宽度等于<canvas>元素的 width 属性，垂直方向的高度等于<canvas>元素的 height 属性，如下图，要注意的是绘图区没有框线，默认为一块空白的区域。

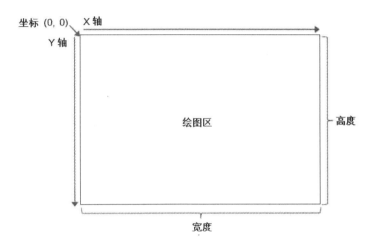

# 18-2　设置绘制样式与填满样式

2D 绘图环境提供了下列两个属性用来设置绘制样式与填满样式：

- strokeStyle：绘制图形时所使用的线条颜色或样式，默认为#000000（黑色）。
- fillStyle：填满图形时所使用的颜色或样式，默认为#000000（黑色）。

这两个属性的值可以是字符串、CanvasGradients（渐层）或 CanvasPatterns（图样），字符串必须是合法的 CSS 颜色，其语法如下，而渐层和图样留到第 18-4 节再做讨论。

**颜色名称** | rgb(rr, gg, bb)｜#rrggbb

- 颜色名称：以诸如 black、blue、gray、green、lime、maroon、navy、olive、orange、purple、red、silver、teal、white、yellow 等名称指定颜色。

- rgb(*rr*, *gg*, *bb*)：以红（red）、绿（green）、蓝（blue）三原色的混合比例指定颜色，例如 rgb（100%, 0%, 0%）表示红 100%、绿 0%、蓝 0%，也就是红色。除了指定混合比例之外，我们也可以将红、绿、蓝三原色各自划分为 0~255 共 256 个级数，以级数来表示颜色，例如 rgb（100%, 0%, 0%）在转换成级数后会对应到 rgb（255, 0, 0）。
- *#rrggbb*：这是前一种指定方式的十六进制表示法，以#符号开头，后面跟着三组十六进制数字，分别代表颜色的红、绿、蓝级数，例如 rgb（255, 0, 0）在转换成十六进制后会对应到#ff0000。

下面举一个例子，它会将绘制样式与填满样式分别设置成蓝色和红色。

```
<canvas id="myCanvas" width="400" height="300"></canvas>
<script>
    var canvas = document.getElementById("myCanvas");
    var context = canvas.getContext("2d");
    context.strokeStyle = "rgb(0, 0, 255)";
    context.fillStyle = "red";
</script>
```

# 18-3　绘制矩形

2D 绘图环境提供了下列几个方法用来绘制矩形。

- strokeRect(x, y, w, h)：以目前的绘制样式绘制矩形，该矩形的左上角坐标为（x, y）、宽度为 w 像素、高度为 h 像素。
- fillRect(*x*, *y*, *w*, *h*)：以目前的填满样式填满矩形，参数的意义同上。
- clearRect(*x*, *y*, *w*, *h*)：清除矩形，参数的意义同上。

下面举一个例子 <\Ch18\canvas2.html>。

```
<canvas id="myCanvas" width="400" height="300"></canvas>
<script>
    var canvas = document.getElementById("myCanvas");
    var context = canvas.getContext("2d");
    context.strokeStyle = "rgb(0, 0, 255)";
    context.strokeRect(0,0,60,30);
    context.fillStyle = "red";
    context.fillRect(100, 100, 40,80);
</script>
```

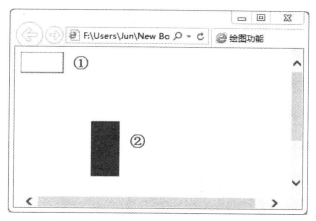

①以蓝色绘制矩形，左上角坐标为（0, 0）、宽度为 60 像素、高度为 30 像素；

②以红色填满矩形，左上角坐标为（100, 100）、宽度为 40 像素、高度为 80 像素。

# 18-4 设置渐层与图样

2D 绘图环境提供了下列几个方法用来设置渐层。

- createLinearGradient(x0, y0, x1, y1)：从坐标（x0, y0）往坐标（x1, y1）建立直线变化的渐层。
- createRadialGradient(*x0, y0, r0, x1, y1, r1*)：以坐标（*x0, y0*）为圆心、*r0* 为半径的圆，和以（*x1, y1*）为圆心、*r1* 为半径的圆之间建立圆形变化的渐层。
- addColorStop(*offset, color*)：设置渐层边界的颜色，其中参数 *offset* 的值介于 0.0~1.0 之间，0.0 为渐层的起点，1.0 为渐层的终点，而参数 *color* 为渐层的颜色。

前两个方法的返回值都是一个 CanvasGradient 对象，可以赋值给 strokeStyle 或 fillStyle 属性，做为绘制样式或填满样式。下面举一个例子<\Ch18\canvas3.html>，它会先建立一个蓝白线性渐层，然后使用该渐层填满矩形。

```
<canvas id="myCanvas" width="400" height="300"></canvas>
<script>
    var canvas = document.getElementById("myCanvas");
    // 获取 2D 绘图环境
    var context = canvas.getContext("2d");
    // 建立线性渐层
    var gradient = context.createLinearGradient(0, 0, 100, 0);
    //设置渐层起点为蓝色
    gradient.addColorStop(0.0, "blue");
    //设置渐层终点为白色
    gradient.addColorStop(1.0, "white");
```

```
    //将填满样式指派为前面建立的渐层
    context.fillStyle = gradient;
    //使用前面建立的渐层填满矩形
    context.fillRect(0, 0, 100, 100);
</script>
```

下面是另一个例子<\Ch18\canvas4.html>，它会先建立一个蓝白圆形渐层，然后使用该渐层填满圆形。此处暂不解释如何绘制圆形，详见第 18-6-3 节的说明。

```
<canvas id="myCanvas" width="400" height="300"></canvas>
<script>
    var canvas = document.getElementById("myCanvas");
    // 获取 2D 绘图环境
    var context = canvas.getContext("2d");
    // 建立圆形渐层
    var gradient = context.createRadialGradient(70, 70, 0, 20, 20, 200);
    // 设置渐层起点为蓝色
    gradient.addColorStop(0.0, "blue");
    // 设置渐层终点为白色
    gradient.addColorStop(1.0, "white");
    // 将填满样式指派为前面建立的渐层
    context.fillStyle = gradient;
    // 使用前面建立的渐层填满圆形
    context.arc(100, 100, 50, 0, 360 * Math.PI / 180, true);
    context.fill();
</script>
```

这个例子的浏览结果如下图。

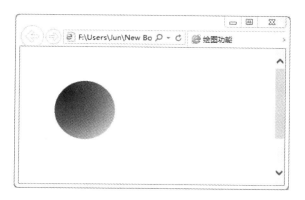

除了渐层之外，我们也可以指派图样给 strokeStyle 或 fillStyle 属性，图样是一个 CanvasPattern 对象，可以调用 createPattern（*image, repetition*）方法来产生，其中参数 *image* 为<img>、<canvas>或<video>元素的对象，而参数 *repetition* 有 repeat（双向重复）、repeat-x（水平重复）、repeat-y（垂直重复）、no-repeat（不重复）等值，默认为 repeat。下面举一个例子<\Ch18\canvas5.html>，它会先建立一个图样，然后使用该图样填满整个绘图区。

```
<canvas id="myCanvas" width="400" height="300"></canvas>
<script>
    var canvas = document.getElementById("myCanvas");
    var context = canvas.getContext("2d");
    // 建立 <img> 元素
    var image = document.createElement("img");
    // 待图像加载完毕后，就建立图样并指派给填满样式，然后填满整个绘图区
    image.onload = function(){
        context.fillStyle = context.createPattern(this, "repeat");
        context.fillRect(0, 0, canvas.width, canvas.height);
    }
    // 读取图像
    image.src = "blue.jpg";
</script>
```

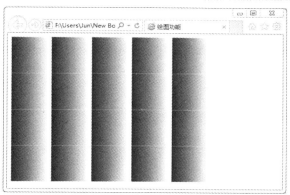

# 18-5　绘制图像

2D 绘图环境提供了下列几个方法用来绘制图像。

- drawImage(*image, dx, dy*)：以坐标（dx, dy）为左上角，开始绘制参数 image 所指定的图像，且图像的大小为原始尺寸。
- drawImage(*image, dx, dy, dw, dh*)：以坐标（*dx, dy*）为左上角，开始绘制参数 *image* 所指定的图像，且图像的大小为参数 *dw*、*dh* 所指定的宽度和高度。
- drawImage(*image, sx, sy, sw, sh, dx, dy, dw, dh*)：从参数 *image* 所指定的图像切割出一部分来显示，该部分的左上角坐标为（*sx, sy*）、宽度为 *sw*、高度 *sh*。

注意，参数 *image* 必须为 HTMLImageElement、HTMLCanvasElement 或 HTMLVideoElement 其中一种类型的对象，也就是<img>、<canvas>或<video>元素的对象，同时为了帮助网页设计人员了解前述参数的意义，HTML anvas 2D Context（http://dev.w3.org/html5/2dcontext/）提供了如下的示意图。

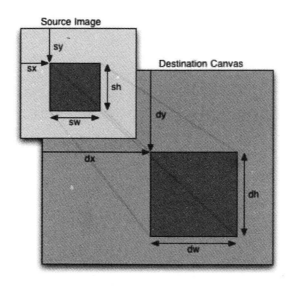

下面举一个例子<\Ch18\canvas6.html>，它会先建立一个<img>元素，然后在绘图区以坐标（0，0）为左上角，开始绘制参数 *image* 所指定的图像，且图像的大小为原始尺寸。

```
<canvas id="myCanvas" width="400" height="300"></canvas>
<script>
    var canvas = document.getElementById("myCanvas");
    var context = canvas.getContext("2d");
    // 建立 <img> 元素
    var image = document.createElement("img");
    // 待图像加载后，就在绘图区以坐标（0，0）为左上角，绘制原尺寸图像
```

```
    image.onload = function(){
        context.drawImage(image, 0, 0);
    }
    // 读取图像
    image.src = "bird.jpg";
</script>
```

这个例子的浏览结果如下图。

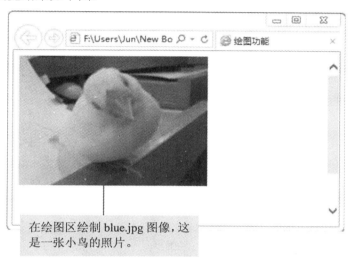

在绘图区绘制 blue.jpg 图像，这是一张小鸟的照片。

# 18-6　建立路径与绘制图形

在说明如何绘制图形之前，我们要先了解何谓"路径"（path），这是零条、一条或多条子路径的集合，而"子路径"（subpath）是连接一个或多个点的直线或曲线，一个封闭的子路径指的是第一个点和最后一个点之间以直线连接起来。

将绘制图形的步骤归纳如下，当子路径包含少于两个点时，将会被忽略，而不会被绘制出来：

1. 调用 beginPath() 方法重设当前的路径，之前建立的路径会被清除。
2. 调用绘图环境的各种方法建立路径。
3. 调用 stroke() 方法绘制路径，或调用 fill() 方法填满路径。

2D 绘图环境提供了许多方法用来建立路径与绘制图形，比较重要的如下。

- beginPath()：重设当前的路径，之前建立的路径会被清除。
- closePath()：封闭当前的子路径，也就是从最后一个点拉一条直线到第一个点，并将该子路径标记为封闭的状态。
- stroke()：以当前的绘制样式绘制当前路径的子路径。

- fill()：以当前的填满样式填满当前路径的子路径。
- moveTo(*x*, *y*)：移到坐标为（*x*, *y*）的点，准备要建立一个新的子路径。
- lineTo(*x*, *y*)：将坐标为（*x*, *y*）的点加入当前的子路径，同时以一条直线连接这个点与前一个点。
- rect(*x*, *y*, *w*, *h*)：加入新的矩形封闭子路径，其左上角坐标为（*x*, *y*）、宽度为 *w* 像素、高度为 *h* 像素。
- quadraticCurveTo(*cpx*, *cpy*, *x*, *y*)：加入二次方贝塞尔曲线。
- bezierCurveTo(cp1x, cp1y, cp2x, cp2y, x, y)：加入三次方贝塞尔曲线。
- arc(x, y, radius, startAngle, endAngle [, anticlockwise])：加入圆弧，该圆弧可以是完整的圆或圆的部分曲线，坐标（x, y）为圆心，radius 为圆的半径，startAngle 为开始绘制的弧度（相对于 X 轴），endAngle 为结束绘制的弧度，可选参数 anticlockwise 为绘制方向，默认为 false，表示顺时针方向。下图的角度供您参考，而弧度与角度的转换公式为"弧度 = 角度 × π ÷ 180"。

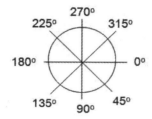

- arcTo(*x1*, *y1*, *x2*, *y2*, *radius*)：绘制直线及与其相切的圆弧，请您想象有两条直线和一个圆，其中一条直线是从当前坐标为（x0, y0）的点连接到坐标为（x1, y1）的点，另一条直线是从坐标为（x1, y1）的点连接到坐标为（x2, y2）的点，而圆的半径为 radius，且与这两条直线各有一个切点，而 arcTo()方法会绘制出从当前的点连接到第一个切点的直线，以及从第一个切点连接到第二个切点的圆弧，如下图。

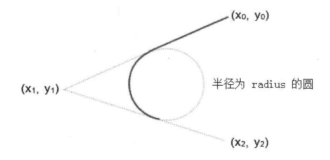

- clip()：指定目前路径的剪切区域。

## 18-6-1　绘制直线

直接以下面的例子<\Ch18\canvas7.html>为您示范如何绘制直线，里面有使用到 beginPath()、moveTo()、lineTo()、stroke()等方法，浏览结果如下图。

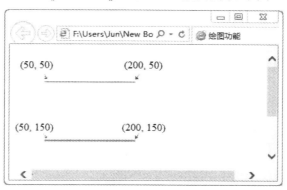

```
<canvas id="myCanvas" width="400" height="300"></canvas>
<script>
    var canvas = document.getElementById("myCanvas");
    var context = canvas.getContext("2d");
    // 重设当前的路径
    context.beginPath();
    // 移到坐标为（50, 50）的点
    context.moveTo(50, 50);
    // 将坐标为（200, 50）的点加入当前的子路径，同时以一条直线连接这个点与前一个点
    context.lineTo(200, 50);
    // 移到坐标为（50, 150）的点
    context.moveTo(50, 150);
    // 将坐标为（200, 150）的点加入当前的子路径，同时以一条直线连接这个点与前一个点
    context.lineTo(200, 150);
    // 以当前的绘制样式绘制当前路径的子路径
    context.stroke();
</script>
```

## 18-6-2　绘制矩形

直接以下面的例子<\Ch18\canvas8.html>示范如何绘制矩形，里面使用到了 beginPath()、rect()、fill()等方法，浏览结果如下图。

```
<canvas id="myCanvas" width="400" height="300"></canvas>
<script>
    var canvas = document.getElementById("myCanvas");
    var context = canvas.getContext("2d");
    // 重设当前的路径
    context.beginPath();
    // 加入矩形封闭子路径，其左上角坐标为(0, 0)、宽度为 100 像素、高度为 50 像素
    context.rect(0, 0, 100, 50);
    // 以当前的填满样式填满当前路径的子路径
    context.fill();
</script>
```

若将 fill()方法换成 stroke()方法，就只会绘制矩形，而不会填满矩形，如下图。

## 18-6-3　绘制圆弧、圆形与扇形

可以使用 arc()方法绘制圆弧、圆形与扇形，下面是第一个例子<\Ch18\canvas9.html>，它会绘制一个圆形，圆心的坐标为（100，100）、半径为 50 像素、开始绘制的弧度为 0、结束绘制的弧度为 360×π÷180、绘制方向为逆时针方向。

```
<canvas id="myCanvas" width="400" height="300"></canvas>
<script>
    var canvas = document.getElementById("myCanvas");
    var context = canvas.getContext("2d");
    context.beginPath();
    context.arc(100, 100, 50, 0, 360 * Math.PI / 180, true);
```

```
    context.stroke();
</script>
```

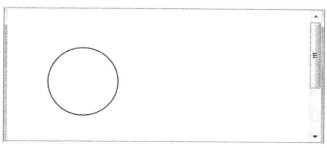

下面是第二个例子<\Ch18\canvas10.html>，它会绘制一个圆弧，圆心的坐标为（100, 100）、半径为 50 像素、开始绘制的弧度为 0、结束绘制的弧度为 180×π÷180、绘制方向为顺时针方向。

```
<canvas id="myCanvas" width="400" height="300"></canvas>
<script>
    var canvas = document.getElementById("myCanvas");
    var context = canvas.getContext("2d");
    context.beginPath();
    context.arc(100, 100, 50, 0, 180 * Math.PI / 180, false);
    context.stroke();
</script>
```

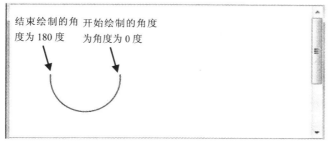

下面是第三个例子<\Ch18\canvas11.html>，它会绘制一个扇形，其中比较关键的步骤有三个，首先，调用 moveTo()方法移到坐标为（100, 100）的点，该点将做为扇形的中心点；接着，调用 arc()方法加入一个圆弧，此时会自动从扇形的中心点拉一条直线到圆弧的起点；最后，调用 closePath()方法封闭当前的子路径，也就是从圆弧的终点拉一条直线到扇形的中心点。

```
<canvas id="myCanvas" width="400" height="300"></canvas>
<script>
  var canvas = document.getElementById("myCanvas");
  var context = canvas.getContext("2d"); context.beginPath();
  context.moveTo(100, 100);
```

```
    context.arc(100, 100, 50, 0, 45 * Math.PI / 180, false);
    context.closePath();
    context.stroke();
</script>
```

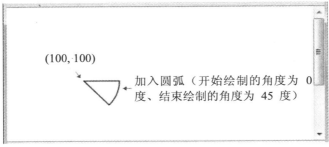

(100, 100)
加入圆弧（开始绘制的角度为 0 度、结束绘制的角度为 45 度）

## 18-6-4　剪切区域

可以使用 clip()方法裁剪要显示的范围，下面举一个例子<\Ch18\canvas12.html>，它先设置圆形的剪切区域，然后加载图像，再绘制剪切区域。

```
<canvas id="myCanvas" width="400" height="300"></canvas>
<script>
    var canvas = document.getElementById("myCanvas");
    var context = canvas.getContext("2d"); context.beginPath();
    context.moveTo(0, 100);
    context.arc(120, 80, 80, 0, 360 * Math.PI / 180, true);
    context.clip();
    // 建立 <img> 元素
    var image = document.createElement("img");
    // 在图像加载后，就在绘图区以坐标(0, 0) 为左上角，绘制原尺寸图像
    image.onload = function(){
        context.drawImage(image, 0, 0);
    }
    // 读取图像
    image.src = "bird.jpg";
    // 绘制剪切区域 context.stroke();
</script>
```

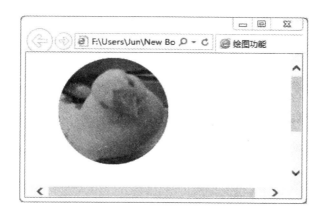

# 18-7　设置线条样式

2D 绘图环境提供了下列几个属性用来设置线条样式：

- lineWidth：线条的宽度，以像素为单位，默认为 1 像素，不是大于 0 的有限值均会被忽略。
- lineCap：线条终点的样式，有 butt（无样式）、round（圆弧）、square（正方形）等值，默认为 butt，其他值均会被忽略。
- lineJoin：设置线条交叉接角的样式，有 bevel（无样式）、round（圆角）、miter（尖角）等值，默认为 bevel，其他值均会被忽略。
- miterLimit：当 lineJoin 属性的值等于 miter 时，miterLimit 属性可以用来限制尖角的长度，默认为 10.0，其他诸如 0、负数、无限值或 NaN（Not a Number）均会被忽略。

下面举一个例子<\Ch18\canvas13.html>，它会显示如下图的直线，且线条宽度为 15 像素、线条终点的样式为圆弧。至于其他属性和设置值，则请自己试试看。

```
<canvas id="myCanvas" width="400" height="300"></canvas>
<script>
    var canvas = document.getElementById("myCanvas");
    var context = canvas.getContext("2d"); context.lineWidth = "15";
    context.lineCap = "round"; context.beginPath();
    context.moveTo(50, 50); context.lineTo(200, 50);
    context.stroke();
</script>
```

# 18-8　绘制文字与设置文字样式

2D 绘图环境提供了下列几个方法用来绘制文字。

- fillText(*text, x, y* [, *maxWidth*])：以 fillStyle 属性指定的填满样式，从坐标为（x, y）处开始绘制参数 text 指定之文字，可选参数 maxWidth 可以指定字符串宽度。
- strokeText(*text, x, y* [, *maxWidth*])：以 strokeStyle 属性指定的绘制样式，从坐标为（x, y）处开始绘制参数 *text* 指定之文字的外框，可选参数 *maxWidth* 可以指定字符串宽度。

此外，2D 绘图环境也提供了下列几个属性用来设置文字样式：

- font：以 CSS 语法设置文字的字体、大小（长度 | 绝对大小 | 相对大小 | 百分比）、样式（normal | italic | oblique）、粗细（normal | bold | bolder | lighter | 100 ~ 900）、行高（normal | 数字 | 长度 | 百分比）等。
- textAlign：文字的水平对齐方式，有 start（以指定的坐标为起点来显示）、end（以指定的坐标为终点来显示）、left（以指定的坐标为左侧来显示）、right（以指定的坐标为右侧来显示）、center（以指定的坐标为置中来显示）等值，默认为 start，其他值均会被忽略。
- textBaseline：文字的基准线，有 top、hanging、middle、alphabetic、ideographic、bottom 等值，效果如下图（参考自 HTML 5 官方文件），默认为 alphabetic。

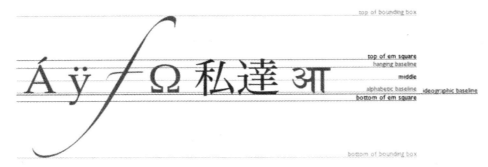

下面举一个例子<\Ch18\canvas14.html>，它会在绘图区绘制两个字符串，第一个字符串是空心的（只有绘制外框），而且是以坐标（200, 50）为起点来显示，而第二个字符串是填满的，而且是以坐标（200, 150）为置中来显示。下图的虚线是我们加上去的参考线，用来标记 X 轴坐标为 200 的位置以供参考比较。

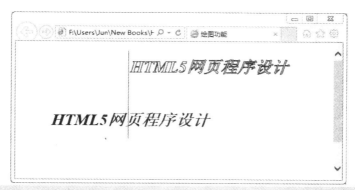

```
<canvas id="myCanvas" width="500" height="300"></canvas>
<script>
    var canvas = document.getElementById("myCanvas");
    var context = canvas.getContext("2d");
    // 将字体设置为粗斜体、30 像素、新细明体
    context.font = "italic bold 30px 新细明体 ";
    // 将水平对齐方式设置为 start（以指定的坐标为起点来显示）
    context.textAlign = "start";
    // 使用前面设置的字体，以（200, 50）为起点来绘制文字的外框
    context.strokeText("HTML5 网页程序设计 ", 200, 50);
    // 将水平对齐方式设置为 center（以指定的坐标为置中来显示）
    context.textAlign = "center";
    // 使用前面设置的字体，以（200, 150）为置中来绘制文字
    context.fillText("HTML5 网页程序设计 ", 200, 150);
</script>
```

# 18-9　设置阴影样式

2D 绘图环境提供了下列几个属性用来设置阴影样式。

- shadowColor：阴影的颜色。
- shadowOffsetX：阴影的水平位移，默认为 0 像素，表示没有水平位移。
- shadowOffsetY：阴影的垂直位移，默认为 0 像素，表示没有垂直位移。
- shadowBlur：阴影的模糊度，默认为 0，表示不模糊，数字越大就越模糊。

下面举一个例子<\Ch18\canvas15.html>，它会以红色填满一个矩形，而且会加上阴影，浏览结果如下图。

```
<canvas id="myCanvas" width="400" height="300"></canvas>
<script>
    var canvas = document.getElementById("myCanvas");
    var context = canvas.getContext("2d");
    context.shadowColor = "gray";              // 将阴影的颜色设置为灰色
    context.shadowOffsetX = 5;                 // 将阴影的水平位移设置为 5 像素
     context.shadowOffsetY = 5;                // 将阴影的垂直位移设置为 5 像素
    context.shadowBlur = 10;                   // 将阴影的模糊度设置为 10
    context.fillStyle = "red";                 // 将填满样式设置为红色
    context.fillRect(50, 50, 60,80);           // 填满一个矩形
</script>
```

# 18-10　变形

2D 绘图环境提供了下列几个方法用来进行变形，所谓"变形"是在建立形状或路径时，针对其坐标进行矩阵运算，以达到缩放、旋转、位移等效果。

- scale(*x, y*)：根据参数 x 指定的水平缩放倍率和参数 y 指定的垂直缩放倍率，进行缩小或放大，例如下面的程序语句会绘制一个左上角坐标为（50, 50)、长宽均为 100 像素的矩形：

```
context.strokeRect(50, 50, 100, 100);
```

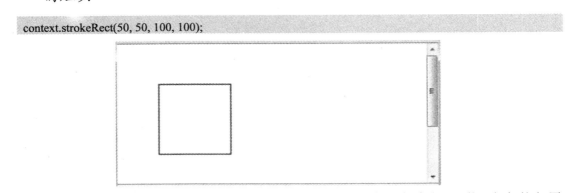

而下面的程序语句会将矩形往水平方向放大 1.5 倍、往垂直方向缩小 0.5 倍，如想恢复原来的缩放比例，可以使用 context.scale(1/1.5, 1/0.5);：

```
context.scale(1.5, 0.5);
context.strokeRect(50, 50, 100, 100);
```

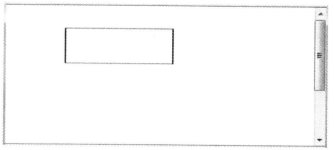

- rotate(*angle*): 根据参数 *angle* 指定的弧度往顺时针方向进行旋转，默认以左上角（0, 0）为圆心旋转，例如下面的程序语句会将矩形往顺时针方向旋转 10 度，如想恢复原来的角度，可以使用 context.rotate(-10 * Math.PI / 180);，即旋转-10 度。

```
context.rotate(10 * Math.PI / 180);
context.strokeRect(50, 50, 100, 100);
```

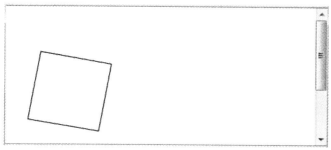

- translate(*x, y*): 根据参数 x 指定的水平差距和参数 y 指定的垂直差距，进行坐标转移（即位移），例如下面的程序语句会将矩形往水平方向位移 100 像素，如想恢复原来的水平位置，可以使用 context.translate(-100, 0);。

```
context.translate(100, 0);
context.strokeRect(50, 50, 100, 100);
```

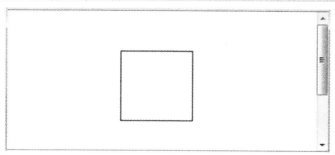

- transform(*a, b, c, d, e, f*): 将当前的坐标矩阵乘以参数指定的矩阵，而参数所指定的矩阵如下。

$$\begin{bmatrix} a & c & e \\ b & d & f \\ 0 & 0 & 1 \end{bmatrix}$$

- setTransform(*a, b, c, d, e, f*)：重设坐标矩阵，然后根据同样的参数调用 transform(*a, b, c, d, e, f*) 方法。

下面的例子是在 <\Ch18\canvas6.html> 加入 context.transform（1，0，0，-1，0，image. height）；程序语句，以产生镜射图像，浏览结果如下图。

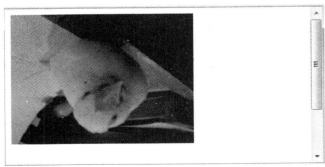

```
<canvas id="myCanvas" width="400" height="300"></canvas>
<script>
    var canvas = document.getElementById("myCanvas");
    var context = canvas.getContext("2d");
    var image = document.createElement("img");
    image.onload = function(){
        context.transform(1, 0, 0, -1, 0, image.height);          // 调用 transform()方法产生镜射图像
        context.drawImage(image, 0, 0);
    }
    image.src = "bird.jpg";
</script>
```

若是将 context.transform(1, 0, 0, -1, 0, image.height); 程序语句换成 context.transform(1, 0, 0, -0.5, 0, image.height*0.5);，则会得到如下图的浏览结果（<\Ch18\canvas16. html>）。

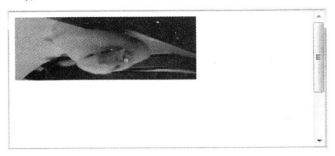

下面是另一个例子<\Ch18\canvas17.html>，它会绘制 36 个正方形，每个正方形之间的旋

转角度为 10 度，浏览结果如下图。

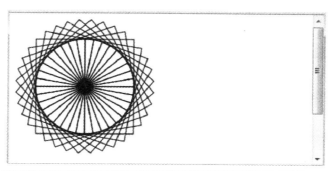

```
<canvas id="myCanvas" width="400" height="300"></canvas>
<script>
    var canvas = document.getElementById("myCanvas");
    var context = canvas.getContext("2d"); context.translate(100, 100);
    for（var i = 0; i < 36; i++){
        context.strokeRect(0, 0, 70, 70);
        context.rotate(10 * Math.PI / 180);
    }
</script>
```

# 18-11　重叠

本节所要讨论的"重叠"指的是当新绘制的图像与现有的图像重叠时，新旧图像之间该如何显示。以下面的程序语句为例<\Ch18\canvas18.html>，它会绘制两个局部重叠的正方形，原先绘制的正方形为红色，后来绘制的正方形为粉红色，在默认的情况下，后来绘制的正方形会显示在原先绘制的正方形上面，浏览结果如下图。

```
01:<canvas id="myCanvas" width="400" height="300"></canvas> 02:<script>
03:    var canvas = document.getElementById("myCanvas");
04:    var context = canvas.getContext("2d");
05:    context.fillStyle = "red";
```

```
06:   context.fillRect(0, 0, 100, 100);
07:   context.fillStyle = "pink";
08: context.fillRect(50, 50, 100, 100);
09:</script>
```

若要自行设置重叠方式，可以使用 2D 绘图环境提供的 globalCompositeOperation 属性，该属性的值如下，默认为 source-over。

- source-atop: 显示原先绘制的图像，但重叠的部分会显示后来绘制的图像。
- source-in: 只显示重叠的部分，而且是后来绘制的图像。
- source-out: 只显示后来绘制的图像，但不显示重叠的部分。以第 18-26 页的程序代码为例，假设在第 05 行的前面加入 context.globalCompositeOperation = "source-out"; 程序语句，会得到如下图的浏览结果。

- source-over: 后来绘制的图像显示在原先绘制的图像上面，此为默认值。
- destination-atop: 显示后来绘制的图像，但重叠的部分会显示原先绘制的图像。以第 18-26 页的程序代码为例，假设在第 05 行的前面加入 context.globalCompositeOperation = "destination-atop"; 程序语句，会得到如下图的浏览结果。

- destination-in: 只显示重叠的部分，而且是原来绘制的图像。
- destination-out: 只显示原来绘制的图像，但不显示重叠的部分。
- destination-over: 原先绘制的图像显示在后来绘制的图像上面。
- lighter: 显示原先绘制的图像与后来绘制的图像，但重叠的部分则显示两者融合后的颜色。
- copy: 只显示后来绘制的图像。

- xor：显示原先绘制的图像与后来绘制的图像，但重叠的部分则不显示。以第 18-26 页的程序代码为例，假设在第 05 行的前面加入 context.globalCompositeOperation= "xor"; 程序语句，会得到如下图的浏览结果。

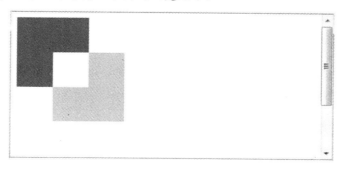

除了设置重叠方式之外，我们也可以使用 2D 绘图环境提供的 globalAlpha 属性设置图像的透明度，其值介于 0.0（完全透明）到 1.0（不透明）。以第 18-26 页的程序代码为例，假设在第 05 行的前面加入 context.globalAlpha = 0.5; 程序语句，将透明度设置为 0.5，会得到如下图的浏览结果。

## 18-12　像素运算

2D 绘图环境提供了下列几个属性与方法用来处理单独的像素，或许您会问，这有什么用途呢？用途可妙了，通过处理单独的像素，可以对图像进行亮度调整、透明度调整或自定义滤镜功能。

- createImageData(*sw, sh*)：根据参数 sw、sh 指定的宽度与高度，建立一个新的 ImageData 对象，该对象的属性如下。
  - ➤ width：ImageData 对象的宽度，以像素为单位。
  - ➤ height：ImageData 对象的高度，以像素为单位。
  - ➤ data：ImageData 对象的像素数据，这是一个一维数组，内容如下，其中 r1, g1, b1, a1 表示第一个像素的红、绿、蓝、透明度，r2, g2, b2, a2 表示第二个像素的红、绿、蓝、透明度，依此类推，而红、绿、蓝、透明度的值均为 0~255；至于像素的排列顺序则是由图像的左上角开始往右移，抵达最右边后，往下一排像素并移到最左边，继续往右移，反复此过程，直到抵达图像的右下角：

$$\{r1, g1, b1, a1, r2, g2, b2, a2, r3, g3, b3, a3, r4, g4, b4, a4,...\}$$

- createImageData(*imagedata*)：根据和参数 imagedata 相同的宽度与高度，建立一个新的 ImageData 对象。
- getImageData(*sx, sy, sw, sh*)：获取绘图区内指定之矩形的图像数据，返回值为一个 ImageData 对象，其中参数 *sx*、*sy* 为矩形的左上角坐标，参数 *sw*、*sh* 为矩形的宽度与高度。
- putImageData(*imagedata, dx, dy* [, *dirtyX, dirtyY, dirtyWidth, dirtyHeight*])：将参数 *imagedata* 指定之 ImageData 对象，写入绘图区内坐标为（*dx, dy*）处。若要指定 ImageData 对象的局部区域，可以使用可选参数指定该区域的左上角坐标、宽度与高度。

下面举一个例子<\Ch18\canvas19.html>，它会逐一处理图像的每个像素，将颜色反转过来，然后显示在绘图区，浏览结果如下图。

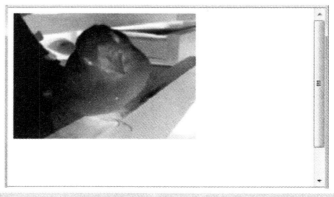

```
<canvas id="myCanvas" width="400" height="300"></canvas>
<script>
    var canvas = document.getElementById("myCanvas");
    var context = canvas.getContext("2d");
    var image = document.createElement("img");
    image.onload = function(){
        context.drawImage(image, 0, 0);
        // 获取代表图像的 ImageData 对象
        var pixels = context.getImageData(0, 0, image.width, image.height);
        // 将 ImageData 对象内每个像素的 r、g、b 值反转过来
        for（var i = 0; i < pixels.data.length; i += 4){
            pixels.data[i] = 255 - pixels.data[i];
            pixels.data[i + 1] = 255 - pixels.data[i + 1];
```

```
            pixels.data[i + 2] = 255 - pixels.data[i + 2];
        }
    // 将 ImageData 对象写入绘图区，即显示反转颜色过的图像
        context.putImageData(pixels, 0, 0);
    }
    image.src = "bird.jpg";
</script>
```

# 18-13　存储与回复绘图区状态

绘图区状态（canvas state）包含下列几个项目：

- 当前的变形矩阵（transformation matrix）。
- 目前的剪切区域。
- strokeStyle、fillStyle、globalAlpha、lineWidth、lineCap、lineJoin、miterLimit、shadowOffsetX、shadowOffsetY、shadowBlur、shadowColor、font、textAlign、textBaseline、globalCompositeOperation 等属性当前的值。

请注意，当前默认的路径和当前的图像并不包含在绘图区状态内，事实上，当前默认的路径是永久存在的，除非您调用 beginPath()方法加以重设。

2D 绘图环境提供了下列两个方法用来存储与恢复绘图区状态：

- save()：将当前的绘图区状态推入堆栈，即存储绘图区状态。
- restore()：取出堆栈顶端的绘图区状态，即恢复绘图区状态。

下面举一个例子<\Ch18\canvas20.html>，它会先存储绘图区状态（第 05 行），接着将填满样式设置为银色并填满左上角的矩形（第 06、07 行），之后恢复绘图区状态（第 08 行），此时，填满样式会恢复为默认的黑色，再以黑色填满右下角的矩形（第 09 行）。

```
01:<canvas id="myCanvas" width="400" height="300"></canvas>
02:<script>
03:    var canvas = document.getElementById("myCanvas");
04:    var context = canvas.getContext("2d");
05:    context.save();
06:    context.fillStyle = "silver";
07:    context.fillRect(0, 0, 100, 100);
08:    context.restore();
09: context.fillRect(50, 50, 100, 100);
10:</script>
```

# 18-14　导出图片

　　若要将绘图区的图片存储成文件，可以使用\<canvas\>元素提供的 toDataURL(optional *type* [, *any...args*]）方法，可选参数 *type* 用来指定内容的类型，默认为 image/png。有些浏览器还会支持其他类型，例如 image/jpeg，此时可以加上第二个参数指定 JPEG 图片的质量（0.0~1.0），省略不写的话，表示为默认值。

　　下面举一个例子\<\Ch18\canvas21.html\>，它会调用\<canvas\>元素提供的 toDataURL()方法将图片存储成 PNG 格式，当我们在图片按鼠标右键时，会出现如下图的快捷菜单，供存储图片、复制图片或将图片设置为桌布。

```
<canvas id="myCanvas" width="400" height="300"></canvas>
<script>
    var canvas = document.getElementById("myCanvas");
    var context = canvas.getContext("2d"); context.fillStyle = "red";
    context.fillRect(0, 0, 100, 100);
    context.fillStyle = "pink";
    context.fillRect(50, 50, 100, 100);
    window.location = context.canvas.toDataURL("image/png");
</script>
```

# 第 19 章

## Video/Audio API

# 19-1 &lt;video&gt;与&lt;audio&gt;元素的属性与方法

&lt;video&gt;与&lt;audio&gt;元素的 API 继承自 HTMLMediaElement 媒体元素，而且这两个元素的属性、方法与事件几乎都相同，除了&lt;audio&gt;元素没有 width、height、poster 等属性，下表为&lt;video&gt; 与 &lt;audio&gt; 元素可以使用的属性与方法（参考自 HTML 5 官方文件 http://www.w3.org/TR/html5/）。

| 属性与方法 | 说明 |
| --- | --- |
| error（只读属性） | 错误状态，返回值如下：<br>• MEDIA_ERR_ABORTED（1）：因为用户的操作而中止下载<br>• MEDIA_ERR_NETWORK（2）：因为网络错误而中止下载<br>• MEDIA_ERR_DECODE（3）：媒体数据译码错误<br>• MEDIA_ERR_SRC_NOT_SUPPORTED（4）：不支持的媒体数据格式 |
| src（属性） | 媒体数据的网址 |
| currentSrc（只读属性） | 实际播放之媒体数据的网址 |
| networkState（只读属性） | 网络状态，返回值如下：<br>• NETWORK_EMPTY（0）：尚未初始化<br>• NETWORK_IDLE（1）：尚未链接网络<br>• NETWORK_LOADING（2）：下载中<br>• NETWORK_NO_SOURCE（3）：不支持的格式，故不进行下载 |
| preload（属性） | 预先下载。 |
| buffered（只读属性） | 返回 TimeRanges 对象，表示媒体数据在缓冲区的范围（注：TimeRanges 对象有三个属性 length、start、end，分别表示对象的长度、开始位置的秒数及结束位置的秒数） |
| load()（方法） | 下载媒体资源 |
| initialTime（只读属性） | 初始的播放秒数 |
| currentTime（属性） | 当前的播放秒数 |
| duration（只读属性） | 媒体数据的长度（以秒数为单位） |
| readyState（只读属性） | 就绪状态，返回值如下：<br>• HAVE_NOTHING（0）：没有数据<br>• HAVE_METADATA（1）：有 metadata<br>• HAVE_CURRENT_DATA（2）：有当前播放的数据<br>• HAVE_FUTURE_DATA（3）：有即将播放的数据<br>• HAVE_ENOUGH_DATA（4）：有足够播放的数据 |
| paused（只读属性） | 是否暂停中，true 表示是，false 表示否 |
| defaultPlaybackRate（属性） | 默认的播放速度，初始值为 1.0，正数表示继续往后播放，负数表示向前倒带。 |
| playbackRate（属性） | 播放速度 |

（续表）

| 属性与方法 | 说明 |
|---|---|
| played（只读属性） | 返回 TimeRanges 对象，表示已经播放的时间范围 |
| seekable（只读属性） | 返回 TimeRanges 对象，表示可以往后定位的时间范围 |
| ended（只读属性） | 是否播放结束，true 表示是，false 表示否 |
| autoplay（属性） | 是否自动播放，true 表示是，false 表示否 |
| loop（属性） | 是否反复播放，true 表示是，false 表示否 |
| play()（方法） | 开始播放 |
| pause()（方法） | 暂停播放 |
| controls（属性） | 是否显示控制面板，true 表示是，false 表示否 |
| volume（属性） | 音量，值为 0.0（静音）～ 1.0（最大声） |
| muted（属性） | 是否为静音，true 表示是，false 表示否 |
| defaultMuted（属性） | 是否默认为静音，true 表示是，false 表示否 |
| audioTracks（属性） | 返回 AudioTrackList 对象，表示可用的音轨 |
| videoTracks（属性） | 返回 VideoTrackList，表示可用的视频轨道 |
| canPlayType(*type*)（方法） | 检查是否能够播放指定的媒体数据格式，返回值如下：<br>• ""（空字符串）：参数 *type* 为 "application/octet-stream"，或浏览器不支持参数 *type* 指定的媒体数据格式<br>• probably：浏览器支持参数 *type* 指定的媒体数据格式，且该格式有明确写出 codecs 参数<br>• maybe：浏览器支持参数 *type* 指定的媒体数据格式，但该格式没有明确写出 codecs 参数 |

　　我们来简单示范如何使用 JavaScript 访问<video>元素的属性与方法，这个例子的浏览结果如下图，用户只要输入视频的网址，然后按[播放]，就会开始下载并播放视频，而且会显示控制面板。在充分了解其中的技巧后，就可以试着举一反三，量身订做自己专属的媒体播放程序。

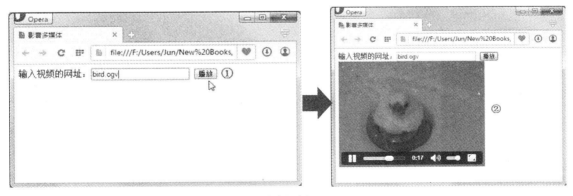

①输入视频的网址后按[播放]；②开始下载并播放视频

```
01:<!doctype html>
02:<html>
03:  <head>
04:  <meta charset="utf-8">
05:  <title> 影音多媒体 </title>
06:  <script>
07:    function playVideo(){
08:        var myVideoURL = document.getElementById("myVideoURL").value;
09:        var myVideo = document.getElementById("myVideo");
10:        myVideo.src = myVideoURL;
11:        myVideo.controls = true;
12:        myVideo.load();
13:        myVideo.play();
14:    }
15:  </script>
16:  </head>
17:  <body>
18:      输入视频的网址： <input type="text" id="myVideoURL">
19:      <input type="button" value=" 播放 " onclick="playVideo()">
20:      <video id="myVideo"></video>
21:  </body>
22:</html>
```

<\Ch19\video5.html>

- 第 18 行：在网页上插入一个单行文本框供用户输入视频的网址。
- 第 19 行：在网页上插入一个按钮，上面显示的文字为"播放"，同时通过 onclick 属性设置当用户按下此按钮时，就去调用 playVideo()函数，这是一个以 JavaScript 编写的函数，用来获取视频的网址，然后下载并播放视频。
- 第 07~14 行：定义 playVideo()函数，其中第 08 行是将用户输入的网址存放在变量 myVideoURL，第 10 行是将<video>元素的 src 属性设置为用户输入的网址，第 11 行是将<video>元素的 controls 属性设置为 true，以显示控制面板，第 12 行是调用<video>元素的 load()方法下载视频，而第 13 行是调用<video>元素的 play()方法播放视频。

# 19-2　<video>与<audio>元素的事件

除了前述的属性与方法，<video>与<audio>元素还有事件，而且可以把这些事件发生的时间归纳成两类，其一是读取媒体数据时，其二是播放媒体数据时。下表为读取媒体数据时所发生的事件（参考自 HTML 5 官方文件）。

| 读取媒体数据时所发生的事件 | 说明 |
|---|---|
| loadstart | 开始寻找媒体数据，此时，networkState 属性等于 NETWORKLOADING |
| progress | 正在读取媒体数据，此时，networkState 属性等于 NETWORK_LOADING |
| suspend | 中断读取媒体数据，此时，networkState 属性等于 NETWORK_IDLE |
| abort | 停止读取媒体数据，但不是因为错误，此时，networkState 属性等于 NETWORK_EMPTY 或 NETWORK_IDLE，视何时停止读取而定 |
| error | 读取媒体资料时发生错误，此时，networkState 属性等于 NETWORK_EMPTY 或 NETWORK_IDLE，视何时停止下载而定 |
| emptied | 当媒体元素的 networkState 属性从不是 NETWORK_EMPTY 切换到 NETWORK_EMPTY 的那一刻 |
| stalled | 读取媒体数据的速度变慢，此时，networkState 属性等于 NETWORK_LOADING |
| loadedmetadata | 读取媒体数据的 metadata，里面可能包括播放长度、画面宽度高度、字幕等信息，此时，readyState 属性等于 HAVE_METADATA 或比第一次大的值 |
| loadeddata | 第一次可以从当前的播放位置演译（render）媒体数据，此时，readyState 属性等于 HAVE_CURRENT_DATA 或比第一次大的值 |
| canplay | 可以开始播放，表示已经读取某个程度的媒体数据，此时，readyState 属性等于 HAVE_FUTURE_DATA 或更大的值 |
| canplaythrough | 预估维持此下载速度的话，就能持续播放到结束，表示已经读取某个程度的媒体数据，此时，readyState 属性等于 HAVE_ENOUGH_DATA |

读取媒体数据时所发生的事件具有一定的发生顺序如下。

1. emptied
2. loadstart
3. loadedmetadata
4. loadeddata
5. canplay
6. canplaythrough

在此过程中，若读取错误，会发生 error 事件；若中断读取，会发生 suspend 事件；若停止读取，会发生 abort 事件；若读取速度变慢，会发生 stalled 事件；而 progress 事件是只要在读取中，就会持续发生。

至于播放媒体数据时所发生的事件则如下表（参考自 HTML 5 官方文件）。

| 播放媒体数据时所发生的事件 | 说明 |
|---|---|
| play | 最初调用 play()方法或设置 aotuplay 属性开始播放媒体数据，此时，paused 属性等于 false |

（续表）

| 播放媒体数据时所发生的事件 | 说明 |
|---|---|
| Playing | 准备好开始播放（之前可能被暂停或没有媒体数据而导致延迟），此时，readyState 属性等于 HAVE_FUTURE_DATA 或更大的值 |
| timeupdate | 当前的播放位置改变中，表示正在播放 |
| waiting | 等待下一个帧画（frame），此时，readyState 属性等于 HAVE_CURRENT_DATA 或更小的值，paused 属性等于 false，seeking 属性等于 true（表示需要寻找某个新的播放位置） |
| seeking | seeking 属性变为 true |
| seeked | seeking 属性变为 false |
| volumechange | volume 或 muted 属性有更新 |
| ended | 因为抵达媒体数据的结尾而停止播放，即播放结束，此时，ended 属性等于 true |
| durationchange | duration 属性的值有更新 |
| pause | 媒体元素被暂停，在调用 pause()方法时会发生 pause 事件，此时，paused 属性等于 true |
| ratechange | playbackRate 属性有更新 |

同样的，播放媒体数据时所发生的事件也具有一定的发生顺序如下：

1. play
2. playing
3. timeupdate（只要在播放中，就会持续发生）
4. ended

我们来简单示范如何使用 JavaScript 捕捉<video>元素的事件，然后加入自行编写的事件处理程序。下面的例子改写自<\Ch19\video5.html>，它会捕捉<video>元素的 ended 事件，一旦捕捉到该事件，表示视频已经播放完毕，此时，就利用自行编写的事件处理程序在视频下方显示视频播放时间。在充分了解其中的技巧后，就可以试着举一反三，捕捉其他事件并利用事件处理程序对您专属的媒体播放程序做更多的调控。

```
01:<!doctype html>
02:<html>
03:  <head>
04:    <meta charset="utf-8">
05:    <title> 影音多媒体 </title>
06:    <script>
07:      function playVideo(){
08:        var myVideoURL = document.getElementById("myVideoURL").value;
09:        var myVideo = document.getElementById("myVideo");
```

```
10:        myVideo.src = myVideoURL;
11:        myVideo.controls = true;
12:        myVideo.load();
13:        myVideo.play();
14:        myVideo.addEventListener("ended", function(){
15:            var showTime = document.getElementById("showTime");
16:              showTime.innerHTML = " 视频播放时间为 " + myVideo.duration + " 秒 ";
17:        }, false);
18:        }
19:  </script>
20:  </head>
21:  <body>
22:      输入视频的网址：<input type="text" id="myVideoURL">
23:      <input type="button" value=" 播放 " onclick="playVideo()">
24:      <video id="myVideo"></video>
25:      <p id="showTime"></p>
26:  </body>
27:</html>
```

<\Ch19\video6.htm>（接上页 2/2）

- 第 25 行：插入一个段落，将其 id 属性设置为"showTime"，当视频播放完毕时，就会在此段落显示视频播放时间。
- 第 14~17 行：利用 addEventListener()方法捕捉 ended 事件并编写事件处理程序，其中第 16 行是将段落的内容设置为<video>元素的 duration 属性，也就是视频的播放长度。提醒您，addEventListener()方法的语法如下，参数 *event* 是要捕捉的事件，参数 *function* 是要执行的函数，而参数 *useCapture* 是布尔值，通常为 false，表示当内层和外层元素都发生了参数 *event* 指定的事件时，先从内层元素开始执行处理程序：

addEventListener(*event*, *function* [, *useCapture*])

这个例子的浏览结果如下图。

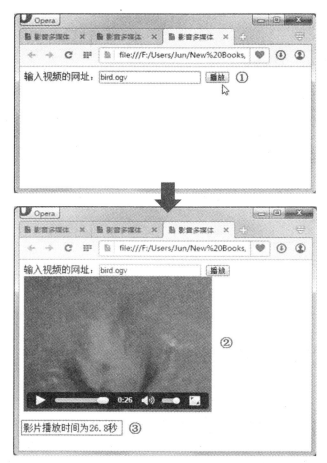

①输入视频的网址后按[播放]；②开始下载并播放视频；③当视频播放完毕时会显示播放时间

# 第 20 章

## Drag and Drop API

# 20-1　网页元素的拖放操作

早在 HTML 5 提供 Drag and Drop API 之前，Microsoft 公司就已经在 Internet Explorer 5 内置拖放功能的 API，而您或许也曾在一些网页上体验过拖放操作，例如将网页上的某个区域拖放到另一个位置，只是这些拖放操作不一定是通过专用的 API，也有可能是采用以事件为基础的拖放机制（event-based drag-and-drop mechanism），也就是藉由诸如 mousedown、mousemove、mouseup 等一连串的鼠标事件来实现的。

在 HTML 5 将 Drag and Drop API 纳入标准规格后，就可以将网页上的元素拖放到其他位置，若再搭配其他 API，例如 File API，甚至可以让用户将文件拖放到浏览器，类似的功能目前正在制定与测试中，未来会有更多浏览器支持。

现在，就以下面的例子<\Ch20\drag1.html>示范如何在网页上拖放元素。

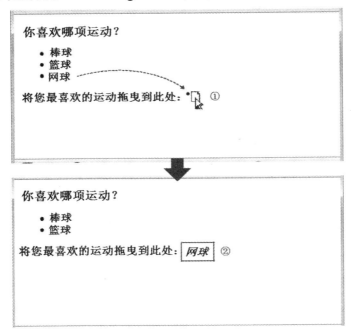

①将运动名称从列表中拖放到<p>元素；②运动名称变成斜体并从清单中删除

这个例子主要包含下列三个步骤，以下各小节有详细的说明。

1. 指定拖曳来源并处理拖曳开始事件（设置来源元素的 draggable 属性并编写 dragstart 事件处理程序）。

2. 指定放置目标并处理放置事件（设置目标元素的 dropzone 属性并编写 drop 事件处理程序）。

3. 处理拖曳结束事件（编写 dragend 事件处理程序）。

## 20-1-1　指定拖曳来源并处理拖动开始（dragstart）事件

首先，来说明拖放操作所涉及的两个对象，第一个对象是拖动来源，这有可能是网页上的元素，也有可能是其他应用程序，比方说，这个例子的拖曳来源位于网页上方的项目，即 <li> 元素；而第二个对象是放置目标，这同样有可能是网页上的元素，也有可能是其他应用程序，比方说，这个例子的放置目标位于网页下方的段落，即 <p> 元素。

在默认的情况下，网页上多数的元素是不接受拖动的，若要将元素指定为拖动来源，可以加上 draggable="true" 属性，例如下面的程序语句是令 <li> 元素接受拖动：

```
<li draggable="true"> 棒球 </li>
```

draggable 属性的值有下列几种。

- true：表示接受拖动。
- false：表示不接受拖动。
- 不指定：表示 auto，这取决于浏览器的具体实现，通常 <img> 元素或以 href 属性指定的 <a> 元素默认接受拖动，其他元素则默认不接受拖动。

在指定拖动来源后，还要针对 dragstart（拖曳开始）事件编写处理程序，主要的任务就是将拖曳来源的数据放进 DataTransfer 对象，同时设置所允许的动作，例如复制（copy）、移动（move）、链接（link）或其他组合。

根据前面的讨论，可以将程序代码编写成如下。

```
01:<!doctype html>
02:<html>
03:<head>
04:  <meta charset="utf-8">
05:  <title> 拖放操作 </title>
06:  </head>
07:  <body>
08:  <p> 你喜欢哪项运动？ </p>
09:    <ul ondragstart="dragStartHandler(event)">
10:    <li draggable="true" data-sport="baseball"> 棒球 </li>
11:    <li draggable="true" data-sport="baseketball"> 篮球 </li>
12:    <li draggable="true" data-sport="tennis"> 网球 </li>
13:    </ul>
14:
15:    <script>
16:      function dragStartHandler(event) {
17:        // 检查产生 dragstart 事件的元素是否为 <li> 元素
18:        if (event.target instanceof HTMLLIElement) {
```

```
19:         // 将拖曳来源的数据（此例为 data-sport 属性的值）放进 DataTransfer 对象
20:             event.dataTransfer.setData('text/plain', event.target.dataset.sport);
21:         // 设置允许搬移的动作
22:             event.dataTransfer.effectAllowed = 'move';
23:         } else {
24:         // 取消不是 <li> 元素的拖放操作
25:             event.preventDefault();
26:         }
27:     }
28:   </script>
29: </body>
30:</html>
```

<\Ch20\drag1.html>

- 第 09 行：在<ul>元素加入 ondragstart="dragStartHandler(event)"属性，表示项目符号列表一产生 dragstart 事件，就执行 dragStartHandler(event）处理程序。

- 第 10、11、12 行：在每个<li>元素加入 draggable="true"属性，令<li>元素接受拖动。请注意，同时在每个<li>元素加入 HTML 5 新增的全局属性 data-*，用来自定义属性，以传送信息给 JavaScript 程序，比方说，第 10 行加入了一个自定义属性 data-sport，其值为"baseball"，当在 JavaScript 程序代码中存取该自定义属性的值时，可以通过 element.dataset.sport 的形式，例如第 20 行的 event.target.dataset.sport 指的就是自定义属性 data-sport 的值。

- 第 16~27 行：定义 dragStartHandler(event）处理程序，其中：
    - 第 18 行：检查产生 dragstart 事件的元素是否为<li>元素。
    - 第 20、22 行：若是<li>元素，就执行第 20 行，调用 DataTransfer 对象 setData()方法将拖动来源的数据（此例为 data-sport 属性的值）放进 DataTransfer 对象，然后执行第 22 行，利用 DataTransfer 对象 effectAllowed 属性将所允许的动作设置为 move（移动）。有关 DataTransfer 对象的方法与属性，第 20-3 节有进一步的介绍。
    - 第 25 行：若不是<li>元素，就执行第 25 行，取消与事件关联的默认操作，即取消处理拖放操作。

此时的浏览结果如下图，<li>元素虽然接受拖动，但由于尚未设置放置目标，因此，无论将项目拖动到哪里，鼠标指针都会呈现禁止的图标。

## 20-1-2　指定放置目标并处理放置（drop）事件

接下来，要指定放置目标并处理放置（drop）事件。在默认的情况下，网页上的元素是不接受放置的，若要将元素指定为放置目标，可以使用 dropzone 属性集合，该属性集合的值有下列几种，默认为 copy。

- copy：表示放置的动作会把被拖动的数据复制到新的位置。
- move：表示放置的动作会把被拖动的数据移动到新的位置。
- link：表示放置的动作会链接到被拖动的数据。

此外，我们还可以利用 dropzone 属性集合指定数据的类型，例如：

- string:text/plain：表示纯文本字符串。
- file:image/png：表示 PNG 图片文件。
- file:image/gif：表示 GIF 图片文件。
- file:image/jpeg：表示 JPG 图片文件。

这么一来，就可以通过类似 dropzone="move string:text/plain"的写法，来表示放置的动作会把被拖动的纯文本字符串移动到新的位置。

在指定放置目标后，还要针对 drop（放置）事件编写处理程序，主要的任务就是从 DataTransfer 对象取出被拖动的数据，然后做进一步的处理。

延续上一节的例子，可以在第 28 行的后面加入下列的程序代码，其中第一行程序语句除了在<p>元素加上 dropzone="move string:text/plain"属性，将<p>元素指定为放置目标，还加上 ondrop="dropHandler(event)"属性，将 drop（放置）事件的处理程序指定为 dropHandler(event)，然后在接下来的 JavaScript 程序代码中定义 dropHandler(event)，令它从 DataTransfer 对象取出被拖动的数据，然后根据这些数据在放置目标显示相对应的运动名称。

```
<p dropzone="move string:text/plain" ondrop="dropHandler(event)">
    将您最喜欢的运动拖动到此处：</p> <script>
function dropHandler(event）{
    var destination = document.createElement('i');
```

```
// 从 DataTransfer 对象取出被拖动的数据（此例为 data-sport 属性的值）
var data = event.dataTransfer.getData('text/plain');
// 根据从 DataTransfer 对象取出的数据显示相对应的运动名称
if（data == 'baseball'){
    destination.innerHTML = ' 棒球';
} else if（data == 'baseketball'）{
    destination.innerHTML = ' 篮球 ';
} else if（data == 'tennis'）{
    destination.innerHTML = ' 网球 ';
} else {
    destination.innerHTML = ' 其他运动 ';
}
    event.target.appendChild(destination);
}
</script>
```

此时的浏览结果如下图，可以将最喜欢的运动名称从列表中拖放到<p>元素，而且该运动名称还会变成斜体。

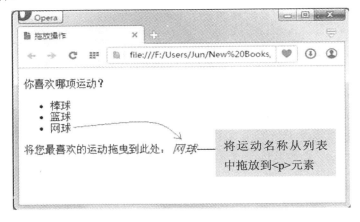

## 20-1-3　处理拖动结束（dragend）事件

在拖放操作的最后，要针对 dragend（拖动结束）事件编写处理程序，主要的任务就是处理一些拖动结束的收尾工作，例如将被拖曳的元素从列表中删除。

延续上一节的例子，加入下列的程序代码（以带颜色的程序语句标记的部分）。

- 第 09 行：加入 ondragend="dragEndHandler(event)"属性，将 dragend（拖动结束）事件的处理程序指定为 dragEndHandler(event)。
- 第 29~32 行：定义 dragEndHandler(event)处理程序，将被拖动的元素从列表中删除。

01:<!doctype html>

```
02:<html>
03:  <head>
04:    <meta charset="utf-8">
05:    <title> 拖放操作 </title>
06:  </head>
07:  <body>
08:    <p> 你喜欢哪项运动？ </p>
09:    <ul ondragstart="dragStartHandler(event)" ondragend="dragEndHandler(event)">
10:      <li draggable="true" data-sport="baseball"> 棒球 </li>
11:      <li draggable="true" data-sport="baseketball"> 篮球 </li>
12:      <li draggable="true" data-sport="tennis"> 网球 </li>
13:    </ul>
14:
15:    <script>
16:      function dragStartHandler(event) {
17:        // 检查产生 dragstart 事件的元素是否为 <li> 元素
18:        if (event.target instanceof HTMLLIElement) {
19:          // 将拖动来源的数据 (此例为 data-sport 属性的值) 放进 DataTransfer 对象
20:            event.dataTransfer.setData('text/plain', event.target.dataset.sport);
21:          // 设置允许移动的操作
22:            event.dataTransfer.effectAllowed = 'move';
23:        } else {
24:          // 取消不是 <li> 元素的拖放操作
25:          event.preventDefault();
26:        }
27:      }
28:
29:      function dragEndHandler(event) {
30:        // 删除被拖动的元素
31:        event.target.parentNode.removeChild(event.target);
32:      }
33:    </script>
34:
35:  <p dropzone="move string:text/plain" ondrop="dropHandler(event)">
36:    将您最喜欢的运动拖动到此处： </p>
37:
38:  <script>
39:    function dropHandler(event) {
40:        var destination = document.createElement('i');
41:        // 从 DataTransfer 对象取出被拖动的数据 (此例为 data-sport 属性的值)
42:        var data = event.dataTransfer.getData('text/plain');
```

```
43:         // 根据从 DataTransfer 对象取出的数据显示相对应的运动名称
44:         if（data == 'baseball'）{
45:             destination.innerHTML = ' 棒球 ';
46:         } else if（data == 'baseketball'）{
47:             destination.innerHTML = ' 篮球 ';
48:         } else if（data == 'tennis'）{
49:             destination.innerHTML = ' 网球 ';
50:         } else {
51:             destination.innerHTML = ' 其他运动 ';
52:         }
53:         event.target.appendChild(destination);
54:     }
55:    </script>
56: </body>
57:</html>
```

<\Ch20\drag1.html>

此时的浏览结果如下图，在将最喜欢的运动名称从列表中拖放到<p>元素后，该运动名称不仅会变成斜体，而且会被从列表中删除。

①将运动名称从列表中拖放到<p>元素；②运动名称变成斜体并从列表中删除

# 20-2　拖放操作相关的事件

拖放操作相关的事件有下列几种。

- **dragstart**：这个事件的通知对象为拖动来源元素，表示拖动开始。
- **drag**：这个事件的通知对象为拖动来源元素，表示拖动中。
- **dragenter**：这个事件的通知对象为拖动中鼠标指针经过的元素，表示拖动进入元素的范围。
- **dragleave**：这个事件的通知对象为拖动中鼠标指针经过的元素，表示拖动离开元素的范围。
- **dragover**：这个事件的通知对象为拖动中鼠标指针经过的元素，表示拖动经过元素的范围。
- **drop**：这个事件的通知对象为放置目标元素，表示放置时。
- **dragend**：这个事件的通知对象为拖曳来源元素，表示拖曳结束。

这些事件均定义在 DragEvent 接口，而 DragEvent 接口有一个重要的属性——dataTransfer，该属性可以用来访问与事件关联的 DataTranfer 对象。DataTranfer 对象对于拖放操作扮演着极为重要的角色，拖曳来源元素的数据会被放进 DataTranfer 对象，而放置目标元素的数据则是从 DataTranfer 对象取出，下一节就为您介绍 DataTranfer 对象的属性与方法。

# 20-3　DataTransfer 对象的属性与方法

为了增进您对拖放操作的了解，我们来介绍 DataTransfer 对象的属性与方法：

- **dropEffect[=*value*]**：这个属性用来设置或返回拖放操作的类型，可能的值如下，其他类型则会操作失败。
  - ➢ "none"
  - ➢ "copy"
  - ➢ "link"
  - ➢ "move"
- **effectAllowed[= *value*]**：这个属性是在拖放操作的 dragenter 和 dragover 事件期间，用来初始化 dropEffect 属性，在建立 DataTransfer 对象时，effectAllowed 属性会被设置为 value 所指定的值，可能的值如下，其他值则会被忽略。
  - ➢ "none"
  - ➢ "copy"
  - ➢ "copyLink"
  - ➢ "copyMove"
  - ➢ "link"
  - ➢ "linkMove"
  - ➢ "move"
  - ➢ "all"
  - ➢ "uninitialized"
- **items**：这个属性会返回一个与 DataTransfer 对象关联的 DataTransferItemList 对象。

- setDragImage(*element*, *x*, *y*): 这个方法会将参数 *element* 指定的图像设置为拖曳中的反馈图标，参数 *element* 通常是<img>元素，至于参数 *x*、*y* 则是用来调整显示位置的 x、y 坐标。

- addElement(*element*): 这个方法会将参数 *element* 指定的元素加入拖曳中的反馈图标，它和 setDragImage()方法的差别在于会自动根据目前加入的元素产生图像，并在拖曳过程中更新图像，举例来说，假设参数 *element* 为<video>元素，那么在拖曳过程中就会随着视频的播放自动更新图像，而 setDragImage()方法是在被调用的当下就加载指定的图像，不会在拖曳过程中更新图像。

- setData(*format*, *data*): 这个方法会将参数 *data* 指定的数据放进 DataTransfer 对象，若参数 *format* 为"text"，就变更为"text/plain"格式；若参数 *format* 为"url"，就变更为"text/uri-list"格式。

- types: 这个属性会返回在 dragstart 事件中所设置的格式，若有文件被拖动，那么其中一个格式将是"Files"。

- getData(*format*): 这个方法会从 DataTransfer 对象取出数据，若没有数据，就返回空字符串。

- clearData([*format*]): 这个方法会从 DataTransfer 对象删除参数 *format* 指定之格式的数据，若省略参数 *format*，就删除所有数据。

- files: 这个属性会返回一个 FileList 对象，该对象为被拖动的文件集合。

下面举一个例子，用来示范除了文字之外，我们也可以拖动网页上的图像，其浏览结果如下图。

①按住鼠标左键将图片拖动到此处；②放开鼠标左键将图片放置在此处

```
<!doctype html>
<html>
  <head>
    <meta charset="utf-8">
    <title> 拖放操作 </title>
  </head>
  <body>
    <img src="jp1.jpg" width="100">
    <img src="jp2.jpg" width="100"> <hr>
    <p dropzone="move string:text/plain" ondrop="dropHandler(event)" ondragover="dragoverHandler(event)">
        将您最喜欢的照片拖动到此处：</p>
    <script>
      //drop 事件处理程序（用来从 DataTransfer 对象取出被拖动的数据并显示出来）
        function dropHandler(event）{
          // 建立一个 <img> 元素做为放置目标
          var destination = document.createElement('img');
          // 取出被拖动的数据（此例为图像的路径）并指派给 <img> 元素的 src 属性
          destination.src = event.dataTransfer.getData('text/plain'); event.target.appendChild(destination);
        }
      //dragover 事件处理程序（用来取消浏览器默认的操作）
        function dragoverHandler(event）{
          event.preventDefault();
        }
    </script>
  </body>
</html>
```

　　<\Ch20\drag2.html>

# 第 21 章

## Geolocation API

# 21-1　HTML 5 的地理定位功能

"地理定位"是 HTML 5 非常酷的一项新功能，它可以找出用户的位置，然后与可信任的用户代理程序分享位置信息。W3C 针对地理定位功能提供了一组 Geolocation API，不过，Geolocation API 并没有纳入 W3C HTML 5 的核心文件，而是单独发布的文件（http://dev.w3.org/geo/api/spec-source.html）。

随着智能手机、平板电脑等移动设备日益普及，更凸显出这项新功能的实用性，举例来说，只要用户允许浏览器获取其位置信息，就可以在地图上标记用户的位置、提供距离用户最近的门市或观光景点、追踪用户的移动路线或移动距离等。

所谓"位置信息"主要是指纬度（latitude）与经度（longitude），HTML 5 是采用十进制格式表示纬度与经度，例如台北市内湖区的纬度约 25.093596、经度约 121.594077，而高雄市的纬度约 22.638095、经度约 120.325699。除了纬度与经度之外，HTML 5 的地理定位功能还提供准确度（accuracy），这指的是所侦测的位置与实际位置的误差范围。

至于位置信息是从哪来的呢？事实上，Geolocation API 并没有指明设备应该使用何种技术获取位置信息，只是很简单地提供了下列三个方法（后续的小节有进一步的说明）。

- void getCurrentPosition(PositionCallback *successCallback* , optional PositionErrorCallback *errorCallbac*k, optional PositionOptions *options*)：单次取 得用户的位置。
- long watchPosition(PositionCallback *successCallback*, optional PositionErrorCallback *errorCallbac*k, optional PositionOptions *options*)：持续追踪用户的位置。
- void clearWatch(long *watchId*)：取消追踪用户的位置。

设备通常可以通过下列几种来源获取位置信息。

- IP 地址：通过 IP 地址获取位置信息听起来很直觉，却不一定准确，因为所获取的位置信息可能是提供 IP 地址给用户，位于数千米或数十千米外的 ISP，而不是用户真正的位置。
- GPS：这是利用设备上的 GPS 芯片进行定位，误差范围可以缩小到几米之内，优点是定位较准确，缺点则是定位速度较慢，因为 GPS 芯片较耗电，移动设备通常会关闭 GPS 芯片，等到有需要的时候才开启，所以在完成初始化到定位完毕，往往需要等待一段延迟时间。

注：GPS（Global Positioning System，全球定位系统）是由美国国防部所建立，该系统在 6 个轨道上使用 24 颗人造卫星，通过接收器接收并分析人造卫星返回来的信号，进而决定接收器的地理位置，以应用于地面与海上导航，目前有许多移动设备内置 GPS 芯片。

- 移动电话基地台或无线上网热点（例如 Wi-Fi、蓝牙）：这是根据用户与移动电话基地台或无线上网热点的距离，通过三角定位的方式来获取位置信息，优点是定位速度较快，而且不需要配备精密的 GPS 芯片，缺点则是定位较粗略，误差范围可能是几米或千米。

- 用户输入：与其让设备自行侦测位置，网页提供一个接口让用户输入地址或选择所在的区域，也不失为一个好主意，这样就不用担心误差范围太大或延迟时间太久，现在有不少餐厅或商店的网站就是让用户先选择所在的区域，然后再显示该区域内的分店信息。

# 21-2  使用 Geolocation API

## 21-2-1  测试浏览器的地理定位功能

地理定位功能虽然是新颖的技术，但诸如 Opera 10.5+、Chrome 3.0+、Safari 4.0+、FireFox 3.5+、Internet Explorer 9 等浏览器均已经支持 Geolocation API，可以通过类似如下的程序代码测试浏览器是否支持 Geolocation API 。

```
<script>
    // 若 navigator.geolocation 对象存在，就表示支持 Geolocation API，否则表示不支持
    if（navigator.geolocation）{
        alert(" 本浏览器支持 HTML5 Geolocation API ！ ");
    }
    else {
        alert(" 本浏览器不支持 HTML5 Geolocation API ！ ");
    }
</script>
```

<\Ch21\geo0.html>

这段程序代码在 Opera 与 Internet Explorer 9 执行会分别出现如下图的对话框，表示支持 Geolocation API。

移动设备上的浏览器对于 Geolocation API 的支持程度也相当不错，前述的程序代码在 iPad 与 iPhone 执行会分别出现如下图的对话框，表示支持 Geolocation API。

## 21-2-2　单次获取用户的位置

Geolocation API 总共就只有三个方法——getCurrentPosition()、watchPosition()、clearWatch()，getCurrentPosition()用来单次获取用户的位置，其语法如下。

> void getCurrentPosition(PositionCallback *successCallback*, optional PositionErrorCallback *errorCallback*, optional PositionOptions *options*)

- *successCallback*：这个参数用来告诉浏览器在获取位置信息成功时，应该调用哪个函数。
- *errorCallback*：这个可选参数用来告诉浏览器在获取位置信息失败时，应该调用哪个函数。
- *options*：这个可选参数用来提供一个 options 对象给地理定位服务，以指定搜集数据的选项，例如设置等候超时的时间。

基于隐私权的考虑，HTML 5 规格书中有提到：在用户表示允许之前，用户代理程序不得将位置信息传送给网站，因此，当用户第一次连接到使用 Geolocation API 的网站时，浏览器必须清楚地询问用户是否允许地理定位功能，除非用户表示允许，才能继续后面的操作，以下各图分别是 Opera、Internet Explorer 9、iPhone Safari 等浏览器的询问画面。

请注意，有些浏览器可以选择永远允许或允许一次，为了保护隐私，建议选择允许一次。

❖ **getCurrentPosition()方法的第一个参数**

getCurrentPosition()方法的第一个参数用来告诉浏览器在获取位置信息成功时，应该调用哪个函数，例如下面的程序语句是指定要调用 geoSuccess()函数：

`navigator.geolocation.getCurrentPosition(geoSuccess);`

至于 geoSuccess()函数要做什么，就视实际的应用而定，比方说，在 Google Maps 上标记用户的位置、从数据库中查询距离用户最近的门市或观光景点、追踪用户的移动路线等。

下面举一个例子，它会调用 getCurrentPosition()方法获取用户的位置，然后在 Google Maps 上标记该位置并显示其纬度与经度。下图分别是 Opera 与 iPhone Safari 的执行画面。

`01:<!doctype html>`

```
02:<html>
03:  <head>
04:    <meta charset="utf-8">
05:    <title>Geolocation API</title>
06:    <script type="text/javascript" src="http://maps.google.com/maps/api/js?sensor=false">
07:    </script>
08:    <script>
09:    // 调用 getCurrentPosition()方法获取用户的位置
10:    navigator.geolocation.getCurrentPosition(geoSuccess);
11:
12:    // 在获取位置信息成功时，调用 geoSuccess()函数
13:    function geoSuccess(position){
14:      var geocoder = new google.maps.Geocoder();
15:      var latlng = new google.maps.LatLng(position.coords.latitude, position.coords.longitude);
16:      var myOptions = {zoom:10,center:latlng,mapTypeId:google.maps.MapTypeId.ROADMAP};
17:      var map = new google.maps.Map(document.getElementById("map_canvas"), myOptions);
18:      var marker = new google.maps.Marker({map:map, position:latlng});
19:      document.getElementById("msg").innerHTML=" 纬度： "+ position.coords.latitude + "\t 经度： " +
              position.coords.longitude;
20:    }
21:    </script>
22:  </head>
23:  <body>
24:    <div id="map_canvas" style="width:500px; height:500px;"></div>
25:    <p id="msg"></p>
26:  </body>
27:</html>
```

<\Ch21\geo1.html>

- 第 06、07 行：载入 Google Maps API，这些 API 是以 JavaScript 所编写的。当您使用 Google Maps API 时，必须通过 sensor 参数指明应用程序是否有使用传感器（例如 GPS 定位器）来判断用户的位置，此处因为没有使用传感器，所以是传送 sensor=false。

- 第 10 行：调用 getCurrentPosition()方法获取用户的位置，此处只有传入一个参数 geoSuccess，表示在获取位置信息成功时，调用 geoSuccess()函数。

- 第 13~20 行：定义 geoSuccess()函数，它会在 Google Maps 上标记用户的位置并显示 其纬度与经度。

- 请注意，geoSuccess()函数只有一个参数，这是一个 position 对象，包含用户的位置信息。position 对象有两个属性——timestamp 与 coords，timestamp 是获取位置信息的时间（从 1970/1/1 开始所经过的毫秒数），而 coords 是进一步的位置信息，包含下列的只读属性。

> ➤ latitude: 纬度（采用十进制格式）。
> ➤ longitude: 经度（采用十进制格式）。
> ➤ accuracy: 精确度（以米为单位），这指的是所侦测的位置与实际位置的误差范围，建议您在获取位置信息时可以检查 accuracy 属性的值，若误差范围太大，就改成让用户输入地址或选择所在的区域。
> ➤ altitude: 海拔高度（以米为单位）。
> ➤ altitudeAccuracy: 海拔高度的精确度（以米为单位）。
> ➤ heading: 设备的行进方向，以面向正北方顺时针方向的角度来表示，即 $0° \leqslant$ heading $< 360°$，若设备是静止不动的（即 speed 属性为 0），则其值为 NaN。
> ➤ speed: 设备的行进速度（以米/秒为单位）。

浏览器不一定支持 altitude、altitudeAccuracy、heading、speed 等属性，若浏览器尚未支持这些属性，则其值为 null。

- 第 14 行: 建立一个隶属于 google.maps.Geocoder 类的对象，然后赋值给变量 geocoder，用来存放地理编码的结果，所谓"地理编码"就是将地址转换为地理坐标，例如高雄市可以转换为纬度 22.638095、经度 120.325699。
- 第 15 行: 建立一个隶属于 google.maps.LatLng 类的对象，然后赋值给变量 latlng，用来存放纬度与经度，此处是将默认的纬度与经度赋值为第 10 行所获取的位置信息，即 position.coords.latitude 与 position.coords.longitude。
- 第 16 行: 定义一个变量 myOptiopn，用来指定地图选项，包括缩放比例为 10、中心点为变量 latlng 所指定的纬度与经度、地图类型为默认的 2D 地图。
- 第 17 行: 建立一个隶属于 google.maps.Map 类的对象，然后赋值给变量 map，用来存放地图，而且该地图会显示在 HTML 网页中 id 属性为"map_canvas"的元素内，此处指的是第 24 行所插入的<div>...</div>区块。
- 第 18 行: 建立一个 marker 在 Google Maps 标记第 10 行所获取的位置。
- 第 19 行: 在地图下面的段落显示位置信息的纬度与经度。

❖ **getCurrentPosition()方法的第二个参数**

在前面的例子中，我们并没有在 getCurrentPosition()方法传入第二个参数，这个可选参数用来告诉浏览器在获取位置信息失败时，应该调用哪个函数，例如下面的程序语句是指定要调用 geoError()函数。

```
navigator.geolocation.getCurrentPosition(geoSuccess, geoError);
```

建议您在此处编写错误处理函数，因为浏览器不见得每次都能获取位置信息成功，可能是用户不允许访问其位置，也可能是设备刚好收不到信号或没电。

错误处理函数只有一个参数，这是一个 error 对象，包含错误信息。error 对象有两个属性——message 与 code，message 是错误信息，即描述发生错误的原因，而 code 是错误代码，其值有下列几种。

- PERMISSION_DENIED（数值 1）：用户不允许访问其位置。
- POSITION_UNAVAILABLE（数值 2）：无法获取用户的位置。
- TIMEOUT（数值 3）：等候超时。

例如下面的错误处理函数会在获取位置信息失败时，显示发生错误的原因。

```
function geoError(error){
    switch（error.code）{
        case 1:
            alert(" 用户不允许访问其位置 "); break;
        case 2:
            alert(" 无法获取用户的位置 "); break;
        case 3:
            alert(" 等候超时 ");
            break;
    }
}
```

❖ **getCurrentPosition()方法的第三个参数**

getCurrentPosition()方法的第三个参数是一个可选参数，用来提供一个 options 对象给地理定位服务，以指定搜集数据的选项，包括：

- enableHighAccuracy：告诉浏览器启用高准确度模式提供地理定位服务，此选项默认为 false，表示不启用。请谨慎设置 enableHighAccuracy 选项，有时就算将它设置为 true，也不一定比较准确，但却比较费时或耗电，因为可能要启用设备上的 GPS 芯片进行定位。
- timeout：设置等候超时的时间（以毫秒为单位），一旦浏览器超过指定的时间尚未获取位置信息，就调用错误处理函数。此选项默认为 Infinity 或 0，表示无时间限制。
- maximumAge：设置位置信息的有效时间（以毫秒为单位），一旦超过有效时间，浏览器就必须舍弃旧的位置信息并试着去获取新的位置信息。此选项默认为 0，表示浏览器每次发出新的要求，都必须去获取新的位置信息。

例如下面的程序语句是利用第三个参数加入 timeout:15000 选项，将等候超时的时间设置为 15 秒钟，一旦浏览器超过 15 秒钟尚未获取位置信息，就调用错误处理函数，此时 error.code（错误代码）的值会被设置为 TIMEOUT：

```
navigator.geolocation.getCurrentPosition(geoSuccess, geoError, {timeout:15000});
```

至于下面的程序语句则是比前一条程序语句多加入 maximumAge:300000 选项，将位置信息的有效时间设置为 5 分钟，一旦超过 5 分钟，浏览器就必须试着去获取新的位置信息。

```
navigator.geolocation.getCurrentPosition(geoSuccess, geoError, {
    timeout:15000,
    maximumAge:300000
});
```

## 21-2-3　持续追踪用户的位置与取消追踪

对于某些网页应用程序来说，单次获取用户的位置是不够的，例如要在地图上持续标记用户的活动路径、累计移动距离等，此时可以使用 Geolocation API 提供的 watchPosition()方法持续追踪用户的位置，其语法如下。

```
long watchPosition(PositionCallback successCallback, optional PositionErrorCallback errorCallback,
    optional PositionOptions options)
```

watchPosition()方法的参数和 getCurrentPosition()方法相同，此处不再重复讲解，要注意的是 watchPosition()方法有返回值，该值可以当作参数传递给 clearWatch()方法，以取消追踪，clearWatch()方法的语法如下。

```
void clearWatch(long watchId)
```

下面举一个例子。

```
<script>
    // 调用 watchPosition()方法持续追踪用户的位置
    var watchId = navigator.geolocation.watchPosition(geoSuccess);
    // 在成功获取位置信息时，调用 geoSuccess()函数，此例是显示纬度与经度
    function geoSuccess(position){
        document.getElementById("msg").innerHTML = " 纬度：" + position.coords.latitude +
                                                    "\t 经度：" + position.coords.longitude;
    }
    ...
    // 调用 clearWatch()方法取消追踪用户的位置
    navigator.geolocation.clearWatch(watchId);
</script>
```

# 附录

## HTML 框架元素

# A-1　建立框架——<frameset>、<frame>、<noframes>元素

框架（frame）通常会将浏览器窗口分割为两个或以上的部分，每个部分链接至不同的HTML文件，以下图为例，这个网页水平分割为上下两个框架，而上方框架又垂直分割为左右两个框架，其中左上方框架具有导航栏（navigation bar）的功能，当用户点选左上方框架内的"图片"时，右上方框架就会显示玉兰花的图片，而当用户点选左上方框架内的"介绍"时，下方框架就会显示玉兰花的介绍文字。

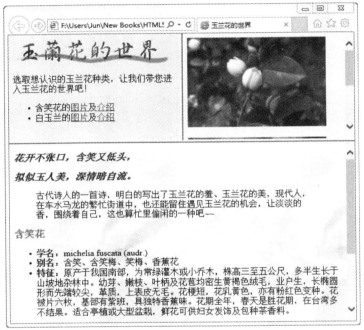

从这个例子我们知道，除了水平分割为上下框架之外，网页也可以垂直分割为左右框架，而且不限定只能分割为两个框架，超过两个框架也是没问题的，具体视网页实际的设计而定。

原则上，无论网页分割为几个框架，我们通常会将其中一个框架设计为导航栏，导航栏是一组链接至网站内其他网页的超链接，用户可以通过导航栏穿梭往返于网站的各个网页之间。

建立框架的步骤可以简单归纳如下。

1. 使用<frameset>元素指定框架的数目、大小与位置。
2. 制作框架的内容。
3. 使用<frame>元素指定框架的格式，例如边界、框线等。
4. 用<noframes>元素针对不支持框架的浏览器设计内容。

❖　**<frameset>元素**

<frameset>元素包含框架的定义，其属性如下。

- cols="...": 指定垂直框架，这个属性的值是垂直框架的数目或垂直框架的宽度（像素数或窗口宽度比例并以逗号隔开），例如下面的程序语句是将网页分割为左中右三个框架，左方框架的宽度为浏览器宽度的 10%，中间框架的宽度为 100 像素，剩下的就是右方框架的宽度：

```
<frameset cols="10%,100,*">...</frameset>
```

- rows="...": 指定水平框架，这个属性的值可以是水平框架的数目或水平框架的高度（像素数或窗口高度比例并以逗号隔开）。
- border="*n*": 指定每个框架的框线大小（*n* 为像素数，仅适用于 IE）。
- bordercolor="*color* | *#rrggbb*": 指定每个框架的框线颜色（仅适用于 IE）。
- 第 2-2-1 节、2-2-2 节所介绍的全局属性和事件属性。

**注意**

HTML 5 已经删除了<frame>、<frameset>、<noframes>等元素，转而鼓励网页设计人员改用 CSS 进行类似的版面设计，唯一被保留下来的是用来嵌入浮动框架的<iframe>元素。

❖　**<frame>元素**

<frame>元素用来指定某个框架的来源网页和属性，它必须放在<frameset>元素里面，而且没有结束标签，其属性如下。

- frameborder="{1,0}": 指定是否显示框架的框线（1 表示是，0 表示否）。
- border="*n*": 指定每个框架的框线大小（*n* 为像素数，仅适用于 IE）。
- bordercolor="*color* | *#rrggbb*": 指定每个框架的框线颜色（仅适用于 IE）。
- marginheight="*n*": 指定框架的上下边界大小（*n* 为像素数）。
- marginwidth="*n*": 指定框架的左右边界大小（*n* 为像素数）。
- name="...": 指定框架的名称（限英文且唯一）。
- noresize: 指定不允许用户以鼠标拖曳边框的方式改变框架的大小。
- scrolling="{yes,no,auto}": 指定是否显示框架的滚动条。
- src="*uri*": 指定框架的来源网页相对或绝对地址，例如下面的程序语句是将网页分割为上下两个框架，上方框架的高度为浏览器高度的 2/3，框架名称为 top，来源网页为 1.html；下方框架的高度为浏览器高度的 1/3，框架名称为 bottom，来源网页为 2.html:

```
<frameset rows="2*,*">
```

```
<frame name="top" src="1.html">
<frame name="bottom" src="2.html"> </frameset>
```

- 第 2-2-1 节、2-2-2 节所介绍的全局属性和事件属性。

❖ **<noframes>元素**

<noframes>元素用来指定当遇到不支持框架的浏览器时，可以显示该元素里面的内容，其属性为第 2-2-1 节、2-2-2 节所介绍的全局属性和事件属性。

# A-1-1　指定框架的数目、大小与位置

框架的数目、大小与位置必须使用<frameset>元素的 cols 或 rows 属性来指定，通常是以两个为主，做水平或垂直分割，但实际的数目还是取决于您的设计，至于框架的大小则有下列三种表示方式。

- 以像素为单位：可以采用像素表示框架的高度或宽度，下面举一个例子。

ⓐ 上下框架的高度为 100、200 像素
ⓑ 上方框架的名称及来源网页
ⓒ 下方框架的名称及来源网页
ⓓ <frameset> 元素和 <body> 元素的地位相等，不能同时并存于 HTML 文件

<\ 附录 A\水平框架 1.html>

```
<!doctype html>
<html>
```

```
<head>
  <meta charset="utf-8">
  <title> 示范水平框架 </title>
</head>
<body>
  上方框架的高度为 100 像素
</body>
</html>
```

<\ 附录 A\1-1.html>

```
<!doctype html>
<html>
  <head>
    <meta charset="utf-8">
    <title> 示范水平框架 </title>
  </head>
  <body>
    下方框架的高度为 200 像素
  </body>
</html>
```

<\ 附录 A\1-2.html>

看过如何设计水平框架后，我们来看看垂直框架，下面举一个例子。

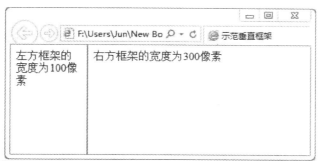

```
<!doctype html>
<html>
  <head>
    <meta charset="utf-8">
    <title> 示范垂直框架 </title>
  </head>
  ⓐ
  <frameset cols="100,300"
  ⓑ<frame name="left" src="1-3.html">
  ⓒ<frame name="right" src="1-4.html">
  </frameset>
```

ⓐ 左右框架的宽度为 100、300 像素
ⓑ 左方框架的名称及来源网页
ⓒ 右方框架的名称及来源网页

```
</html>
```

&lt;\ 附录 A\ 垂直框架 1.html&gt;

```
<!doctype html>
<html>
  <head>
    <meta charset="utf-8">
    <title> 示范垂直框架 </title>
  </head>
  <body>
    左方框架的宽度为 100 像素
  </body>
</html>
```

&lt;\ 附录 A\1-3.html&gt;

```
<!doctype html>
<html>
  <head>
    <meta charset="utf-8">
    <title> 示范垂直框架 </title>
  </head>
  <body>
    右方框架的宽度为 300 像素
  </body>
</html>
```

&lt;\ 附录 A\1-4.html&gt;

- 浏览器窗口缩放比例：可以根据浏览器窗口缩放比例指定框架的高度或宽度，下面举一个例子。

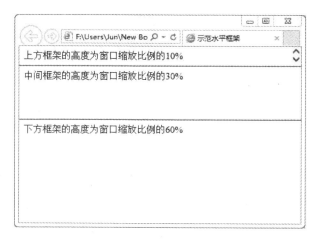

```
<!doctype html>
  <html>
    <head>
      <meta charset="utf-8">
      <title> 示范水平框架 </title>
    </head>      ①
<frameset
②  <frame name="top" src="2-1.html">
③  <frame name="middle" src="2-2.html">
④  <frame name="bottom" src="2-3.html">
  </frameset>
</html>
```

① 框架的高度为窗口的 10%、30%、60%
② 上方框架的名称及来源网页
③ 中间框架的名称及来源网页
④ 下方框架的名称及来源网页

<\ 附录 A\ 水平框架 2.html>

```
<!doctype html>
<html>
  <head>
    <meta charset="utf-8">
    <title> 示范水平框架 </title>
  </head>
  <body>
    上方框架的高度为窗口缩放比例的 10%
  </body>
</html>
```

<\ 附录 A\2-1.html>

```
<!doctype html>
<html>
  <head>
    <meta charset="utf-8">
    <title> 示范水平框架 </title>
  </head>
  <body>
    中间框架的高度为窗口缩放比例的 30%
  </body>
</html>
```

<\ 附录 A\2-2.html>

```
<!doctype html>
<html>
  <head>
```

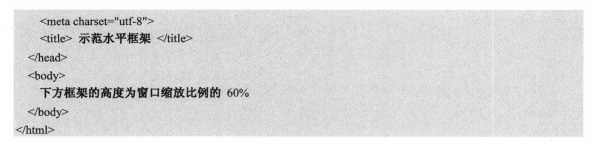

```
    <meta charset="utf-8">
    <title> 示范水平框架 </title>
  </head>
  <body>
    下方框架的高度为窗口缩放比例的 60%
  </body>
</html>
```

&lt;\ 附录 A\2-3.html&gt;

- 以星号（*）表示成比例的框架或剩下的空间：可以采用星号（*）表示高度成比例的
  水平框架或宽度成比例的垂直框架，或结合前述两种表示方式和星号，此时的星号所
  代表的是浏览器窗口剩下的空间。

在下面的例子中，使用&lt;frameset&gt;元素的 rows 属性指定三个水平框架，第二、三个框架
的高度分别为第一个框架的 2、3 倍，换句话说，这三个水平框架的高度分别为窗口高度的
1/6、1/3、1/2。

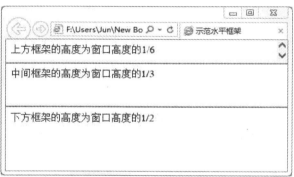

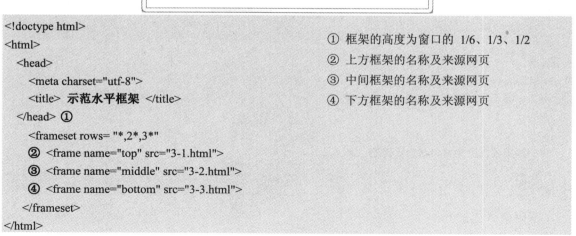

```
<!doctype html>
<html>
  <head>
    <meta charset="utf-8">
    <title> 示范水平框架 </title>
  </head> ①
  <frameset rows= "*,2*,3*">
  ② <frame name="top" src="3-1.html">
  ③ <frame name="middle" src="3-2.html">
  ④ <frame name="bottom" src="3-3.html">
  </frameset>
</html>
```

① 框架的高度为窗口的 1/6、1/3、1/2
② 上方框架的名称及来源网页
③ 中间框架的名称及来源网页
④ 下方框架的名称及来源网页

&lt;\ 附录 A\ 水平框架 3.html&gt;

```
<!doctype html>
```

```
<html>
  <head>
    <meta charset="utf-8">
    <title> 示范水平框架 </title>
  </head>
  <body>
    上方框架的高度为窗口高度的 1/6
  </body>
</html>
```

<\ 附录 A\3-1.html>

```
<!doctype html>
<html>
  <head>
    <meta charset="utf-8">
    <title> 示范水平框架 </title>
  </head>
  <body>
    中间框架的高度为窗口高度的 1/3
  </body>
</html>
```

<\ 附录 A\3-2.html>

```
<!doctype html>
<html>
  <head>
    <meta charset="utf-8">
    <title> 示范水平框架 </title>
  </head>
  <body>
    下方框架的高度为窗口高度的 1/2
  </body>
</html>
```

<\ 附录 A\3-3.html>

## A-1-2 制作框架的内容

在使用<frameset>元素的 cols、rows 属性指定垂直框架或水平框架的数目、大小与位置后，接下来可以使用<frame>元素的 name 属性指定个别框架的名称，然后使用<frame>元素的 src 属性指定各个框架的来源网页，例如<frame name="bottom" src="3-3.html">，来源网页的路径可以采用相对或绝对地址，若来源网页和包含框架的网页位于相同文件夹，可以只写来源网页的文件名，至于来源网页的制作方式则和一般网页相同。

完成如下网页 <\ 附录 A\ 快乐电影 .html>，其中左方框架的宽度为窗口宽度的 25%，来源网页为 a1.html，右方框架的宽度为窗口宽度的 75%，来源网页为 a2.html，同时左方框架的七张图片（movie0.jpg、movie1.jpg ~ movie6.jpg）分别链接至 a2.html、movie1.html~movie6.html 等网页，当用户点选这些图片时，所链接的网页会显示在右方框架（提示：可以使用<a>元素的 target 属性来指定超链接的目标框架）。

提示

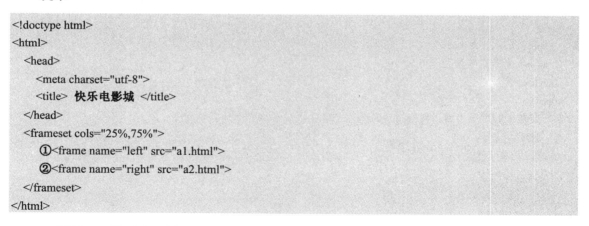

```
<!doctype html>
<html>
  <head>
    <meta charset="utf-8">
    <title> 快乐电影城 </title>
  </head>
  <frameset cols="25%,75%">
    ①<frame name="left" src="a1.html">
    ②<frame name="right" src="a2.html">
  </frameset>
</html>
```

<\ 附录 A\ 快乐电影城 .html>

①指定左方框架的名称及来源网页；②指定右方框架的名称及来源网页

```
<body background="bg1.jpg">
```

```
<a href="a2.html" target="right"><img src="movie0.jpg" border="0"></a>
<a href="movie1.html" target="right"><img src="movie1.jpg" border="0"></a>
<a href="movie2.html" target="right"><img src="movie2.jpg" border="0"></a>
<a href="movie3.html" target="right"><img src="movie3.jpg" border="0"></a>
<a href="movie4.html" target="right"><img src="movie4.jpg" border="0"></a>
<a href="movie5.html" target="right"><img src="movie5.jpg" border="0"></a>
<a href="movie6.html" target="right"><img src="movie6.jpg" border="0"></a>
                          ③                                    ④
</body>
```

<\ 附录 A\a1.html>

③指定所链接的网页显示在右方框架；④取消图片超链接默认的框线

```
<body bgcolor="#ffffac">
  <img src="movie8.jpg" align="center">
<p>"快乐电影城"为了回馈影迷们长期的支持以及响应怀旧电影活动，
    特别精选了一系列的怀旧电影，欢迎有兴趣的影迷们上网查看视频介绍、 播放时间等信息。</p>
</body>
```

<\ 附录　A\a2.html>

## A-1-3　指定框架的格式

可以使用<frame>元素的属性指定各个框架的格式，例如是否显示滚动条、是否允许改变框架的大小、是否显示框线、边界大小等。

- 是否显示框架的滚动条：在默认的情况下，浏览器会视框架的内容是否超过窗口的大小自动决定是否显示框架的滚动条，若要指定无论框架的内容是否超过窗口的大小均不显示框架的滚动条，可以将<frame>元素的 scrolling 属性指定为"no"；若将 scrolling 属性指定为"yes"，表示无论何种情况均显示框架的滚动条；若将 scrolling 属性指定为"auto"，表示由浏览器视实际情况决定是否显示框架的滚动条。

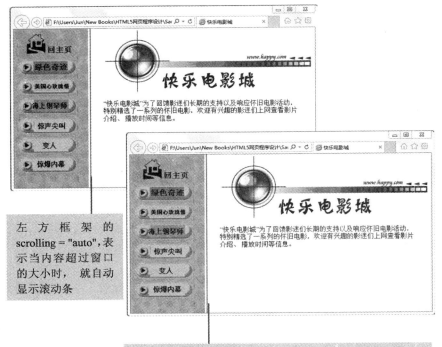

左方框架的 scrolling = "no"，表示当内容超过窗口的大小时，仍不显示滚动条

- 是否允许改变框架的大小：在默认的情况下，用户只要将鼠标指针移到框架的边界，在鼠标指针变成⇔或⇕后，按住鼠标右键拖曳，便能改变框架的大小，若要禁止用户改变框架的大小，可以在框架的<frame>元素加上 noresize 属性，例如：

`<frame name="left" src="a1.html" noresize>`

- 是否显示框架的框线：在默认的情况下，浏览器会显示框架的框线，若要取消框架的框线，可以在框架的<frame>元素加上 frameborder="0"属性，例如：

`<frame name="left" src="a1.html" frameborder="0">`

- 框架的边界大小：若要指定框架内容与上下边界的间距大小，可以使用<frame>元素的 marginheight="n"属性；若要指定框架内容与左右边界的间距大小，可以使用<frame>元素的 marginwidth="n"属性。在下面的例子中，是将右方框架的<frame>元素的 marginwidth 属性指定为 30，令框架内容与左右边界的间距为 30 像素。

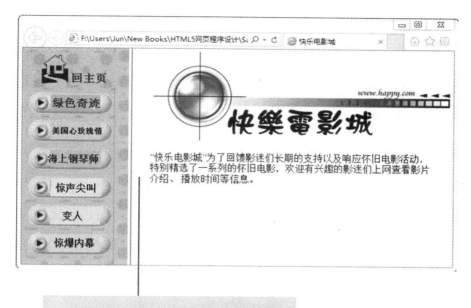

右边框架的 marginwidth="30"，表示框架内容
与左右边界的间距为 30 像素

## A-1-4　针对不支持框架的浏览器设计内容

由于不是所有浏览器都支持框架，当用户以这类浏览器观看框架时，将会看到一片空白，为了让用户了解其中的原因，建议可以在框架的最后，使用<noframes>元素加上说明文字，一旦遇到不支持框架的浏览器，就显示<noframes>元素里面的内容，下面举一个例子。

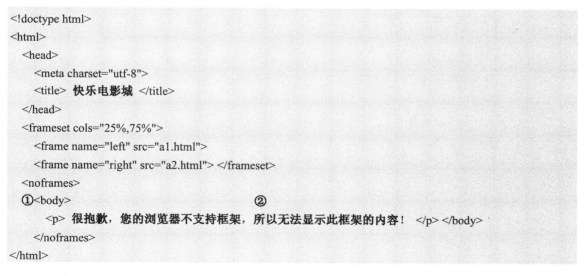

```
<!doctype html>
<html>
  <head>
    <meta charset="utf-8">
    <title> 快乐电影城 </title>
  </head>
  <frameset cols="25%,75%">
    <frame name="left" src="a1.html">
    <frame name="right" src="a2.html"> </frameset>
  <noframes>
①<body>                                ②
    <p> 很抱歉，您的浏览器不支持框架，所以无法显示此框架的内容！ </p> </body>
  </noframes>
</html>
```

　　<\ 附录 A\noframes.html>

①有需要的话，可以使用<body>元素；②当浏览器不支持框架时，就显示此信息

**注意**

虽然<frameset>元素和<body>元素的地位相等，不能同时并存于HTML文件，不过，<body>元素可以放在<noframes>元素里面，以将内容格式化。

## A-2　包含水平框架与垂直框架的网页

前一节所介绍的网页只包含水平框架或垂直框架，但事实上，网页也可以同时包水平框架与垂直框架，下面举一个例子。

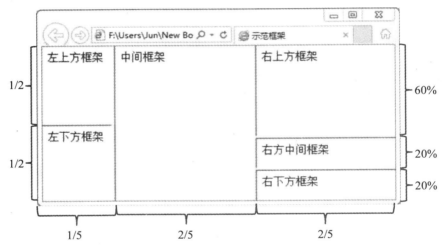

1. 首先，写出网页的开头与结尾，然后加入<frameset>元素，并使用 cols 属性指定左中右三个垂直框架的比例。

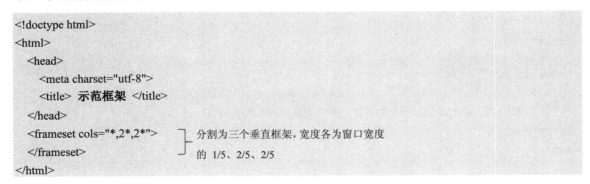

```
<!doctype html>
<html>
  <head>
    <meta charset="utf-8">
    <title> 示范框架 </title>
  </head>
  <frameset cols="*,2*,2*">        分割为三个垂直框架，宽度各为窗口宽度
  </frameset>                       的 1/5、2/5、2/5
</html>
```

2. 接着，在步骤 1 的<frameset>元素里面加入一个<frameset>元素，并使用 rows 属性将左方垂直框架分割为两个水平框架，高度各为窗口高度的 1/2。

```
<!doctype html>
<html>
  <head>
    <meta charset="utf-8">
    <title> 示范框架 </title>
  </head>
  <frameset cols="*,2*,2*">
    <frameset rows="*,*">              分割为两个水平框架，高度各为窗口
    </frameset>                        高度的 1/2
  </frameset>
</html>
```

3. 继续在步骤 1 的<frameset>元素里面加入另一个<frameset>元素，并使用 rows 属性将右方垂直框架分割为三个水平框架，高度各为窗口高度的 60%、20%、20%。

```
<!doctype html>
<html>
  <head>
    <meta charset="utf-8">
    <title> 示范框架 </title>
  </head>
  <frameset cols="*,2*,2*">
    <frameset rows="*,*">
    </frameset>
    <frameset rows="60%,20%,20%">      分割为三个水平框架，高度各为窗口
    </frameset>                        高度的 60%、20%、20%
  </frameset>
</html>
```

4. 最后，使用<frame>元素定义每个框架的名称及来源网页（假设来源网页 l1.html、l2.html、m.html、r1.html、r2.html、r3.html 均已事先制作完毕，可以从在线下载的 "\附录 A" 文件夹内找到这些网页文件）。

```
<!doctype html>
<html>
  <head>
    <meta charset="utf-8">
    <title> 示范框架 </title>
  </head>
  <frameset cols="*,2*,2*">
```

```
    <frameset rows="*,*">
      ①<frame name="left_top" src="l1.html">
      ②<frame name="left_bottom" src="l2.html">
    </frameset>
③   <frame name="middle" src="m.html">
      <frameset rows="60%,20%,20%">
      ④<frame name="right_top" src="r1.html">
      ⑤<frame name="right_middle" src="r2.html">
      ⑥<frame name="right_bottom" src="r3.html">
    </frameset>
  </frameset>
</html>
```

<\ 附录 A\ 结合 .html>

①指定左上方框架；②指定左下方框架；③指定中间框架；④指定右上方框架；⑤指定右方中间框架；⑥指定右下方框架

# A-3　嵌入浮动框架——<iframe>元素

我们可以使用<iframe>元素在 HTML 文件中嵌入浮动框架（inline frame），其属性如下，标记星号（※）的为 HTML 5 新增的属性。

- align="{left,right,center}"（Deprecated）：指定浮动框架的对齐方式。
- name="..."：指定浮动框架的名称（限英文且唯一）。
- src=" "：指定浮动框架的来源网页相对或绝对地址。
- scrolling="{yes,no}"：指定是否显示浮动框架的滚动条。
- width="$n$"：指定浮动框架的宽度（$n$ 为像素数或窗口宽度比例）。
- height="$n$"：指定浮动框架的高度（$n$ 为像素数或窗口高度比例）。
- marginheight="$n$"：指定浮动框架的上下边界大小（$n$ 为像素数）。
- marginwidth="$n$"：指定浮动框架的左右边界大小（$n$ 为像素数）。
- frameborder="{1,0}"：指定是否显示浮动框架的框线。
- border="$n$"：指定浮动框架的框线大小（$n$ 为像素数，仅适用于 IE）。
- bordercolor="$color$ | $#rrggbb$"：指定浮动框架的框线颜色（仅适用于 IE）。
- framespacing="$n$"：指定相邻浮动框架的间距（$n$ 为像素数，仅适用于 IE）
- hspace="$n$"：指定浮动框架的水平间距（$n$ 为像素数，仅适用于 IE）
- vspace="$n$"：指定浮动框架的垂直间距（$n$ 为像素数，仅适用于 IE）。
- seamless（※）：指定以无缝的方式显示浮动框架的内容，令它就像其父文件的一部分，而所谓的父文件就是包含浮动框架的 HTML 文件。

- sandbox="{allow-forms,allow-same-origin,allow-scripts,allow-top-navigation}"（※）：指定一组限制套用到浮动框架的内容。
- srcdoc="..."（※）：指定浮动框架的内容，例如：

```
<iframe seamless sandbox="allow-scripts" srcdoc="<p>Hello World!</p>"></iframe>
```

- 第 2-2-1 节、2-2-2 节所介绍的全局属性和事件属性。

HTML 4.01 提供除了 seamless、sandbox、srcdoc 以外的属性，而 HTML 5 则提供全局属性、事件属性和 src、srcdoc、name、sandbox、seamless、width、height 等属性，下面举一个例子。

```
<!doctype html>
<html>
  <head>
    <meta charset="utf-8">
    <title> 示范浮动框架 </title>
  </head>
  <body>
    <iframe height="250" width="350" src="http://www.sina.com.cn/">
    很抱歉，您的浏览器不支持浮动框架，所以无法显示此框架的内容！
    </iframe>
  </body>
</html>
```

若浏览器不支持浮动框架，就显示此信息

<\ 附录 A\ 浮动框架 .html>

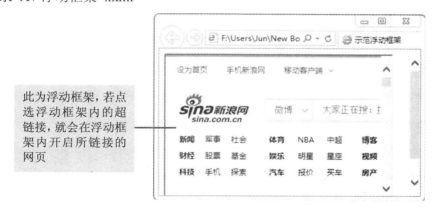

此为浮动框架，若点选浮动框架内的超链接，就会在浮动框架内开启所链接的网页

## A-4　制作导航栏

如第 A-1 节所言，无论网页分割为几个框架，通常会将其中一个框架设计为导航栏，导航栏是一组链接至网站内其他网页的超链接，用户可以通过导航栏穿梭往返于网站的各个网

页之间。

以随堂练习的 <\附录 A\ 快乐电影城 .html> 为例，我们是将左方框架设计为导航栏，当用户点选导航栏的超链接时，所链接的网页就会显示在右方框架。事实上，导航栏可以放在任意框架，只要方便浏览网站就好。

制作导航栏的关键在于使用<a>元素的 target 属性指定所链接的网页要显示在哪个框架，下面举一个例子，这个例子改编自<\Ch05\zoo.html>，目的是希望藉此说明如何使用影像地图做为导航栏，整个网页为<动物园导览.html>，包含左右两个框架，其中左方框架的宽度为窗口宽度的 65%、名称为 left、来源网页为<游园地图.html>，而右方框架的宽度为窗口宽度的 35%，名称为 right，来源网页为<主页.html>。

提醒您，影像地图上的非洲动物区、鸟园及夜行动物馆分别设计成圆形、矩形、多边形等三个热点，并链接至 africa.html、bird.html、night.html，当用户单击热点时，所链接的网页就会显示在右方框架。

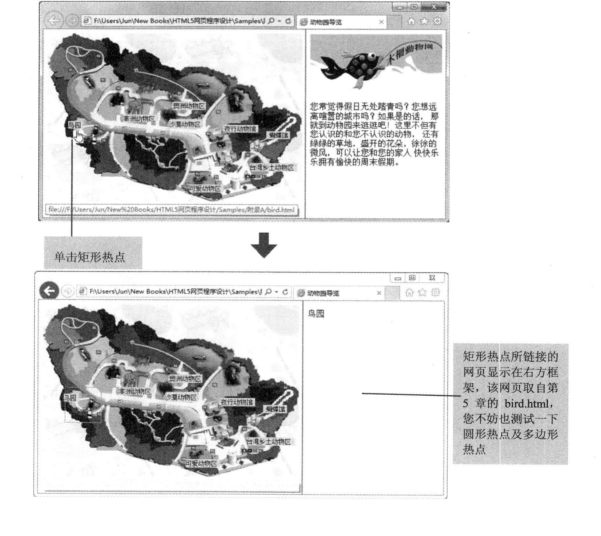

单击矩形热点

矩形热点所链接的网页显示在右方框架，该网页取自第 5 章的 bird.html，您不妨也测试一下圆形热点及多边形热点

这个例子是由六个 HTML 文件所组成的，主网页为<动物园导览.html>，左方框架为<游园地图.html>，右方框架为<主页.html>，左方框架的影像地图具有导航栏的功能，当用户在左方框架中点选非洲动物区、鸟园、夜行动物馆等热点时，所链接的网页 africa.html、bird.html、night.html 就会显示在右方框架。

```
<!doctype html>
<html>
  <head>
    <meta charset="utf-8">
    <title> 动物园导览 </title>
  </head>
  <frameset cols="65%,35%">
    <frame name="left" src=" 游园地图.html">
    <frame name="right" src=" 主页.html">
  </frameset>
</html>
```

<\附录  A\ 动物园导览.html>

```
<!doctype html>
<html>
  <head>
    <meta charset="utf-8">
    <title> 游园地图 </title>
  </head>
  <body>
   <img src="zoo.jpg" border="0" alt=" 木栅动物园游园地图 " usemap="#taipei_zoo">
    <map name="taipei_zoo">
      <area shape="circle" coords="173,152,34" href="africa.html" alt=" 非洲动物区 " target="right">
     <area shape="rect" coords="42,159,110,227" href="bird.html" alt=" 鸟园 " target="right">
      <area shape="poly" coords="338,106,396,125,400,200,300,185" href="night.html"
         alt=" 夜行动物馆 " target="right">
      <area shape=default noref>
    </map>
  </body>
</html>
```

指定热点所链接的网页要显示在哪个目标框架，此例为右方

<\附录  A\游园地图.html>

```
<!doctype html>
<html>
  <head>
    <meta charset="utf-8">
```

```
<title> 主页 </title>
</head>
<body>
<img src="zoo2.jpg">
<p> 您常觉得假日无处踏青吗？您想远离喧嚣的城市吗？如果是的话，那就到动物园来逛逛吧！
这里不但有您认识的和您不认识的动物，还有绿绿的草地，盛开的花朵， 徐徐的微风，可以让
您和您的家人快快乐乐拥有愉快的周末假期。</p>
</body>
</html>
```

&lt;\附录 A\主页.html&gt;

## A-4-1　使用&lt;base&gt;元素的 target 属性指定目标框架

在本节中，传授一个小技巧，由于&lt;\附录 A\游园地图.html&gt;中每个热点的目标框架（target frame）都是名称为"right"的右方框架，为了省去重复编写源代码的麻烦，可以在 HTML 文件的&lt;head&gt;元素里面加上&lt;base target="right"&gt;，如此一来，凡没有使用 target 属性指定目标框架的热点或超链接，其目标框架皆为&lt;base target="right"&gt;所指定的框架，换句话说， &lt;\附录 A\游园地图.html&gt; 可以改写如下。

```
<!doctype html>
<html>
  <head>
    <meta charset="utf-8">
    <title> 游园地图 </title>
    <base target="right">
  </head>
  <body>
    <img src="zoo.jpg" border="0" alt=" 木栅动物园游园地图 " usemap="#taipei_zoo">
    <map name="taipei_zoo">
      <area shape="circle" coords="173,152,34" href="africa.html" alt=" 非洲动物区">
      <area shape="rect" coords="42,159,110,227" href="bird.html" alt=" 鸟园 ">
      <area shape="poly" coords="338,106,396,125,400,200,300,185" href="night.html"
        alt=" 夜行动物馆 ">
      <area shape=default noref> </map>
  </body>
</html>
```

截至目前，分别使用了&lt;a&gt;、&lt;area&gt;、&lt;base&gt;元素的 target 属性，其中&lt;a&gt;元素的 target 属性用来指定超链接所链接的网页要显示在哪个目标框架，&lt;area&gt;元素的 target 属性用来指定热点所链接的网页要显示在哪个目标框架，而&lt;base&gt;元素的 target 属性用来替所有尚未指定目标

框架的超链接或热点指定目标框架。

## A-4-2 特殊的 target 属性值

除了使用 <frame>元素指定框架的名称之外，target 属性的值也可以是如下表的特殊名称。

| target 属性的值 | 说明 |
| --- | --- |
| target="*myframe*" | 将超链接或热点所链接的网页显示在名称为 *myframe* 的框架。 |
| target="_self" | 将超链接或热点所链接的网页显示在当前的框架。 |
| target="_blank" | 将超链接或热点所链接的网页显示在新窗口。 |
| target="_parent" | 将超链接或热点所链接的网页显示在当前文件的父框架。 |
| target="_top" | 将超链接或热点所链接的网页显示在浏览器并取消框架。 |

- 若超链接或热点所链接的网页位于其他网站，而您不希望用户就此离开您的网页，可以使用 target="_blank"，将所链接的网页显示在新窗口，这样您的网页也会保持显示在浏览器。
- 若想将超链接或热点所链接的网页显示在没有框架的网页，可以使用 target="_top"。
- 由于 target 属性可能出现在不同的元素或不同的位置，因此，请留意如下的优先级：
  - 当没有使用 target 属性时，表示将超链接或热点所链接的网页显示在当前的框架。
  - 当使用<base>元素的 target 属性指定目标框架时，表示将全部超链接或热点所链接的网页显示在指定的框架。
  - 当使用<base>元素的 target 属性指定目标框架时，若某个超链接或热点又使用 target 属性指定其他目标框架，那么该超链接或热点所链接的网页显示在其指定的框架，而其他没有分别指定目标框架的超链接或热点仍以<base>元素的 target 属性为主。

一、选择题

（　）1. 若要针对不支持框架的浏览器设计内容，可以使用下列哪个元素？
　　A. <iframe>　　　B. <frame>　　　C. <noframes>　　　D. <frameset>

（　）2. 下列哪个元素可以用来指定各个框架的来源网页？
　　A. <iframe>　　　B. <frameset>　　　C. <noframes>　　　D. <frame>

（　）3. 若要指定网页包含几个垂直框架，可以使用下列哪一个？
　　A. <frame> 元素的 cols 属性　　　B. <frameset> 元素的 cols 属性
　　C. <frame> 元素的 rows 属性　　　D. <frameset> 元素的 rows 属性

（　　）4. 若要禁止用户改变某个框架的大小，可以使用下列哪一个？

    A. &lt;frameset&gt; 元素的 noresize 属性　　　B. &lt;frame&gt; 元素的 noresize 属性

    C. &lt;frameset&gt; 元素的 noscroll 属性　　　D. &lt;frame&gt; 元素的 noscroll 属性

（　　）5. 若要将网页分割为上中下三个框架，高度比例为 3:2:1，应如何
      指定？

    A. &lt;frameset rows="3*,2*,*"&gt;　　　　　B. &lt;frameset rows="*,2*,3*"&gt;

    C. &lt;frameset cols="3*,2*,*"&gt;　　　　　D. &lt;frameset cols="*,2*,3*"&gt;

（　　）6. &lt;frameset&gt; 元素必须放在 &lt;body&gt; 元素里面，对不对？

    A. 对　　　　　　　B. 不对

（　　）7. &lt;body&gt; 元素可以放在 &lt;noframes&gt; 元素里面，以将内容格式化，对不对？

    A. 对　　　　　　　B. 不对

（　　）8. 下列哪个元素的属性无法用来指定目标框架？

    A. &lt;frame&gt;　　　　B. &lt;a&gt;　　　　　C. &lt;area&gt;　　　　D. &lt;base&gt;

（　　）9. 下列叙述哪一个错误？

    A. 若想将所链接的网页显示在没有框架的网页，可以使用 target="_top"

    B. &lt;base&gt; 元素的 target 属性可以用来替所有尚未指定目标框架的超链接或热点指
       定目标框架

    C. target="_blank" 表示将所链接的网页显示在新窗口

    D. 当没有使用 target 属性时，表示将所链接的网页显示在父框架

（　　）10. 若要在 HTML 文件中嵌入浮动框架，可以使用下列哪个元素？

    A. &lt;frame&gt;　　　　　　　　　　　　B. &lt;frameset&gt;

    C. &lt;iframe&gt;　　　　　　　　　　　　D. &lt;noframes&gt;

# 二、实践题

1. 完成如下网页&lt;\附录 A\玉兰花的世界.html&gt;：

- 右上方框架的&lt;图片区.html&gt;有两张图片 flower1.jpg、flower2.jpg，均指定为书签的终
点，名称分别为 "含笑花的图片"、"白玉兰的图片"。

- 下方框架的&lt;介绍区.html&gt;也有两个书签的终点——"含笑花" 和 "白玉兰" 字符串，
名称分别为 "含笑花的介绍"、"白玉兰的介绍"。

- 左上方框架的&lt;目录区.html&gt;有四个书签的起点，第一个 "图片" 字符串、第一个 "介
绍" 字符串、第二个 "图片" 字符串、第二个 "介绍" 字符串，分别链接至 "含笑花
的图片"、"含笑花的介绍"、"白玉兰的图片"、"白玉兰的介绍" 等书签的终点。

- 当用户点选第一、二个 "图片" 字符串时，就会在右上方框架分别显示含笑花和白玉
兰的照片；当用户点选第一、二个 "介绍" 字符串时，就会在下方框架分别显示含笑
花和白玉兰的介绍文字（在线下载的 "\附录 A" 文件夹内有文本文件 flower.txt 以供
使用）。

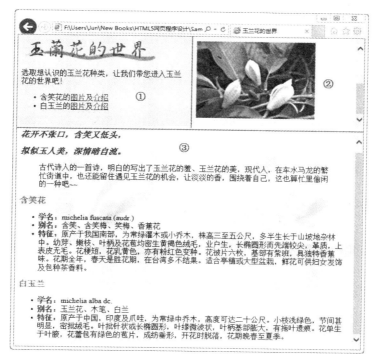

①左上方框架名称为 left_top、宽度为窗口宽度的 1/2、高度为 200 像素、来源网页<目录区.html>、图片为 flowera.gif；②右上方框架名称为 right_top、宽度为窗口宽度的 1/2、高度为 200 像素、来源网页<图片区.html>；③下方框架名称为 bottom、来源网页为<介绍区.html>、背景图片为 flowerb.jpg

提示：

```
<frameset rows="200,*">
  <frameset cols="50%,50%">
    <frame name="left_top" src=" 目录区.html">
    <frame name="right_top" src=" 图片区.html">
  </frameset>
  <frame name="bottom" src=" 介绍区.html">
</frameset>
```

<\附录 A\玉兰花的世界.html>

2. 完成如下网页。<\附录 A\休闲小站.html>

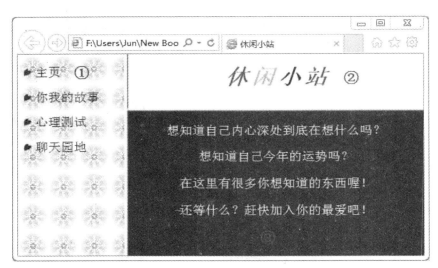

①左方框架的宽度为 180 像素、来源网页为 link.html；②右上方框架的高度为 80 像素、来源网页为 title.html；③右下方框架的来源网页为 content.html

3．完成如下网页。<\附录 A\框架练习.html>

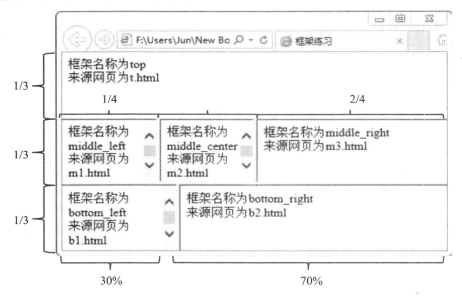